建设法规

主 编 范成伟 明杏芬 丁丽萍
副主编 周文昉 张哨军
参 编 李 敏

北京理工大学出版社
BEIJING INSTITUTE OF TECHNOLOGY PRESS

内 容 简 介

建设法规是土木工程、工程管理、工程造价等相关专业的基础课程。本书依据国家最新法律法规、建设行业市场实际需求及其发展趋势构筑知识体系，介绍了我国现行的建设法规，包括建设法规综述、建设工程许可法规、建设工程发承包与招投标法规、建设工程合同法律制度、建设工程安全生产管理法规、建设工程质量法律制度六个方面的内容。从注册建造师、注册造价师等执业资格考试，相关专著，以及有实际经验的现场管理人员处收集案例，融合工程建设领域方面的法律知识点，对工程实际案例进行分析，课后安排相关习题，加深学生对建设法规内容的理解。本书内容不仅涵盖了本专业的核心知识要点，而且尽量涉及本领域的前沿知识。

本书适合作为土木工程、工程管理、工程造价等专业的教材，也可作为建造师、造价师等学习培训的参考资料。

版权专有　侵权必究

图书在版编目（CIP）数据

建设法规／范成伟，明杏芬，丁丽萍主编．--北京：北京理工大学出版社，2023．11
ISBN 978-7-5763-3198-1

Ⅰ.①建… Ⅱ.①范… ②明… ③丁… Ⅲ.①建筑法-中国 Ⅳ.①D922.297

中国国家版本馆 CIP 数据核字（2023）第 228215 号

责任编辑：陆世立　　**文案编辑**：李　硕
责任校对：刘亚男　　**责任印制**：李志强

出版发行 /	北京理工大学出版社有限责任公司
社　　址 /	北京市丰台区四合庄路 6 号
邮　　编 /	100070
电　　话 /	（010）68914026（教材售后服务热线）
	（010）68944437（课件资源服务热线）
网　　址 /	http：//www.bitpress.com.cn

版 印 次 /	2023 年 11 月第 1 版第 1 次印刷
印　　刷 /	涿州市京南印刷厂
开　　本 /	787 mm×1092 mm　1/16
印　　张 /	17
字　　数 /	396 千字
定　　价 /	95.00 元

图书出现印装质量问题，请拨打售后服务热线，负责调换

前言

"建设法规"为土木工程、工程管理、工程造价及建筑工程技术等相关专业的专业课程。党的二十大报告中提出"培养造就大批德才兼备的高素质人才，是国家和民族长远发展大计"，本教材深入贯彻落实党的二十大精神，根据行业市场实际需要及其发展趋势构筑知识体系，即包括建设法规综述、建设工程许可法规、建设工程发承包与招投标法规、建设工程合同法律制度、建设工程安全生产法规、建设工程质量管理法规六个方面的知识。落实立德树人的根本任务，本教材内容紧紧围绕应用型培养目标，根据执业资格考试和工程实践的需要，从有关专著、注册建造工程师、注册造价师等执业资格统考，以及从有工程实际经验的现场管理人员中收集案例。从案例出发，融合工程建设领域方面的法律知识点，通过工程实际案例分析，及历年资格考试真题，加强学生对建设法规内容的理解，也为将来准备执业资格考试奠定基础。

本教材根据新颁布和新修订的法律法规补充内容，所涉及的新修订和新颁布的法律法规，主要有《中华人民共和国著作权法》《中华人民共和国消防法》《中华人民共和国安全生产法》《中华人民共和国民法典》《国务院关于深化"证照分离"改革进一步激发市场主体发展活力的通知》《国务院办公厅关于进一步完善失信约束制度构建诚信建设长效机制的指导意见》《最高人民法院关于审理建设工程施工合同纠纷案件适用法律问题的解释（一）》《最高人民法院关于审理劳动争议案件适用法律问题的解释（一）》《建筑工程施工许可管理办法》《实施工程建设强制性标准监督规定》《必须招标的基础设施和公用事业项目范围规定》等。

本教材由范成伟、明杏芬、丁丽萍担任主编。其中，范成伟进行最终审定，并负责全书的总纂。教材第1章由明杏芬编写；第2章由丁丽萍、周文昉编写；第3、4、5章由范成伟编写；第6章由李敏、张哨军编写。本教材在编写过程中，参阅了国内同行多部著作，在此一并表示感谢！

由于编者经验有限，本教材一定存在较多不足之处，恳请读者多多提出宝贵意见。

编 者
2023年5月

目录

1 建设法规综述 …………………………………………………………… (1)
   1.1 建设工程法律体系 …………………………………………………… (2)
   1.2 建设法律关系 ………………………………………………………… (7)
   1.3 建设工程代理制度 …………………………………………………… (11)
   1.4 建设工程物权制度 …………………………………………………… (17)
   1.5 建设工程债权制度 …………………………………………………… (22)
   1.6 建设工程担保制度 …………………………………………………… (25)
   课后习题 …………………………………………………………………… (31)

2 建设工程许可法规 ……………………………………………………… (34)
   2.1 建设工程施工许可制度 ……………………………………………… (36)
   2.2 从业单位资格许可 …………………………………………………… (44)
   课后习题 …………………………………………………………………… (48)

3 建设工程发承包与招投标法规 ………………………………………… (50)
   3.1 发包与承包概述 ……………………………………………………… (52)
   3.2 建设工程承包制度 …………………………………………………… (57)
   3.3 建设工程招标 ………………………………………………………… (70)
   3.4 建设工程投标 ………………………………………………………… (83)
   3.5 开标、评标和中标 …………………………………………………… (89)
   课后习题 …………………………………………………………………… (97)

4 建设工程合同法律制度 ………………………………………………… (101)
   4.1 建筑工程合同概述 …………………………………………………… (102)
   4.2 建筑工程合同的订立 ………………………………………………… (106)
   4.3 无效合同和效力待定合同 …………………………………………… (109)
   4.4 合同的履行、变更、转让、撤销和终止 …………………………… (112)
   4.5 建设工程施工合同的法定形式和内容 ……………………………… (119)
   4.6 建设工程工期和支付价款 …………………………………………… (122)

4.7　违约责任及违约责任的免除 ……………………………………………（128）
　　　　课后习题 ………………………………………………………………………（130）

5　建设工程安全生产管理法规 …………………………………………………（134）
　　5.1　施工安全生产许可证制度 …………………………………………………（135）
　　5.2　施工安全生产责任和安全生产教育培训制度 ……………………………（140）
　　5.3　施工现场安全防护制度 ……………………………………………………（156）
　　5.4　施工安全事故的应急救援与调查处理 ……………………………………（179）
　　5.5　建设单位和相关单位的建设工程安全责任制度 …………………………（189）
　　　　课后习题 ………………………………………………………………………（204）

6　建设工程质量法律制度 ………………………………………………………（209）
　　6.1　工程建设标准 ………………………………………………………………（210）
　　6.2　施工单位的质量责任和义务 ………………………………………………（217）
　　6.3　建设单位及相关单位的质量责任和义务 …………………………………（227）
　　6.4　建设工程竣工验收制度 ……………………………………………………（238）
　　6.5　建设工程质量保修制度 ……………………………………………………（253）
　　　　课后习题 ………………………………………………………………………（259）

参考文献 ……………………………………………………………………………（264）

1 建设法规综述

知识目标

◇ 了解建设工程法规体系及效力等级
◇ 熟悉建设法律关系主体、客体和内容
◇ 熟悉建设工程代理制度
◇ 掌握建设工程物权制度
◇ 掌握建设工程债权制度
◇ 掌握建设工程担保制度

技能目标

◇ 能够运用所学的知识正确处理建设工程当事人之间的法律关系
◇ 能够运用工程建设基本民事法律制度知识处理实际工作中遇到的问题和纠纷
◇ 具有通过职业资格考试的能力

案例导入与分析

×××大桥建设法律关系构成

案情简介 20×4年6月2日某县人民政府与甲置业发展有限公司（简称甲）签订了×××大桥投资合同。其后，甲委托某工程咨询有限责任公司招标代理，分别与乙设计院（简称乙）和丙工程建筑有限公司（简称丙）签订了工程勘察设计合同和工程总承包合同。经甲同意，丙与丁建筑有限责任公司（简称丁）就建设×××大桥栈桥签订了施工合同，并按勘察设计合同的约定交付有关设计文件和资料。合同签订后，乙按时将设计文件和有关资料交付给丙，丁依据设计图纸进行施工。

施工合同约定，由丁根据丙提供的设计图纸进行施工，工程竣工时依据国家有关验收规定及设计图纸进行质量验收。工程施工过程中，栈桥局部发生2公分（1公分＝1厘米）下沉，甲会同有关质量监督部门对工程进行检查，发现是由于设计不符合规范所致。原来乙未对现场进行仔细勘察即自行进行设计导致设计不合理，给甲带来了重大损失。

问题：

（1）本案中有哪些建设工程法律关系？其构成要素如何？

(2) 案例中有何种代理关系？

(3) 本案中债形成的依据是什么？

分析：

（1）法律关系主体、法律关系客体和法律关系的内容称为法律关系构成的三要素。建设法律关系主体是建设法律关系的参加者，可以是自然人或公民、法人和其他组织。

本案中涉及的主体有甲置业发展有限公司（甲）、乙设计院（乙）、丙工程建筑有限公司（丙）、丁建筑有限责任公司（丁）及招标代理的工程咨询有限责任公司。

建设法律关系客体是指建设法律关系主体享有的权利和承担的义务所共同指向的对象，包括物、行为、财产和非物质财富。本案中的客体有建设资金 9 600 万元、施工单位的建设行为、招标代理行为和设计图纸。

建设法律关系的内容即建设法律关系主体享有的权利和应承担的义务。

（2）代理包括委托代理、法定代理和指定代理。本案中的代理属于委托代理。

（3）建设工程债的形成，是指特定当事人之间债权债务关系的产生。引起债产生的一定法律事实，就是债产生的根据。建设工程债产生根据有合同、侵权、无因管理和不当得利。本案中债形成的根据是合同。

1.1 建设工程法律体系

法律体系也称法的体系，通常指由一个国家现行的各个部门法构成的有机联系的统一整体。在我国法律体系中，根据所调整的社会关系性质不同，可以划分为不同的部门法。部门法又称法律部门，是根据一定标准、原则所制定的同类法律规范的总称。

建设工程法律具有综合性的特点，虽然主要是经济法的组成部分，但还包括了行政法、民商法等的内容。建设工程法律同时又具有一定的独立性和完整性，具有自己的完整体系。建设工程法律体系，是指把已经制定的和需要制定的建设工程方面的法律、行政法规、部门规章和地方性法规、地方规章有机结合起来，形成的一个相互联系、相互补充、相互协调的完整统一的体系。

1.1.1 法律体系的基本框架

2011 年 3 月 10 日，在第十一届全国人民代表大会第四次会议上，一个立足中国国情和实际、适应改革开放和社会主义现代化建设需要、集中体现党和人民意志的，以宪法为统帅，以宪法相关法、民商法等多个法律部门的法律为主干，由法律、行政法规、地方性法规等多个层次的法律规范构成的中国特色社会主义法律体系已经形成，国家经济建设、政治建设、文化建设、社会建设以及生态文明建设的各个方面实现有法可依。

我国法律体系的基本框架是由宪法及宪法相关法、民商法、行政法、经济法、社会法、刑法、诉讼与非诉讼程序法等构成的。

例题 1-1

根据法的效力等级，《中华人民共和国招标投标法实施条例》属于（　　）
A．法律　　　　　B．部门规章　　　　C．行政法规　　　　D．单行条例

1.1.2　法的形式

法的形式是指法律创制方式和外部表现形式。它包括四层含义：第一，法律规范创制机关的性质及级别；第二，法律规范的外部表现形式；第三，法律规范的效力等级；第四，法律规范的地域效力。法的形式取决于法的本质。在世界历史上存在过的法律形式主要有习惯法、宗教法、判例、规范性法律文件、国际惯例、国际条约等。

我国法的形式是制定法形式，具体可分为以下七类。

（1）宪法

宪法是由全国人民代表大会依照特别程序制定的具有最高效力的根本法。宪法是集中反映统治阶级的意志和利益，规定国家制度、社会制度的基本原则，具有最高法律效力的根本大法。其主要功能是制约和平衡国家权力，保障公民权利。宪法是我国的根本大法，在我国法律体系中具有最高的法律地位和法律效力，是我国最高的法律形式。

宪法也是建设法规的最高形式，是国家进行建设管理、监督的权力基础。如《中华人民共和国宪法》（以下简称《宪法》）规定："国务院行使下列职权：……（六）领导和管理经济工作和城乡建设、生态文明建设。""县级以上地方各级人民政府依照法律规定的权限，管理本行政区域内的……城乡建设事业……行政工作，发布决定和命令，任免、培训、考核和奖惩行政工作人员。"

（2）法律

法律是指由全国人民代表大会和全国人民代表大会常务委员会制定颁布的规范性法律文件，即狭义的法律。法律分为基本法律和一般法律（又称非基本法律、专门法）两类。

基本法律是由全国人民代表大会制定的调整国家和社会生活中带有普遍性的社会关系的规范性法律文件的统称，如刑法、民法、诉讼法以及有关国家机构的组织法等法律。一般法律是由全国人民代表大会常务委员会制定的调整国家和社会生活中某种具体社会关系或其中某一方面内容的规范性文件的统称。全国人民代表大会和全国人民代表大会常务委员会通过的法律由国家主席签署主席令予以公布。

依照 2023 年 3 月经二次修正后公布的《中华人民共和国立法法》（以下简称《立法法》）第八条的规定："下列事项只能制定法律：（一）国家主权的事项；（二）各级人民代表大会、人民政府、监察委员会、人民法院和人民检察院的产生、组织和职权；（三）民族区域自治制度、特别行政区制度、基层群众自治制度；（四）犯罪和刑罚；（五）对公民政治权利的剥夺、限制人身自由的强制措施和处罚；（六）税种的设立、税率的确定和税收征收管理等税收基本制度；（七）对非国有财产的征收、征用；（八）民事基本制度；（九）基本经济制度以及财政、海关、金融和外贸的基本制度；（十）诉讼制度和仲裁基本制度；（十一）必须由全国人民代表大会及其常务委员会制定法律的其他事项。"

建设法律既包括专门的建设领域的法律，也包括与建设活动相关的其他法律。例如，前者有《中华人民共和国城乡规划法》（以下简称《城乡规划法》）、《中华人民共和国建

筑法》（以下简称《建筑法》）、《中华人民共和国城市房地产管理法》（以下简称《城市房地产管理法》）等，后者有《中华人民共和国民法典》（以下简称《民法典》）、《中华人民共和国行政许可法》（以下简称《行政许可法》）等。

（3）行政法规

行政法规是国家最高行政机关国务院根据宪法和法律就有关执行法律和履行行政管理职权的问题，以及依据全国人民代表大会及其常务委员会特别授权所制定的规范性文件的总称。行政法规由总理签署国务院令公布。

《立法法》规定："国务院根据宪法和法律，制定行政法规。行政法规可以就下列事项作出规定：（一）为执行法律的规定需要制定行政法规的事项；（二）宪法第八十九条规定的国务院行政管理职权的事项。应当由全国人民代表大会及其常务委员会制定法律的事项，国务院根据全国人民代表大会及其常务委员会的授权决定制定的行政法规，经过实践检验，制定法律的条件成熟时，国务院应当及时提请全国人民代表大会及其常务委员会制定法律。"

现行的建设行政法规主要有《建设工程质量管理条例》《建设工程安全生产管理条例》《建设工程勘察设计管理条例》《城市房地产开发经营管理条例》《中华人民共和国招标投标法实施条例》等。

（4）地方性法规、自治条例和单行条例

省、自治区、直辖市的人民代表大会及其常务委员会根据本行政区域的具体情况和实际需要，在不与宪法、法律、行政法规相抵触的前提下，可以制定地方性法规。

设区的市的人民代表大会及其常务委员会根据本市的具体情况和实际需要，在不与宪法、法律、行政法规和本省、自治区的地方性法规相抵触的前提下，可以对城乡建设与管理、生态文明建设、历史文化保护、基层治理等方面的事项制定地方性法规。设区的市的地方性法规须报省、自治区的人民代表大会常务委员会批准后施行。省、自治区的人民代表大会常务委员会对报请批准的地方性法规，应当对其合法性进行审查，认为同宪法、法律、行政法规和本省、自治区的地方性法规不抵触的，应当在四个月内予以批准。

省、自治区的人民代表大会常务委员会在对报请批准的设区的市的地方性法规进行审查时，发现其同本省、自治区的人民政府的规章相抵触的，应当作出处理决定。

地方性法规可以就下列事项作出规定：①为执行法律、行政法规的规定，需要根据本行政区域的实际情况作具体规定的事项；②属于地方性事务需要制定地方性法规的事项。

省、自治区、直辖市的人民代表大会制定的地方性法规由大会主席团发布公告予以公布。省、自治区、直辖市的人民代表大会常务委员会制定的地方性法规由常务委员会发布公告予以公布。设区的市、自治州的人民代表大会及其常务委员会制定的地方性法规报经批准后，由设区的市、自治州的人民代表大会常务委员会发布公告予以公布。自治条例和单行条例报经批准后，分别由自治区、自治州、自治县的人民代表大会常务委员会发布公告予以公布。

目前，各地方都制定了大量规范建设活动的地方性法规、自治条例和单行条例，如《北京市建筑市场管理条例》《天津市建筑市场管理条例》《新疆维吾尔自治区建筑市场管理条例》等。

(5) 部门规章

部门规章是国务院各部、委员会、中国人民银行、审计署和具有行政管理职能的直属机构所制定的规范性文件。部门规章由部门首长签署命令予以公布。部门规章签署公布后，应及时在国务院公报或者部门公报和中国政府法制信息网以及在全国范围内发行的报纸上刊载。

部门规章规定的事项应当属于执行法律或者国务院的行政法规、决定、命令的事项，其名称可以是"规定""办法"和"实施细则"等。没有法律或者国务院的行政法规、决定、命令的依据，部门规章不得设定减损公民、法人和其他组织权利或者增加其义务的规范，不得增加本部门的权力或者减少本部门的法定职责。

目前，大量的建设法规是以部门规章的形式发布的，如住房和城乡建设部发布的《房屋建筑和市政基础设施工程质量监督管理规定》《房屋建筑和市政基础设施工程竣工验收备案管理办法》《市政公用设施抗灾设防管理规定》，国家发展和改革委员会发布的《招标公告发布暂行办法》《必须招标的工程项目规定》等。

涉及两个以上国务院部门职权范围的事项，应当提请国务院制定行政法规或者由国务院有关部门联合制定规章。

(6) 地方政府规章

省、自治区、直辖市和设区的市、自治州的人民政府，可以根据法律、行政法规和本省、自治区、直辖市的地方性法规，制定地方政府规章。

地方政府规章可以就下列事项作出规定：①为执行法律、行政法规、地方性法规的规定需要制定规章的事项；②属于本行政区域的具体行政管理事项。

设区的市、自治州的人民政府根据《立法法》第九十三条第一款、第二款制定地方政府规章，限于城乡建设与管理、生态文明建设、历史文化保护、基层治理等方面的事项。已经制定的地方政府规章，涉及上述事项范围以外的，继续有效。

没有法律、行政法规、地方性法规的依据，地方政府规章不得设定减损公民、法人和其他组织权利或者增加其义务的规范。

(7) 国际条约

国际条约是指我国与外国缔结、参加、签订、加入、承认的双边、多边的条约、协定和其他具有条约性质的文件。国际条约的名称，除条约外，还有公约、协议、协定、议定书、宪章、盟约、换文和联合宣言等。除我国在缔结时宣布持保留意见不受其约束的以外，这些条约的内容都与国内法具有一样的约束力，所以也是我国法的形式。例如，我国加入WTO（世界贸易组织，The World Trade Organization）后，WTO中与工程建设有关的协定也对我国的建设活动产生约束力。

例题 1-1 分析

答案选择：C

理由：依照《立法法》规定，行政法规是国务院根据宪法和法律就有关执行法律和履行行政管理职权问题制定规范性文件的总称，常以"条例""办法""规定""章程"等名称出现。

1.1.3 法律法规的效力层级

法律体系中的各种法的形式，由于制定的主体、程序、时间、适用范围不同，具有不同的效力，形成法的效力等级体系。

> **例题 1-2**
>
> 下列规范性文件中，法律效力最高的是（ ）
> A. 上海市建筑市场管理条例　　B. 建筑业企业资质管理规定
> C. 工程建设项目施工招标投标办法　　D. 安全生产许可证条例

（1）上位法优于下位法

在我国法律体系中，法律的效力是仅次于宪法而高于其他法的形式。行政法规的法律地位和法律效力仅次于宪法和法律，高于地方性法规和部门规章。地方性法规的效力，高于本级和下级地方政府规章。省、自治区人民政府制定的规章的效力，高于本行政区域内较大的市人民政府制定的规章。部门规章之间、部门规章与地方政府规章之间具有同等效力，在各自的权限范围内施行。

> **例题 1-2 分析**
>
> **答案选择：** D
> **理由：** 法律法规的效力层级从高到低依次为宪法、法律、行政法规、地方性法规和部门规章、地方政府规章。案例中 A 属于地方性法规，B 和 C 属于部门规章，D 属于行政法规。

（2）特别法优于一般法

特别法优于一般法，是指公法权力主体在实施公权力行为中，当一般规定与特别规定不一致时，优先适用特别规定。《立法法》规定："同一机关制定的法律、行政法规、地方性法规、自治条例和单行条例、特别规定与一般规定不一致的，适用特别规定。"

（3）新法优于旧法

新法、旧法对同一事项有不同规定时，新法的效力优于旧法。《立法法》规定："同一机关制定的法律、行政法规、地方性法规、自治条例和单行条例、规章，新的规定与旧的规定不一致的，适用新的规定。"

> **例题 1-3**
>
> 《立法法》规定，（ ）之间对一事项的规定不一致时，由国务院裁决。
> A. 地方性法规与地方政府规章
> B. 部门规章
> C. 部门规章与地方性法规
> D. 地方政府规章与部门规章
> E. 同一机关制定的旧的一般规定与新的特别规定

(4) 需要由有关机关裁决适用的特殊情况

法律之间对同一事项的新的一般规定与旧的特别规定不一致，不能确定如何适用时，由全国人民代表大会常务委员会裁决。

行政法规之间对同一事项的新的一般规定与旧的特别规定不一致，不能确定如何适用时，由国务院裁决。

地方性法规、规章之间不一致时，由有关机关依照下列规定的权限进行裁决：

①同一机关制定的新的一般规定与旧的特别规定不一致时，由制定机关裁决；

②地方性法规与部门规章之间对同一事项的规定不一致，不能确定如何适用时，由国务院提出意见，国务院认为应当适用地方性法规的，应当决定在该地方适用地方性法规的规定；认为应当适用部门规章的，应当提请全国人民代表大会常务委员会裁决；

③部门规章之间、部门规章与地方政府规章之间对一事项的规定不一致时，由国务院裁决；

④根据授权制定的法规与法律规定不一致，不能确定如何适用时，由全国人民代表大会常务委员会裁决。

例题1-3分析

答案选择：BD

1.2 建设法律关系

1.2.1 建设法律关系的概念

法律关系，是指有法律规范调整一定社会关系而形成的权利义务关系，其实质是法律主体之间存在的特定权利和义务的关系。法律关系一般由主体、客体和内容三个部分构成，缺一不可。法律关系的种类有很多，如民事法律关系、行政法律关系、刑事法律关系和经济法律关系等。

建设法律关系是指建设法律规范所确定和调整的，在建设管理和建设协作过程中所产生的权利和义务关系。如在具体的建设活动中，其建设行政主管部门与建设项目的投资人或项目业主、承包人、勘察设计单位以及工程监理单位之间，依据相关建设法规，就形成了管理与被管理的建设法律关系，这种关系受建设法律规范的约束和调整。建设活动涉及面广、内容复杂、法律关系主体广泛、所依据的法律规范多样，决定了建设法律关系具有综合性、复杂性和协作性等特点。

1.2.2 建设法律关系的构成

在法学上，通常把法律关系主体、法律关系客体和法律关系的内容称为法律关系构成的三要素。任何法律关系都是由这三要素构成的，缺一不可。建设法律关系的构成也不例外。

例题 1-4

发电厂甲与施工单位乙签订了价款为 5 000 万元的固定总价建设工程承包合同，明确施工单位要保质保量保工期完成发电厂厂房施工任务。乙按照图纸施工竣工后，向甲方提交了竣工报告。由于时间紧迫，发电厂还没组织验收就直接投入了使用。使用过程中，甲方发现了厂房主体存在的质量问题，要求施工单位修理。施工单位认为工程未经验收便提前使用，出现质量问题，施工单位不应再承担责任。

问题：
(1) 本例中的建设工程法律关系主体是什么？
(2) 本例中的建设工程法律关系客体是什么？
(3) 本例中的建设工程法律关系内容是什么？

(1) 建设法律关系主体

建设法律关系主体是建设法律关系的参加者，是指参加建设活动，受建设法律规范调整，在法律上享有权利、承担义务的人。在我国，建设法律关系主体十分广泛。

①自然人或公民。自然人是指因出生而获得生命的人类个体，是权利主体或义务主体最基本的形态，一般包括本国公民、外国公民和无国籍人。公民是指取得一国国籍并根据该国宪法和法律规定享有权利和承担义务的人。自然人的概念比公民的概念更广泛。自然人在建设活动中可以成为建设法律关系的主体，例如，注册建筑师、注册结构工程师、注册监理工程师等与有关发包单位签订合同时即成为建设法律关系的主体。

②法人。法人是与自然人相对应的概念，是指具有民事权利能力和民事行为能力，依法独立享有民事权利和承担民事义务的组织。《民法典》第五十八条规定："法人应当依法成立。法人应当有自己的名称、组织机构、住所、财产或者经费。"第六十条规定："法人以其全部财产独立承担民事责任。"法人是建设活动中最主要的主体。

③其他组织。其他组织是指依法或依据有关政策成立，有一定的组织机构和财产，但不具备法人资格的各类组织。在现实生活中，这些组织也称为非法人组织，包括非法人企业，如一些不具备法人资格的合伙企业、私营企业、个体工商户、农村承包经营户等，以及非法人机关、事业单位和社会团体。

例题 1-4 分析

(1) 建设法律关系主体是建设法律关系的参加者，可以是自然人或公民、法人和其他组织。本例中涉及的主体有发电厂甲和施工单位乙。

(2) 建设法律关系客体

建设法律关系客体是指建设法律关系主体享有的权利和承担的义务所共同指向的对象。建设主体为了某一客体，相互之间才会建立起一定的权利义务关系。这里的权利义务所指向的对象，就是建设法律关系的客体，主要包括以下几类。

①物。物是指可以为人们控制和支配，有一定经济价值并以物质形态表现出来的物体。它是我国应用最为广泛的法律关系客体。在建设法律关系中，客体的物主要表现为建设材料，如钢筋、水泥、矿石等及其构成的建筑产品等。

②行为。行为是指建设法律关系主体行使权利和履行义务的各种有意识的活动,包括作为和不作为。在建设法律关系中,行为多表现为完成一定的工作,如勘察设计、施工安装、检查验收等活动。

③财产。财产一般是指资金和有价证券。作为建设法律关系客体的财产主要表现为建设资金,如合同的标的,即一定数量的货币。

④非物质财富。非物质财富也称精神产品,是指人们脑力劳动的成果或智力方面的创作成果,包括著作权、专利权商标权等。作为建设法律关系客体的非物质财富主要表现为设计图纸等。

> **例题1-4分析（续）**
>
> （2）建设法律关系客体是指建设法律关系主体享有的权利和承担的义务所共同指向的对象,包括物、行为、财产和非物质财富。本例中的客体有建设资金5 000万元、施工单位的建设行为和不履行保修义务行为、已建好的厂房和设计图纸。

（3）建设法律关系内容

建设法律关系内容即建设法律关系主体享有的权利和应承担的义务。这是建设法律关系的核心,直接体现了主体的要求和利益。

①建设权利。建设法律关系的主体可以要求其他主体做出某种行为或不做某种行为,以实现自己的权利,也可以因其他主体的行为而导致自己的权利不能实现时要求国家机关予以保护、予以制裁。如施工合同中建设单位享有获得符合质量要求的建筑产品的权利,施工单位享有获得工程进度款的权利。

②建设义务。建设义务是指建设法律关系主体因为按照法律规定或约定而承担的责任。权利和义务是相互对应的,相应主体应自觉履行建设义务,义务主体如果不履行或不适当履行,就要承担相应的法律责任。如建筑材料供应合同法律关系中,材料供应商的义务就是按照合同约定的时间、地点、质量标准、规格和数量向建设单位或施工单位提供符合合同约定要求的建筑材料,而采购方即建设单位或施工单位的义务就是按照合同约定的方式向材料供应商支付材料款。只有双方都按照合同约定履行了各自的义务,才能实现其相应的权利。

> **例题1-4分析（续）**
>
> （3）建设法律关系内容即建设法律关系主体享有的权利和应承担的义务。本例中发电厂甲的权利是得到按期完成的、保质保量的厂房,义务是按合同提供施工场地、设计图纸、按期支付工程款等;施工单位的权利是按合同得到工程款,义务是保质保量保工期完成发电厂厂房施工任务。

1.2.3 建设法律关系的产生、变更和消灭

（1）建设法律关系的产生

建设法律关系的产生是指建设法律关系主体之间形成了一定的权利义务关系。如某建设单位与施工单位签订了工程建设合同,主体双方就产生了相应的权利义务,此时受建设

法律、法规调整的建设法律关系即告产生。如建设行政主管部门对建设单位的建筑工程质量和安全依法实施监督，对违法行为依法实施行政处罚时，主体双方就产生了相应的权利和义务。

(2) 建设法律关系的变更

建设法律关系的变更，是指因一定的建设法律事实出现，原有的建设法律关系发生变化。包括建设法律关系三个要素的变更，即主体变更、客体变更和内容变更。

①主体变更。主体变更是指建设法律关系主体变化，即原主体变为另一主体。如甲建设单位与乙施工单位签订建设工程承包合同后，因故不能履行，经乙施工单位同意，将合同转让给丙建设单位。主体数目增多或减少，也是主体变更。

②客体变更。客体变更是指建设法律关系中权利和义务所指向的对象发生变化，即客体的性质或范围发生变化。如甲建设单位与乙施工单位签订的建设工程承包合同的标的是住宅房屋，后改为商场房屋。

③内容变更。建设法律关系主体与客体的变更，必定导致相应的权利和义务，即内容的变更。

(3) 建设法律关系的消灭

例题 1-5

甲房地产公司和乙施工企业签订了一份工程施工合同，乙施工企业通过加强施工现场的管理，如期交付了符合合同约定质量标准的工程，甲房地产公司随即也按约支付了工程款。

问题：上述合同法律关系的消灭属于哪一种消灭？

建设法律关系的消灭是指因一定的建设法律事实出现，原有的建设法律关系终结。如工程竣工验收合格并办理了移交手续，工程尾款结清，施工合同终止，由此施工合同双方的权利义务便归于消灭。建设法律关系的消灭主要分为以下三种。

①自然消灭。自然消灭是指某类建设法律关系所规范的权利和义务顺利得到履行，取得各自的利益，从而使该法律关系达到完结。

②协议消灭。协议消灭是指建设法律关系主体之间协商解除某类建设法律关系规范的权利和义务，致使该法律关系归于消灭。

③违约消灭。违约消灭是指建设法律关系主体一方违约或发生不可抗力，致使某类建设法律关系规范的权利不能实现。

例题 1-5 分析

甲房地产公司和乙施工企业各自规范的权利和义务顺利得到履行，取得各自的利益，从而使该法律关系达到完结，合同法律关系属于自然消灭。

(4) 建设法律关系产生、变更和消灭的原因

建设法律事实是建设法律规范所确定的，能够引起建设法律关系产生、变更或解除的客观事实。只有通过一定的建设法律事实，才能在当事人之间产生一定的建设法律关系或

者使原来的建设法律关系变更或消灭。不是任何事实都可成为建设法律事实,只有当建设法规把某种客观情况同一定的法律后果联系起来时,这种事实才被认为是建设法律事实,成为产生建设法律关系的原因,从而和法律后果形成因果关系。

建设法律事实按是否包含当事人的意志分为事件和行为两类。

例题 1-6

下面不属于法律事实中的事件的是（　　）。
A. 海啸　　　　B. 暴雨　　　　C. 战争　　　　D. 实施盗窃

①事件。事件是指法律规范所规定的,不以当事人的意志为转移的法律事实。当建设法律规范规定把某种自然现象和建设权利义务关系联系在一起的时候,这种现象就成为法律事实的一种,即事件。这是建设法律关系产生、变更或消灭的原因之一。如洪水灾害导致工程施工延期,致使建设合同不能履行等。事件可分为三类:一是自然事件,如地震、海啸、台风等;二是社会事件,如战争、政府禁令、暴乱等;三是意外事件,如爆炸事故、触礁、失火等。

②行为。行为是指人的有意识的活动,包括积极的作为或消极的不作为。行为能引起建设法律关系的产生、变更或消灭,通常表现为以下几种:民事法律行为;违法行为;行政行为;立法行为;司法行为。

例题 1-6 分析

答案选择:D,事件是指法律规范所规定的,不以当事人的意志为转移的法律事实。

1.3 建设工程代理制度

1.3.1 代理制的概念

《民法典》规定,民事主体可以通过代理人实施民事法律行为。依照法律规定、当事人约定或者民事法律行为的性质,应当由本人亲自实施的民事法律行为,不得代理。代理人在代理权限内,以被代理人名义实施的民事法律行为,对被代理人发生效力。代理人不履行或者不完全履行职责,造成被代理人损害的,应当承担民事责任。代理人和相对人恶意串通,损害被代理人合法权益的,代理人和相对人应当承担连带责任。

1.3.2 代理的法律特征和种类

（1）代理的法律特征
①代理人必须在代理权限范围内实施代理行为。
代理人实施代理活动的直接依据是代理权。因此,代理人必须在代理权限范围内与第三人或相对人实施代理行为。

②代理人应该以被代理人的名义实施代理行为。

《民法典》规定，代理人应以被代理人的名义对外实施代理行为。代理人如果以自己的名义实施代理行为，则该代理行为产生的法律后果只能由代理人自行承担。那么，这种行为是自己的行为而非代理行为。

③代理行为必须是具有法律意义的行为。

代理人为被代理人实施的是能够产生法律上权利义务关系，产生法律后果的行为。如果是代理人请朋友吃饭、聚会等，不能产生权利义务关系，就不是代理行为。

④代理行为的法律后果归属于被代理人。

代理人在代理权限内，以被代理人的名义同第三人进行的具有法律意义的行为，在法律上产生与被代理人自己的行为同样的后果。因而，被代理人对代理人的代理行为承担民事责任。

(2) 代理的主要种类

代理包括委托代理和法定代理。

例题 1-7

某施工单位法定代表人授权市场合约部经理赵某参加某工程投标活动，这个行为属于（　　）

A. 法定代理　　　B. 委托代理　　　C. 指定代理　　　D. 表见代理

①委托代理。委托代理是按照被代理人的委托行使代理权。在委托代理中，被代理人是以意思表示的方法将代理权授予代理人的，故又称"意定代理"或"任意代理"。如公民委托律师代理诉讼即属于委托代理。

②法定代理。法定代理是指根据法律的直接规定而发生的代理。《民法典》规定，无民事行为能力人、限制民事行为能力人的监护人是他的法定代理人。如父母代理未成年人进行民事活动就是属于法定代理。法定代理是为了保护无行为能力的人或限制行为能力的人的合法权益而设立的一种代理形式，适用范围比较窄。

例题 1-7 分析

答案选择：B。委托代理是按照被代理人的委托行使代理权。

1.3.3 建设工程代理行为的设立和终止

建设工程活动中涉及的代理行为比较多，如工程招标代理、材料设备采购代理以及诉讼代理等。

1.3.3.1 建设工程代理行为的设立

建设工程活动的代理行为不仅要依法实施，有些还要受到法律的限制。

(1) 不得委托代理的建设工程活动

《民法典》规定，依照法律规定、当事人约定或者民事法律行为的性质，应当由本人亲自实施的民事法律行为，不得代理。

建设工程的承包活动不得委托代理。《建筑法》规定，禁止承包单位将其承包的全部建筑工程转包给他人，禁止承包单位将其承包的全部建筑工程肢解以后以分包的名义分别转包给他人。施工总承包的，建筑工程主体结构的施工必须由总承包单位自行完成。

(2) 一般代理行为无法定的资格要求

一般的代理行为可以由自然人、法人担任代理人，对其资格并无法定的严格要求。即使是诉讼代理人，也不要求必须由具有律师资格的人担任。2021年12月修改后颁布的《中华人民共和国民事诉讼法》第六十一条规定，下列人员可以被委托为诉讼代理人：① 律师、基层法律服务工作者；②当事人的近亲属或者工作人员；③当事人所在社区、单位以及有关社会团体推荐的公民。

(3) 民事法律行为的委托代理

建设工程代理行为多为民事法律行为的委托代理。民事法律行为的委托代理，可以用书面形式，也可以用口头形式。但是，法律规定用书面形式的，应当用书面形式。

1.3.3.2　建设工程代理行为的终止

《民法典》规定，有下列情形之一的，委托代理终止：①代理期限届满或者代理事务完成；②被代理人取消委托或者代理人辞去委托；③代理人丧失民事行为能力；④代理人或者被代理人死亡；⑤作为被代理人或者代理人的法人、非法人组织终止。

建设工程代理行为的终止，主要是第①、②、⑤ 三种情况：

(1) 代理期限届满或代理事务完成

被代理人通常是授予代理人某一特定期限内的代理权，或者是某一项也可能是某几项特定事务的代理权，那么在这一期限届满或者被指定的代理事务全部完成，代理关系即告终止，代理行为也随之终止。

(2) 被代理人取消委托或者代理人辞去委托

委托代理是被代理人基于对代理人的信任而授权其进行代理事务的。如果被代理人由于某种原因失去了对代理人的信任，法律就不应当强制被代理人仍须以其为代理人。反之，如果代理人由于某种原因不愿意再行代理，法律也不能强制要求代理人继续从事代理。因此，法律规定被代理人有权根据自己的意愿单方取消委托，也允许代理人单方辞去委托，均不必以对方同意为前提，并在通知到对方时，代理权即行消灭。

《民法典》规定，委托人或者受托人可以随时解除委托合同。但是，单方取消或辞去委托可能会承担相应的民事责任。

(3) 作为被代理人或者代理人的法人、非法人组织终止

在建设工程活动中，不管是被代理人还是代理人，任何一方的法人终止，代理关系均随之终止。因为，对方的主体资格已消灭，代理行为将无法继续，其法律后果亦将无从承担。

1.3.4　代理人和被代理人的权利、义务及法律责任

建设工程代理法律关系与其他代理关系一样，存在两个法律关系：一是代理人与被代理人之间的委托关系；二是被代理人与第三人的合同关系。

1.3.4.1 代理人在代理权限内以被代理人的名义实施代理行为

《民法典》规定，代理人在代理权限内，以被代理人名义实施的民事法律行为，对被代理人发生效力；被代理人对代理人的代理行为，承担民事责任。这是代理人与被代理人的基本权利和义务。

1.3.4.2 转托他人代理应当事先取得被代理人的同意

《民法典》规定，代理人需要转委托第三人代理的，应当取得被代理人的同意或者追认。转委托代理经被代理人同意或者追认的，被代理人可以就代理事务直接指示转委托的第三人，代理人仅就第三人的选任以及对第三人的指示承担责任。转委托代理未经被代理人同意或者追认的，代理人应当对转委托的第三人的行为承担责任，但是在紧急情况下代理人为了维护被代理人的利益需要转委托第三人代理的除外。

1.3.4.3 无权代理与表见代理

《民法典》规定，行为人没有代理权、超越代理权或者代理权终止后，仍然实施代理行为，未经被代理人追认的，对被代理人不发生效力。相对人可以催告被代理人自收到通知之日起 30 日内予以追认。被代理人未作表示的，视为拒绝追认。行为人实施的行为被追认前，善意相对人有撤销的权利。撤销应当以通知的方式作出。

> **例题 1-8**
>
> 甲施工企业在某建筑物施工过程中，需要购买一批水泥。甲施工企业的采购员张某持介绍信到乙建材公司要求购买一批 B 强度等级的水泥。由于双方有长期的业务关系，未签订书面的水泥买卖合同，乙建材公司很快就发货了。但乙建材公司发货后，甲施工企业拒绝支付货款。甲施工企业提出的理由是，公司让张某购买的水泥是 A 强度等级而非 B 强度等级。双方由此发生纠纷。
>
> 问题：（1）水泥买卖合同是否有效？
> （2）合同纠纷应当如何处理？

（1）无权代理

无权代理是指行为人不具有代理权，但以他人的名义与第三人进行法律行为。无权代理一般存在以下三种表现形式。

①自始未经授权。如果行为人自始至终没有被授予代理权，就以他人的名义进行民事行为，属于无权代理。

②超越代理权。代理权限是有范围的，超越了代理权限，依然属于无权代理。

③代理权已终止。行为人虽曾得到被代理人的授权，但该代理权已经终止的，行为人如果仍以被代理人的名义进行民事行为，则属于无权代理。

被代理人对无权代理人实施的行为如果予以追认，则无权代理可转化为有权代理，产生与有权代理相同的法律效力，并不会产生代理的赔偿责任。如果被代理人不予以追认，对被代理人不发生效力，则无权代理人需承担因无权代理行为给被代理人和善意第三人造成的损失。

例题1-8分析

（1）本案中的纠纷处理，首先要判明水泥买卖合同是否有效，而对于合同效力判断的重要依据是甲施工企业的介绍信是如何写的。甲施工企业的介绍信可以视为授权委托书，张某则是甲施工企业的代理人。如果甲施工企业开出的介绍信是"介绍张某购买水泥"，则张某的行为是合法代理行为，其购买B强度等级水泥的行为在代理权限范围内；双方的口头合同也是有效的，应当继续履行，即甲施工企业应当付款。如果甲施工企业开出的介绍信是"介绍张某购买A强度等级水泥"，则张某买B强度等级水泥的行为就超越了代理权限，双方的口头合同是无效的。

（2）如果合同被确认无效后，其首要的法律后果是返还财产，即甲施工企业可以退货、拒付货款。乙建材公司的损失，按照《民法典》第一百七十一条"行为人没有代理权、超越代理权或者代理权终止后，仍然实施代理行为，未经被代理人追认的，对被代理人不发生效力"的规定，应当向张某主张。但在司法实践中，乙建材公司的难点是：应当如何证明张某要求购买的是B强度等级水泥。

（2）表见代理

表见代理是指行为人虽无权代理，但由于行为人的某些行为，造成了足以使善意第三人相信其有代理权的表象，而与善意第三人进行的、由本人承担法律后果的代理行为。《民法典》规定，行为人没有代理权、超越代理权或者代理权终止后，仍然实施代理行为，相对人有理由相信行为人有代理权的，代理行为有效。

例题1-9

20×2年7月，甲建筑公司中标某大厦工程，负责施工总承包。20×3年5月，甲公司将该大厦装饰工程施工分包给乙装饰公司。甲公司驻该项目的项目经理为李某；乙公司驻该项目的项目经理为王某。李某与王某是多年的老朋友，一向私交不错。20×4年6月，甲公司在该项目上需租赁部分架管、扣件，但资金紧张。李某听说王某与丙租赁公司关系密切，便找王某帮忙赊租架管、扣件。王某答应了李某的请求。随后，李某将盖有甲公司合同专用章的空白合同书及该单位的空白介绍信交给王某。同年7月10日，王某找到丙租赁公司，出具了甲公司的介绍信（没有注明租赁的财产）和空白合同书，要求租赁脚手架。丙租赁公司经过审查，认为王某出具的介绍信与空白合同书均盖有公章，真实无误，确信其有授权，于是签订了租赁合同。丙租赁公司依约将脚手架交给王某，但王某将脚手架用到了由他负责的其他装修工程上，后丙租赁公司多次向甲公司催要价款无果后，将甲公司诉至人民法院。

问题：（1）王某的行为属于无权代理还是表见代理，为什么？
（2）表见代理的法律后果是什么？

表见代理除需要符合代理的一般条件外，还需具备以下特别构成要件：①须存在足以使相对人相信行为人具有代理权的事实或理由，这是构成表见代理的客观要件。②须本人存在过失。其过失表现为本人表达了足以使第三人相信有授权意思的表示，或者实施了足以使第三人相信有授权意义的行为,发生了外表授权的事实。③须相对人为善意。这是构成表见代理的主观要件。如果相对人明知行为人无代理权而仍与之实施民事行为,则相对人为主观恶意,不构成表见代理。

表见代理对本人产生有权代理的效力,即在相对人与本人之间产生民事法律关系。本人受表见代理人与相对人之间实施的法律行为的约束,享有该行为设定的权利和履行该行为约定的义务。本人不能以无权代理为抗辩。本人在承担表见代理行为所产生的责任后,可以向无权代理人追偿因代理行为而遭受的损失。

(3) 知道他人以本人名义实施民事行为不作否认表示的视为同意

本人知道他人以本人名义实施民事行为而不作否认表示的视为同意,这是一种被称为默示方式的特殊授权。就是说,即使本人没有授予他人代理权,但事后并未作否认的意思表示,应视为授予了代理权。由此,他人以其名义实施法律行为的后果应由本人承担。

例题 1-9 分析

(1) 王某的行为构成了表见代理。因为,王某虽是乙公司的项目经理,向丙租赁公司租赁脚手架也超出了甲公司对其授权范围,但他向丙租赁公司出具了甲公司的介绍信及空白合同书,使丙租赁公司相信其有权代表甲公司租赁脚手架。

(2) 根据《民法典》规定:"行为人没有代理权、超越代理权或代理权终止后,仍然实施代理行为,相对人有理由相信行为人有代理权的,代理行为有效。"表见代理的后果是由被代理人来承担的。因此,甲公司对丙租赁公司的请求的租赁费用应承担给付义务。当然,对于自己的损失,甲公司可以追究王某的侵权责任。

1.3.4.4 不当或违法行为应承担的法律责任

例题 1-10

某施工单位委托业务员张某到设备展销会上购买建筑设备,由于委托书中未写明具体规格,买到的设备不符合要求,而此时款项未付,应该如何处理?

(1) 损害被代理人利益应承担的法律责任

代理人不履行职责而给被代理人造成损害的,应当承担民事责任。代理人和相对人串通,损害被代理人的利益的,由代理人和相对人负连带责任。

(2) 相对人故意行为应承担的法律责任

相对人知道行为人没有代理权、超越代理权或者代理权已终止还与行为人实施民事行为给他人造成损害的,由相对人和行为人负连带责任。

(3) 违法代理行为应承担的法律责任

代理人知道被委托代理的事项违法仍然进行代理活动的,或者被代理人知道代理人的代理行为违法不表示反对的,被代理人和代理人负连带责任。

例题1-10分析

此案例属于典型的委托书授权不明，被代理人应当向第三人承担民事责任，代理人负连带责任。因此施工单位承担民事责任，业务员张某负连带责任。

1.4 建设工程物权制度

《民法典》是规范财产关系的民事基本法律，其立法目的是维护国家基本经济制度，维护社会主义市场经济秩序，明确物的归属，发挥物的效用，保护权利人的物权。

物权是一项基本民事权利，也是大多数经济活动的基础和目的。建设工程活动中涉及的许多权利都源于物权。建设单位对建设工程项目的权利来自物权中最基本的权利——所有权，施工单位的施工活动是为了形成《物权法》意义上的物——建设工程。

1.4.1 物权的法律特征和主要种类

1.4.1.1 物权的概念和特征

《民法典》规定，物权是指权利人依法对特定的物享有直接支配和排他的权利，包括所有权、用益物权和担保物权。所有民事主体都能够成为物权权利人，包括法人、法人以外的其他组织、自然人。物权的客体一般是物，包括不动产和动产。不动产是指土地以及房屋、林木及其他地上定着物；动产是指不动产以外的物。

物权具有以下特征。

①物权是支配权。物权是权利人直接支配的权利，即物权人可以依自己的意志就标的物直接行使权利，无须他人的意思或义务人的行为介入。

②物权是绝对权。物权的权利人可以对抗一切不特定的人。物权的权利人是特定的，义务人是不特定的，且义务内容是不作为，即只要不侵犯物权人行使权利就履行义务。

③物权是财产权。物权是一种具有物质内容的、直接体现为财产利益的权利。财产利益包括对物的利用、物的归属和就物的价值设立的担保。

④物权具有排他性。物权人有权排除他人对于他行使物权的干涉，而且同一物上不许有内容不相容的物权并存，即"一物一权"。

1.4.1.2 物权的种类

物权包括所有权、用益物权和担保物权。

（1）所有权

所有权是所有人依法对自己财产（不动产和动产）所享有的占有、使用、收益和处分的权利。它是一种财产权，又称财产所有权。所有权是物权中最重要也最完全的一种权利。所有权在法律上也受到一定限制，最主要的限制是，为了公共利益的需要，依照法律规定的权限和程序可以征收集体所有的土地和单位、个人的房屋及其他不动产。

财产所有权的权能，是指所有人对其所有的财产依法享有的权利，包括占有权、使用权、收益权和处分权。

①占有权。占有权是指对财产实际掌握、控制的权能。占有权是行使物的使用权的前提条件，是所有人行使财产所有权的一种方式。占有权可以根据所有人的意志和利益分离出去，由非所有人享有。例如，根据货物运输合同，承运人对托运人的财产享有占有权。

②使用权。使用权是指对财产的实际利用和运用的权能。通过对财产实际利用和运用满足所有人的需要，是实现财产使用价值的基本渠道。使用权是所有人所享有的一项独立权能。所有人可以在法律规定的范围内，以自己的意志使用其所有物。

③收益权。收益权是指收取由原物产生出来的新增经济价值的权能。原物新增的经济价值，包括由原物直接派生出来的果实、由原物所产生的租金和利息、对原物直接利用而产生的利润等。收益往往是因为使用而产生的，因而收益权也往往与使用权联系在一起。但是，收益权本身是一项独立的权能，使用权并不能包括收益权。有时，所有人并不行使对物的使用权，仍可以享有对物的收益权。

④处分权。处分权是指依法对财产进行处置，决定财产在事实上或法律上命运的权能。处分权的行使决定着物的归属。处分权是所有人最基本的权利，是所有权内容的核心。

（2）用益物权

例题 1-11

下列无权中，不属于用益物权的是（　　）。
A. 土地所有权　　　　　　　　B. 土地承包经营权
C. 建设用地使用权　　　　　　D. 地役权

用益物权是权利人对他人所有的不动产或者动产，依法享有占有、使用和收益的权利。用益物权包括土地承包经营权、建设用地使用权、宅基地使用权、居住权和地役权。

国家所有或者国家所有由集体使用以及法律规定属于集体所有的自然资源，单位、个人依法可以占有、使用和收益。此时，单位或者个人就成为用益物权人。因不动产或者动产被征收、征用，致使用益物权消灭或者影响用益物权行使的，用益物权人有权获得相应补偿。

例题 1-11 分析

答案选择： A

理由： 用益物权是权利人对他人所有的不动产或者动产，依法享有占有、使用和收益的权利，包括土地承包经营权、建设用地使用权、宅基地使用权、居住权和地役权。

（3）担保物权

担保物权是权利人在债务人不履行到期债务或者发生当事人约定的实现担保物权的情形，依法享有就担保财产优先受偿的权利。债权人在借贷、买卖等民事活动中，为保障实现其债权，需要担保的，可以依照《民法典》和其他法律的规定设立担保物权。

1.4.2 土地所有权、建设用地使用权和地役权

例题 1-12

下列关于土地所有权的表述中,正确的有(　　)。
A. 城市市区的土地属于国家所有
B. 农村和城市郊区的土地一律属于农民集体所有
C. 宅基地属于国家所有
D. 宅基地属于农民集体所有
E. 自留地、自留山属于农民集体所有

1.4.2.1 土地所有权

土地所有权是国家或农民集体依法对归其所有的土地所享有的具有支配性和绝对性的权利。我国实行土地社会主义公有制,即全民所有制和劳动群众集体所有制。城市市区的土地属于国家所有。农村和城市郊区的土地,除由法律规定属于国家所有的以外,属于农民集体所有;宅基地和自留地、自留山,属于农民集体所有。

全民所有即国家所有土地的所有权由国务院代表国家行使。农民集体所有的土地由本集体经济组织的成员承包经营,从事种植业、林业、畜牧业、渔业生产。耕地承包经营期限为 30 年。发包方和承包方应当订立承包合同,约定双方的权利和义务。承包经营土地的农民有保护和按照承包合同约定的用途合理利用土地的义务。农民的土地承包经营权受法律保护。在土地承包经营期限内,对个别承包经营者承包的土地进行适当调整的,必须经村民会议三分之二以上成员或者三分之二以上村民代表的同意,并报乡(镇)人民政府和县级人民政府农业行政主管部门批准。

国家实行土地用途管制制度。国家编制土地利用总体规划,规定土地用途,将土地分为农用地、建设用地和未利用地。严格限制农用地转为建设用地,控制建设用地总量,对耕地实行特殊保护。

例题 1-12 分析

答案选择: ADE
理由: 土地所有权是国家或农民集体依法对归其所有的土地所享有的具有支配性和绝对性的权利。城市市区的土地属于国家所有。农村和城市郊区的土地,除由法律规定属于国家所有的以外,属于农民集体所有;宅基地和自留地、自留山,属于农民集体所有。

1.4.2.2 建设用地使用权

(1) 建设用地使用权的概念

建设用地使用权是因建造建筑物、构筑物及其附属设施而使用国家所有的土地的权利。建设用地使用权只能存在于国家所有的土地上,不包括集体所有的农村土地。

取得建设用地使用权后,建设用地使用权人依法对国家所有的土地享有占有、使用和

收益的权利,有权利用该土地建造建筑物、构筑物及其附属设施。

(2) 建设用地使用权的设立

建设用地使用权可以在土地的地表、地上或者地下分别设立。新设立的建设用地使用权,不得损害已设立的用益物权。

设立建设用地使用权,可以采取出让或者划拨等方式。工业、商业、旅游、娱乐和商品住宅等经营性用地以及同一土地有两个以上意向用地者的,应当采取招标、拍卖等公开竞价的方式出让。严格限制以划拨方式设立建设用地使用权。

设立建设用地使用权的,应当向登记机构申请建设用地使用权登记。建设用地使用权自登记时设立,登记机构应当向建设用地使用权人发放建设用地使用权证书。建设用地使用权人应当合理利用土地,不得改变土地用途;需要改变土地用途的,应当依法经有关行政主管部门批准。

(3) 建设用地使用权的流转、续期和消灭

建设用地使用权人有权将建设用地使用权转让、互换、出资、赠与或者抵押,但是法律另有规定的除外。建设用地使用权人将建设用地使用权转让、互换、出资、赠与或者抵押,应当符合以下规定。

①当事人应当采取书面形式订立相应的合同。使用期限由当事人约定,但是不得超过建设用地使用权的剩余期限。

②应当向登记机构申请变更登记。

③附着于该土地上的建筑物、构筑物及其附属设施一并处分。

住宅建设用地使用权期限届满的,自动续期。非住宅建设用地使用权期限届满后的续期,依照法律规定办理。该土地上的房屋及其他不动产的归属,有约定的,按照约定;没有约定或者约定不明确的,依照法律、行政法规的规定办理。

建设用地使用权消灭的,出让人应当及时办理注销登记。登记机构应当收回权属证书。

1.4.2.3 地役权

例题 1-13

建设单位需要使用相邻企业的场地开辟道路就近运输建筑材料。双方订立合同,约定建设单位向该企业支付用地费用,该企业向建设单位提供场地。在此合同中,建设单位拥有的权利是( )。

A. 相邻权　　　　　　　　　　B. 地役权
C. 土地使用权　　　　　　　　D. 建设用地使用权

(1) 地役权的概念

地役权是指为使用自己不动产的便利或提高效益而按照合同约定利用他人不动产的权利。他人的不动产为供役地,自己的不动产为需役地。从性质上说,地役权是按照当事人的约定设立的用益物权。

(2) 地役权的设立

设立地役权,当事人应当采取书面形式订立地役权合同。地役权合同一般包括下列

内容：①当事人的姓名或者名称和住所；②供役地和需役地的位置；③利用目的和方法；④地役权期限；⑤费用及其支付方式；⑥解决争议的方法。地役权自地役权合同生效时设立。当事人要求登记的，可以向登记机构申请地役权登记；未经登记，不得对抗善意第三人。

土地上已经设立土地承包经营权、建设用地使用权、宅基地使用权等用益物权的，未经用益物权人同意，土地所有权人不得设立地役权。

例题 1-13 分析

答案选择：B

（3）地役权的变动

需役地以及需役地上的土地承包经营权、建设用地使用权等部分转让时，转让部分涉及地役权的，受让人同时享有地役权。供役地以及供役地上的土地承包经营权、建设用地使用权等部分转让时，转让部分涉及地役权的，地役权对受让人具有法律约束力。

1.4.3 物权的设立、变更、转让、消灭和保护

例题 1-14

某实业有限公司与某县土地管理局于20×3年3月18日订立工业开发及用地出让合同，约定该实业有限公司在取得土地使用证后1个月内进行工业项目开工建设等相关事项。之后，县土地管理局依合同约定将土地交付给实业有限公司使用。该实业有限公司对土地进行平整等工作，支付相关费用78万元。20×3年6月16日，县土地管理局以改变土地规划为由，要求该实业有限公司退回土地使用权。此时，尚未完成土地使用权登记。县土地管理局认为由于尚未进行土地使用权登记，合同还没有生效。该实业有限公司则向法院提起诉讼，要求继续履行合同，办理建设用地使用权登记手续。

问题：（1）双方订立的合同是否有效？
（2）原告的建设用地使用权是否已经设立？
（3）纠纷应当如何解决？

（1）不动产物权的设立、变更、转让、消灭

不动产物权的设立、变更、转让、消灭，应当依照法律规定登记，自记载于不动产登记簿时发生效力。经依法登记，发生效力；未经依法登记，不发生效力，但法律另有规定的除外。依法属于国家所有的自然资源，所有权可以不登记。不动产登记，由不动产所在地的登记机构办理。

物权变动的基础往往是合同关系，如买卖合同导致物权的转让。需要注意的是，当事人之间订立有关设立、变更、转让和消灭不动产的合同，除法律另有规定或者合同另有约定外，自合同成立时生效；未办理物权登记的，不影响合同效力。

（2）动产物权的设立和转让

动产物权以占有和交付为公示手段。动产物权的设立和转让，应当依照法律规定交付。动产物权的设立和转让，自交付时发生效力，但是法律另有规定的除外。船舶、航空

器和机动车等的物权的设立、变更、转让和消灭，未经登记，不得对抗善意第三人。

（3）物权的保护

物权的保护，是指通过法律规定的方法和程序保障物权人在法律许可的范围内对其财产行使占有、使用、收益、处分的权利的制度。物权受到侵害的，权利人可以通过和解、调解、仲裁、诉讼等途径解决。

因物权的归属、内容发生争议的，利害关系人可以请求确认权利。无权占有不动产或者动产的，权利人可以请求返还原物。妨害物权或者可能妨害物权的，权利人可以请求排除妨害或者消除危险。造成不动产或者动产毁损的，权利人可以请求修理、重作、更换或者恢复原状。侵害物权，造成权利人损害的，权利人可以请求损害赔偿，也可以请求承担其他民事责任。对于物权保护方式，可以单独适用，也可以根据权利被侵害的情形合并适用。

侵害物权，除承担民事责任外，违反行政管理规定的，依法承担行政责任；构成犯罪的，依法追究刑事责任。

例题 1-14 分析

（1）双方订立的工业开发及用地出让合同已经生效。因为，办理建设用地使用权登记，并不是合同生效的前提。一般情况下，书面合同自当事人签字或者盖章时生效，除非当事人另行约定生效条件。

（2）该实业有限公司（以下简称原告）的建设用地使用权尚未设立。因为，按照《民法典》的规定，建设用地使用权自登记时设立。由于双方尚未完成土地使用权登记，因此原告的建设用地使用权未设立。

（3）如果土地规划确实改变，县土地管理局（以下简称被告）可以要求原告按照新的规划要求使用土地。如果原告不能按照新规划要求使用土地，原告有权要求解除合同，被告应当赔偿原告的损失。如果原告可以按照新规划要求使用土地，原告有权要求继续履行合同，被告应当为其办理建设用地使用权登记手续。

1.5 建设工程债权制度

在建设工程活动中，经常会遇到债权债务的问题，因此，学习有关债权的基本法律知识，有助于在实践中防范债务风险。

1.5.1 债的基本法律关系

（1）债的概念

《民法典》规定，债权是因合同、侵权行为、无因管理、不当得利以及法律的其他规定，权利人请求特定义务人为或者不为一定行为的权利。

债是特定当事人之间的法律关系。债权人只能向特定人主张自己的权利，债务人也只需向享有该项权利的特定人履行义务，即债的相对性。

（2）债的内容

债的内容，是指债的主体双方间的权利与义务，即债权人享有的权利和债务人负担的义务，即债权与债务。债权为请求特定人为特定行为作为或不作为的权利。

债权与物权不同，物权是绝对权，而债权是相对权。债权相对性理论的内涵，可以归纳为以下三个方面：债权主体的相对性；债权内容的相对性；债权责任的相对性。债务是根据当事人的约定或者法律规定，债务人所负担的应为特定行为的义务。

1.5.2 建设工程债的发生根据

建设工程债的产生，是指特定当事人之间债权债务关系的产生。引起债产生的一定法律事实，就是债产生的根据。建设工程债产生的根据有合同、侵权、无因管理和不当得利。

> **例题 1-15**
>
> 某施工项目在施工过程中，施工单位与 A 材料供应商订立了材料买卖合同，但施工单位误将应支付给 A 材料供应商的货款支付给了 B 材料供应商。
>
> **问题：**
>
> （1）B 材料供应商是否应当返还材料款，应当返还给谁，为什么？
>
> （2）如果 B 材料供应商拒绝返还材料款，A 材料供应商应当如何保护自己的权利，为什么？

（1）合同

在当事人之间因产生了合同法律关系，也就是产生了权利义务关系，便形成了债的关系。任何合同关系的设立，都会在当事人之间发生债权债务的关系。合同引起债的关系，是债发生的最主要、最普遍的依据。合同产生债被称为合同之债。

建设工程债的产生，最主要的也是合同。施工合同的订立，会在施工单位与建设单位之间产生债的关系；材料设备买卖合同的订立，会在施工单位与材料设备供应商之间产生债的关系。

（2）侵权

侵权，是指公民或法人没有法律依据而侵害他人的财产权利或人身权利的行为。侵权行为一经发生，即在侵权行为人和被侵权人之间形成债的关系。侵权行为产生的债称为侵权之债。在建设工程活动中，常会产生侵权之债。如施工现场的施工噪声，有可能产生侵权之债。

《民法典》规定，建筑物、构筑物或者其他设施倒塌、塌陷造成他人损害的，由建设单位与施工单位承担连带责任，但是建设单位与施工单位能够证明不存在质量缺陷的除外。建设单位、施工单位赔偿后，有其他责任人的，有权向其他责任人追偿。因所有人、管理人、使用人或者第三人的原因，建筑物、构筑物或者其他设施倒塌、塌陷造成他人损害的，由所有人、管理人、使用人或者第三人承担侵权责任。

（3）无因管理

无因管理，是指管理人员和服务人员没有法律上的特定义务，也没有受到他人委托，自觉为他人管理事务或提供服务。无因管理在管理人员或服务人员与受益人之间形成了债的关系。无因管理产生的债被称为无因管理之债。

《民法典》规定，管理人没有法定的或者约定的义务，为避免他人利益受损失而管理他人事务的，可以请求受益人偿还因管理事务而支出的必要费用；管理人因管理事务受到损失的，可以请求受益人给予适当补偿。

（4）不当得利

不当得利，是指没有法律上或者合同上的依据，有损于他人利益而自身取得利益的行为。由于不当得利造成他人利益的损害，因此在得利者与受害者之间形成债的关系。得利者应当将所得的不当利益返还给受损失的人。不当得利产生的债被称为不当得利之债。

《民法典》规定，得利人没有法律根据取得不当利益的，受损失的人可以请求得利人返还取得的利益，但是有下列情形之一的除外：①为履行道德义务进行的给付；②债务到期之前的清偿；③明知无给付义务而进行的债务清偿。

例题 1-15 分析

（1）B材料供应商应当返还材料款，其材料款应当返还给施工单位。因为，B材料供应商获得的这一材料款，没有法律上或者合同上的依据，且有损于他人利益而自身取得利益，属于债的一种，即不当得利之债，应当返还。这一债是建立在施工单位与B材料供应商之间的，故应当返还给施工单位。

（2）A材料供应商应当向施工单位要求支付材料款来保护自己的权利。因为，由于施工单位误将应支付给A材料供应商的货款支付给了B材料供应商，意味着施工单位没有完成应当向A材料供应商付款的义务。但是，B材料供应商与A材料供应商之间并无债权债务关系。因此，A材料供应商无权向B材料供应商主张权利。

1.5.3 建设工程债的种类

（1）施工合同债

施工合同债是发生在建设单位和施工单位之间的债。施工合同的义务主要是完成施工任务和支付工程款。对于完成施工任务，建设单位是债权人，施工单位是债务人；对于支付工程款，则相反。

（2）买卖合同债

在建设工程活动中，会产生大量的买卖合同，主要是材料设备买卖合同。材料设备的买方有可能是建设单位，也有可能是施工单位，它们会与材料设备供应商产生债。

（3）侵权之债

在侵权之债中，最常见的是施工单位的施工活动中产生的侵权。如施工噪声过大或者废水废弃物乱排乱放等，可能对工地附近的居民构成侵权。此时，居民是债权人，施工单位或者建设单位是债务人。

1.5.4 债的消灭

债因一定的法律事实的出现而使既存的债权债务关系在客观上不复存在，叫作债的消灭。债因以下事实而消灭。

(1) 债因履行而消灭

债务人履行了债务，债权人的利益得到了实现，债的关系也就自然消灭了。

(2) 债因抵消而消灭

抵消，是指同类已到履行期限的对等债务，因当事人相互抵充其债务而同时消灭。用抵消方法消灭债务应符合下列条件：必须是对等债务；必须是同一种类的给付之债；同类的对等之债都已到履行期限。

(3) 债因提存而消灭

提存，是指债权人无正当理由拒绝接受或其下落不明，或数人就同一债权主张权利，债权人一时无法确定，致使债务人一时难以履行债务，经公证机关证明或人民法院的裁决，债务人可以将履行的标的物提交有关部门保存的行为。提存是债务履行的一种方式。如果超过法律规定的期限，债权人仍不领取提存标的物的，应收归国库所有。

(4) 债因混同而消灭

混同，是指某一具体之债的债权人和债务人合为一体。如两个相互订有合同的企业合并，则产生混同的法律效果。

(5) 债因免除而消灭

免除，是指债权人放弃债权，免除债务人所承担的义务。债务人的债务一经债权人解除，债的关系自行解除。

(6) 债因当事人死亡而解除

债因当事人死亡而解除仅指具有人身性质的合同之债，因为人身关系是不可继承和转让的，所以，凡属委托合同的受托人、出版合同的约稿人等死亡时，其所签订的合同也随之解除。

1.6 建设工程担保制度

例题 1-16

A 房地产开发公司与 B 公司共同出资设立了注册资本为 80 万元人民币的 C 有限责任公司，A 的协议出资额为 70 万元，但未到位；B 的出资额为 10 万元人民币，已经到位。C 公司成立后与 D 银行订立了一个借款合同，借款额为 50 万元，期限为 1 年，利息 5 万元。该借款合同由 E 公司作为担保人，E 公司将其一处评估价为 80 万元的土地使用权抵押给了 D 银行。C 公司在经营中亏损，借款到期后无力还款。

问题：

(1) D 银行能否要求 A 公司承担还款责任，为什么？
(2) D 银行能否要求 B 公司承担还款责任，为什么？
(3) D 银行能否要求 C 公司承担还款责任，为什么？
(4) D 银行能否要求 E 公司承担还款责任，为什么？

1.6.1 担保与担保合同的规定

担保是指当事人根据法律规定或者双方约定，为促使债务人履行债务实现债权人权利的法律制度。

《民法典》规定，债权人在借贷、买卖等民事活动中，为保障实现其债权，需要担保的，可以依照《民法典》和其他法律的规定设立担保物权。

第三人为债务人向债权人提供担保时，可以要求债务人提供反担保。

担保合同是主合同的从合同，主合同无效，担保合同无效。担保合同另有约定的，按照约定执行。担保合同被确认无效后，债务人、担保人、债权人有过错的，应当根据其过错各自承担相应的民事责任。

例题 1-16 分析

（1）可以要求 A 公司承担还款责任。因为 A 公司的注册资金没有到位，应当在认缴出资额的范围内对 C 公司的债务承担连带责任。按照 2013 年 12 月经修改后颁布的《公司法》第三条规定："有限责任公司的股东以其认缴的出资额为限对公司承担责任。" A 公司是 C 公司的股东，认缴的出资额为 70 万元，但没有到位，D 银行有权要求 A 公司在 70 万元限额内承担还款责任。

（2）不能要求 B 公司承担还款责任。因为按照《公司法》第三条规定"有限责任公司的股东以其认缴的出资额为限对公司承担责任"。B 公司认缴的出资已经到位，B 公司以其认缴的出资额为限对 C 公司的债务承担责任。

（3）可以要求 C 公司承担还款责任。因为 D 银行与 C 公司存在合同关系，C 公司是债务人。《民法典》第一百一十九条规定："依法成立的合同，对当事人具有法律约束力。"

（4）不能要求 E 公司承担还款责任。E 公司是抵押人而不是债务人，D 银行只能要求处分抵押物，无权要求 E 公司承担还款责任。《民法典》第四百一十条规定："债务人不履行到期债务或者发生当事人约定的实现抵押权的情形，抵押权人可以与抵押人协议以抵押财产折价或者以拍卖、变卖该抵押财产所得的价款优先受偿。"《民法典》第四百一十三条规定："抵押财产折价或者拍卖、变卖后，其价款超过债权数额的部分归抵押人所有，不足部分由债务人清偿。"因此，当抵押物价款低于担保的数额时，债权人只能向债务人主张债权。

1.6.2 建设工程保证担保的方式和责任

担保方式有保证、抵押、质押、留置和定金。

在建设工程活动中，保证是最常用的一种担保方式。所谓保证，是指保证人和债权人约定，当债务人不履行债务时，保证人按照约定履行债务或者承担责任的行为。具有代为清偿债务能力的法人、其他组织或者公民，可以作保证人。但在建设工程活动中，由于担保的标的额较大，保证人往往是银行，也有信用较高的其他担保人，如担保公司。银行出具的保证通常称为保函，其他保证人出具的书面保证一般称为保证书。

1.6.2.1 保证的基本法律规定

例题 1-17

甲发包人与乙承包人订立建设工程合同,并由丙公司为甲出具工程款支付担保,担保方式为一般保证。现甲到期未能支付工程款,则下列关于该工程款清偿的说法正确的是( )。

A. 丙公司应代甲清偿 B. 乙可要求甲或丙清偿
C. 只能由甲先行清偿 D. 不可能由甲或丙共同清偿

(1) 保证合同

保证合同是为保障债权的实现,保证人和债权人约定,当债务人不履行到期债务或者发生当事人约定的情形时,保证人履行债务或者承担责任的合同。保证合同是主债权债务合同的从合同。主债权债务合同无效的,保证合同无效,但是法律另有规定的除外。保证合同被确认无效后,债务人、保证人、债权人有过错的,应当根据其过错各自承担相应的民事责任。

保证合同的内容一般包括被保证的主债权的种类、数额,债务人履行债务的期限,保证的方式、范围和期间等条款。

(2) 保证方式

保证的方式有两种:一般保证和连带责任保证。

当事人在保证合同中约定,债务人不能履行债务时,由保证人承担保证责任的,为一般保证。一般保证的保证人在主合同纠纷未经审判或者仲裁,并就债务人财产依法强制执行仍不能履行债务前,有权拒绝向债权人承担保证责任,但是有下列情形之一的除外。

①债务人下落不明,且无财产可供执行;
②人民法院已经受理债务人破产案件;
③债权人有证据证明债务人的财产不足以履行全部债务或者丧失履行债务能力;
④保证人书面表示放弃规定的权利。

当事人在保证合同中约定保证人和债务人对债务承担连带责任的,为连带责任保证。连带责任保证的债务人不履行到期债务或者发生当事人约定的情形时,债权人可以请求债务人履行债务,也可以请求保证人在其保证范围内承担保证责任。当事人在保证合同中对保证方式没有约定或者约定不明确的,按照一般保证承担保证责任。

例题 1-17 分析

答案选择:C

《民法典》第六百八十一条规定:"保证合同是为保障债权的实现,保证人和债权人约定,当债务人不履行到期债务或者发生当事人约定的情形时,保证人履行债务或者承担责任的合同。"第三百八十六条规定:"担保物权人在债务人不履行到期债务或者发生当事人约定的实现担保物权的情形,依法享有就担保财产优先受偿的权利,但是法律另有规定的除外。"

(3) 保证人资格

机关法人不得为保证人，但是经国务院批准为使用外国政府或者国际经济组织贷款进行转贷的除外。以公益为目的的非营利法人、非法人组织不得为保证人。

(4) 保证责任

例题 1-18

按照《民法典》的规定，债权人依法将主债权转让给第三人，在通知债务人和保证人后，保证人（　　）。

A. 可以在减少保证范围的前提下再承担保证责任

B. 必须在原担保范围内继续承担保证责任

C. 可以拒绝再承担保证责任

D. 同意后，才继续承担责任

保证合同生效后，保证人就应当在合同约定的保证范围和保证期间承担保证责任。保证担保的范围包括主债权及利息、违约金、损害赔偿金和实现债权的费用。保证合同另有约定的，按照约定执行。保证期间，债权人转让全部或者部分债权，未通知保证人的，该转让对保证人不发生效力。保证人与债权人约定禁止债权转让，债权人未经保证人书面同意转让债权的，保证人对受让人不再承担保证责任。债权人未经保证人书面同意，允许债务人转移全部或者部分债务，保证人对未经其同意转移的债务不再承担保证责任，但是债权人和保证人另有约定的除外。第三人加入债务的，保证人的保证责任不受影响。债权人和债务人未经保证人书面同意，协商变更主债权债务合同内容，减轻债务的，保证人仍对变更后的债务承担保证责任；加重债务的，保证人对加重的部分不承担保证责任。债权人和债务人变更主债权债务合同的履行期限，未经保证人书面同意的，保证期间不受影响。

债权人与保证人可以约定保证期间，但是约定的保证期间早于主债务履行期限或者与主债务履行期限同时届满的，视为没有约定；没有约定或者约定不明确的，保证期间为主债务履行期限届满之日起 6 个月。债权人与债务人对主债务履行期限没有约定或者约定不明确的，保证期间自债权人请求债务人履行债务的宽限期届满之日起计算。

例题 1-18 分析

答案选择：B。保证期间，债权人依法将主债转让给第三人的，保证人在原保证担保的范围继续承担保证责任。

1.6.2.2　建设工程施工的担保种类

(1) 施工投标保证金

投标保证金是指投标人按照招标文件的要求向招标人出具的，以一定金额表示的投标责任担保。其实质是为了避免因投标人在投标有效期内随意撤回、撤销投标或中标后不能提交履约保证金和签署合同等行为而给招标人造成损失。

投标保证金除现金外，可以是银行出具的银行保函、保兑支票、银行汇票或现金支票。

(2) 施工合同履约保证金

《招标投标法》规定，招标文件要求中标人提交履约保证金的，中标人应当提供。

施工合同履约保证金是为了保证施工合同的顺利履行而要求承包人提供的担保。施工合同履约保证金多为第三人提供的信用担保，一般是由银行或者担保公司向招标人出具履约保函或者保证书。

(3) 工程款支付担保

2013年3月发布的《工程建设项目施工招标投标办法》规定，招标人要求中标人提供履约保证金或其他形式履约担保的，招标人应当同时向中标人提供工程款支付担保。

工程款支付担保是发包人向承包人提交的、保证按照合同约定支付工程款的担保，通常采用由银行出具保函的方式。

(4) 预付款担保

2017年11月发布的《建设工程施工合同（示范文本）》规定，发包人要求承包人提供预付款担保的，承包人应在发包人支付预付款7天前提供预付款担保，专用合同条款另有约定除外。预付款担保可采用银行保函、担保公司担保等形式，具体由合同当事人在专用合同条款中约定。在预付款完全扣回之前，承包人应保证预付款担保持续有效。发包人在工程款中逐期扣回预付款后，预付款担保额度应相应减少，但剩余的预付款担保金额不得低于未被扣回的预付款金额。

1.6.3 抵押权、质权、留置权、定金的规定

1.6.3.1 抵押权

(1) 抵押的法律概念

按照《民法典》的规定，为担保债务的履行，债务人或者第三人不转移财产的占有，将该财产抵押给债权人的，债务人不履行到期债务或者发生当事人约定的实现抵押权的情形，债权人有权就该财产优先受偿。提供抵押财产的债务人或者第三人为抵押人，债权人为抵押权人，提供担保的财产为抵押财产。

(2) 抵押物

债务人或者第三人提供担保的财产为抵押物。由于抵押物是不转移其占有的，因此能够成为抵押物的财产必须具备一定的条件。这类财产轻易不会灭失，其所有权的转移应当经过一定的程序。

债务人或者第三人有权处分的下列财产可以抵押：①建筑物和其他土地附着物；②建设用地使用权；③海域使用权；④生产设备、原材料、半产品、产品；⑤正在建造的建筑物、船舶、航空器；⑥交通运输工具；⑦法律、行政法规未禁止抵押的其他财产。

下列财产不得抵押：①土地所有权；②宅基地、自留地、自留山等集体所有土地的使用权，但是法律规定可以抵押的除外；③学校、幼儿园、医疗机构等为公益目的成立的非营利法人的教育设施、医疗卫生设施和其他公益设施；④所有权、使用权不明或者有争议的财产；⑤依法被查封、扣押、监管的财产；⑥依法不得抵押的其他财产。

当事人以下列财产抵押的，应当办理抵押登记，抵押权自登记时设立：①建筑物和其他土地附着物；②建设用地使用权；③海域使用权；④正在建造的建筑物。

办理抵押物登记，应当向登记部门提供主合同、抵押合同、抵押物的所有权或者使用

权证书。

（3）抵押的效力

抵押担保的范围包括主债权及利息、违约金损害赔偿和实现抵押权的费用。当事人也可以在抵押合同中约定抵押担保的范围。

抵押人有义务妥善保管抵押物并保证其价值。抵押期间，抵押人转让已办理登记的抵押物，应当通知抵押权人并告知受让人转让物已经抵押的情况；否则，该转让行为无效。抵押人转让抵押物的价款，应当向抵押权人提前清偿所担保的债权或者向与抵押权人约定的第三人提存。超过债权的部分归抵押人所有，不足部分由债务人清偿。转让抵押物的价款不得明显低于其价值。抵押人的行为足以使抵押物价值减少的，抵押权人有权要求抵押人停止其行为。

抵押权与其担保的债权同时存在。抵押权不得与债权分离而单独转让或者作为其他债权的担保。

（4）抵押权的实现

债务履行期届满抵押权人未受清偿的，可以与抵押人协议以抵押物折价或者以拍卖、变卖该抵押物所得的价款受偿；协议不成的，抵押权人可以向人民法院提起诉讼。抵押物折价或者拍卖、变卖后，其价款超过债权数额的部分归抵押人所有，不足部分由债务人清偿。

同一财产向两个以上债权人抵押的，拍卖、变卖抵押物所得的价款按照以下规定清偿：①抵押合同已登记生效的，按抵押物登记的先后顺序清偿；顺序相同的，按照债权比例清偿；②抵押合同自签订之日起生效的，如果抵押物未登记的，按照合同生效的先后顺序清偿；③顺序相同的，按照债权比例清偿。抵押物已登记的先于未登记的受偿。

1.6.3.2 质权

（1）质押的法律概念

按照《民法典》的规定，质押是指债务人或者第三人将其动产或权利移交债权人占有，将该动产或权利作为债权的担保。债务人不履行债务时，债权人有权依照法律规定以该动产或权利折价或者拍卖、变卖该动产或权利的价款优先受偿。

质权是一种约定的担保物权，以转移占有为特征。债务人或者第三人为出质人，债权人为质权人，移交的动产或权利为质物。

（2）质押的分类

质押分为动产质押和权利质押两类。

动产质押是指债务人或者第三人将其动产移交债权人占有，将该动产作为债权的担保。能够用作质押的动产没有限制。

权利质押是指将权利凭证交付质押人的担保。可以质押的权利包括：①汇票、支票、本票；②债券、存款单；③仓单、提单；④可以转让的基金份份额、股权；⑤可以转让的注册商标专用权、专利权、著作权等知识产权中的财产权；⑥现有的以及将有的应收账款；⑦法律、行政法规规定可以出质的其他财产权利。

1.6.3.3 留置

按照《民法典》的规定，留置是指债权人按照合同约定占有债务人的动产，债务人不按照合同约定的期限履行债务的，债权人有权依照法律规定留置该财产，以该财产折价或者拍卖、变卖该财产的价款优先受偿。

《民法典》规定，留置权人与债务人应当约定留置财产后的债务履行期限；没有约定或者约定不明确的，留置权人应当给债务人 60 日以上履行债务的期限，但是鲜活易腐等不易保管的动产除外。债务人逾期未履行的，留置权人可以与债务人协议以留置财产折价，也可以就拍卖、变卖留置财产所得的价款优先受偿。

留置权人负有妥善保管留置财产的义务；因保管不善致使留置财产毁损、灭失的，应当承担赔偿责任。

例题 1-19

预制件定制合同总价款 100 万元，施工企业向预制件厂支付定金 50 万元，预制件厂不履行合同，此纠纷应该如何处理？

1.6.3.4 定金

《民法典》规定，当事人可以约定一方向对方给付定金作为债权的担保。债务人履行债务后，定金应当抵作价款或者收回。给付定金的一方不履行债务或者履行债务不符合约定，致使不能实现合同目的的，无权要求返还定金；收受定金的一方不履行债务或者履行债务不符合约定，致使不能实现合同目的的，应当双倍返还定金。

定金应当以书面形式约定。当事人在定金合同中应当约定交付定金的期限。定金合同从实际交付定金之日起生效。定金的数额由当事人约定，但不得超过主合同标的额的 20%。

例题 1-19 分析

预制件厂是收受定金的一方，不履行约定的债务，应当双倍返还定金。

定金的数额由当事人约定，但不得超过主合同标的额的 20%，所以本例中定金应为 20 万元，30 万元（50-20）属于不当得利，应当原数返还，加上定金的两倍，预制件厂应当共计返还 70 万元。

课后习题

一、单项选择题

1. 根据法的效力等级，《建设工程质量管理条例》属于（　　）。
   A. 法律　　　　　B. 部门规章　　　　　C. 行政法规　　　　　D. 单行条例
2. 消费者王某从某房屋开发公司开发的小区购买别墅一栋，半年后发现屋顶漏水，于是向该公司提出更换别墅。在这个案例中，法律关系的主体是（　　）。
   A. 该小区　　　　　　　　　　　　B. 王某购买的别墅
   C. 别墅的屋顶　　　　　　　　　　D. 王某和该房屋开发公司
3. 根据《民法典》，关于代理的说法，正确的是（　　）。
   A. 代理人在授权范围内实施代理行为的法律后果由被代理人承担

31

B. 代理人可以超越代理实施代理行为

C. 被代理人对代理人的一切行为承担民事责任

D. 代理是代理人以自己的名义实施民事法律责任

4.《民法典》规定，无民事行为能力人、限制民事行为能力人的监护人是他的（　　）。

　　A. 法定代理人　　B. 指定代理人　　C. 委托代理人　　D. 意定代理人

5.《民法典》规定，没有代理人、超越代理权或代理权终止后，未经被代理人追认的，由（　　）承担民事责任。

　　A. 第三人　　　　　　　　　　B. 行为人

　　C. 被代理人　　　　　　　　　D. 行为人与被代理人共同

6. 债发生的最主要、最普遍的依据是（　　）。

　　A. 侵权行为　　B. 无因管理　　C. 合同　　　　D. 不当得利

7. 甲场将应发给乙建筑公司的 2 500 m³ 细沙发给了丙路桥公司，3 天后，甲场向丙路桥公司索取这批细沙。所产生的债权债务关系是（　　）之债。

　　A. 合同　　　　B. 侵权　　　　C. 无因管理　　D. 不当得利

8. 根据《民法典》的规定，一般情况下动产物权的转让，自（　　）时发生效力。

　　A. 买卖合同生效　B. 转移登记　　C. 交付　　　　D. 买方占有

二、多项选择题

1. 以下属于建设工程法规形式的有（　　）。

　　A. 某省人大常委会通过的《建筑市场管理条例》

　　B. 住建部发布的《注册建造师管理办法》

　　C. 某省人民政府制定的《招投标管理办法》

　　D. 某市人民政府办公室下发的《关于公办学校全部向外来工子女开放，不收取任何赞助费用的通知》

　　E. 某省建设行政主管部门下发的《加强安全管理的通知》

2. 当事人之间订立有关设立不动产物权的合同，除法律另有规定或者另有约定外，该合同效力情形表现为（　　）。

　　A. 合同自成立时生效　　　　　B. 合同自办理物权登记时生效

　　C. 未办理物权登记合同无效　　D. 未办理物权登记不影响合同效力

　　E. 合同生效当然发生物权效力

3. 国有建设用地使用权的用益物权，可以采取（　　）方式设立。

　　A. 出租　　　　B. 出让　　　　C. 划拨　　　　D. 抵押

　　E. 转让

4. 法律意义上的非物质财富是指人们脑力劳动的成果或智力方面的创作，也称智力成果。下列选项中属于非物质财富的是（　　）。

　　A. 股票　　　　B. 100 元人民币　C. 建筑图纸　　D. 建筑材料的商标

　　E. 太阳光

5. 建设工程法律关系主体的范围包括（　　）。

　　A. 自然人　　　B. 建设单位　　C. 承包单位　　D. 国家机关

　　E. 某企业的车间

6. 引起建设工程法律关系发生、变更、终止的情况称为法律事实，按照是否包含当事人的意志，法律事实可以分为（　　）。
   A. 事件　　　　　　B. 不可抗力事件　　C. 无意识行为　　　D. 意外事件
   E. 行为

7. 建设工程法律关系的内容是指（　　）。
   A. 法律权利　　　　B. 客体　　　　　　C. 标的　　　　　　D. 价款
   E. 法律义务

8. 建设工程法律关系的变更包括（　　）。
   A. 建设工程法律关系主体的变更　　　　B. 合同形式的变更
   C. 纠纷解决方式的变更　　　　　　　　D. 建设工程法律关系客体的变更
   E. 建设工程法律关系内容的变更

2 建设工程许可法规

知识目标

◇ 掌握施工许可相关规定
◇ 掌握施工许可的范围和条件
◇ 了解建筑从业单位资质等级的具体规定
◇ 熟悉建筑施工企业资质等级制度的法律规定

技能目标

◇ 能够运用所学的基本知识正确处理涉及建设工程许可方面的各种关系
◇ 能够运用建设工程许可法规相关知识处理实际工作中遇到的问题和纠纷
◇ 具有通过职业资格考试的能力

案例导入与分析

案例1 某建设工程未依法取得建设相关许可证违法建设案

案情简介 20×9年5月12日，某水泥厂与某建设公司订立了建设工程施工合同及合同总纲，双方约定：由某建设公司承建某水泥厂的第一条生产线的主要厂房及烧成车间等配套工程的土建项目。开工日期为20×9年6月8日。建筑材料由某水泥厂提供，某建设公司垫资150万元人民币，在合同订立15日内汇入某水泥厂账户中。某建设公司付给某水泥厂10万元保证金，进场后再付10万元押图费，待图纸归还某水泥厂后再予退还等。

合同订立后，某建设公司于同年6月前后付给某水泥厂103万元，某水泥厂退还13万元，实际占用90万元。其中10万元为押图费，80万元为垫资费，比约定的垫资款少付70万元。同年6月某建设公司进场施工。后因某建设公司未按约支付全部垫资款及工程质量存在问题，双方产生纠纷；某建设公司于同年8月停止施工。已完成的工程为：窑头基础砼、烟囱、窑尾、增温塔。

某水泥厂于同年12月向人民法院提出诉讼。一审法院在审理中委托省建设质量安全监督总站对已建工程进行鉴定。结论为：窑头基础砼和烟囱不合格，应予拆除。还查明：某水泥厂在与某建设公司订立合同和工程施工时，尚未取得建设用地规划许可证和建设工程规划许可证。

请回答：

(1) 某水泥厂与某建设公司于20×9年5月12日订立的施工合同和合同总纲是否有效？

(2) 发包人某水泥厂是否属于违法建设？施工单位是否要承担一定的责任？

案例分析

(1)《建筑法》正式确立了建筑工程施工许可制度。《建筑法》第七条规定："建筑工程开工前，建设单位应当按照国家有关规定向工程所在地县级以上人民政府建设行政主管部门申请领取施工许可证；但是，国务院建设行政主管部门确定的限额以下的小型工程除外。按照国务院规定的权限和程序批准开工报告的建筑工程，不再领取施工许可证。"此外，根据《建筑法》第八条的规定，取得施工许可证的前提是取得土地使用证、建设工程规划许可证。本案例中某水泥厂在与某建设公司订立建设工程施工合同及合同总纲时，尚未取得建设用地许可证和建设工程规划许可证，并且违反有关规定，在合同中设立垫资施工的条款，因此上述合同应属无效。

(2) 根据《建筑法》，由于发包人某水泥厂没有依法取得建设用地许可证和建设工程规划许可证，属于违法建设，尽管法律规定领取施工许可证是建设单位的责任，但施工单位不经审查而订立了合同，也要承担一定的过错责任。

案例2 建设单位将工程肢解发包，施工单位超越本单位资质等违法施工案

案情简介 20×3年3月中旬，某工程在接受检查时，被发现该工程建设单位将工程桩基部分肢解发包给A、B两家桩基施工单位（其中A桩基施工单位不具有相应资质等级），且开工时未办理工程质量监督手续和建筑工程施工许可证；A桩基施工单位超越本单位资质等级允许范围承接工程，且无建筑工程施工许可证，违法施工；B桩基施工单位无建筑工程施工许可证，违法施工。

该工程总建筑面积约15万平方米，工程合同总造价20 000万元，共有19个单体，地下室一层，工程分为两个标段。

A桩基施工单位（为地基基础专业承包三级资质）承接部分工程桩基，合同造价约800万元；B桩基施工单位承接部分工程桩基，合同造价约为1 000万元，工程于2022年12月下旬开工，2023年1月中旬才办理出工程质量监督手续和建筑工程施工许可证，至检查时工程桩全部施工完毕。

请回答：

建设单位、A桩基施工单位和B桩基施工单位在建筑工程施工许可方面有没有违法行为？为什么？

案例分析

建设单位在工程建设过程中将桩基工程肢解发包给两家桩基施工单位（其中一家不具有相应资质等级），且开工时未办理工程质量监督手续和建筑工程施工许可证，已经违反了《中华人民共和国建筑法》第七条第一款（建筑工程开工前，建设单位应当按照国家有关规定向工程所在地县级以上人民政府建设行政主管部门申请领取施工许可证）、第二十四条第一款（提倡对建筑工程实行总承包，禁止将建筑工程肢解发包），《建设工程质量管理条例》第七条（建设单位应当将工程发包给具有相应资质等级的单位；建设单位不得将建设工程肢解发包）、第十三条（建设单位在开工前，应当按照国家有关规定办理工程质量监督手续，工程质量监督手续可以与施工许可证或者开工报告合并办理）的规定。根据《建设工程质量管理条例》第五十五条（违反本条例规定，建设单位将建设工程肢解发包的，责令改正，处工程合同价款0.5%以上1%以下的罚款）的规定对建设单位进行处罚。

A桩基施工单位超越本单位资质等级允许范围承接工程，且无建筑工程施工许可证违法施工，根据《建筑工程施工许可管理办法》《建设工程质量管理条例》对施工单位A责令停止违法行为，处工程合同价款2%以上4%以下的罚款。

B桩基施工单位无建筑工程施工许可证违法施工，根据《建筑工程施工许可管理办法》对建设单位和施工单位分别处以罚款。

对在质量监督过程中把关不严的县质监站予以通报批评。

2.1 建设工程施工许可制度

施工许可制度是由国家授权的行政主管部门，在建设工程开工之前对其是否符合法定的开工条件进行审核，对符合条件的建设工程允许其开工建设的法定制度。2019年4月经修改后公布的《中华人民共和国建筑法》（以下简称《建筑法》）规定，建筑工程开工前，建设单位应当按照国家有关规定向工程所在地县级以上人民政府建设行政主管部门申请领取施工许可证；但是，国务院建设行政主管部门确定的限额以下的小型工程除外。按照国务院规定的权限和程序批准开工报告的建筑工程，不再领取施工许可证。

《优化营商环境条例》规定，设区的市级以上地方人民政府应当按照国家有关规定，优化工程建设项目（不包括特殊工程和交通、水利、能源等领域的重大工程）审批流程，推行并联审批、多图联审、联合竣工验收等方式，简化审批手续，提高审批效能。

《国务院办公厅关于进一步优化营商环境更好服务市场主体的实施意见》（国办发〔2020〕24号）规定，全面推行工程建设项目分级分类管理，在确保安全前提下，对社会投资的小型低风险新建、改扩建项目，由政府部门发布统一的企业开工条件，企业取得用地、满足开工条件后作出相关承诺，政府部门直接发放相关证书，项目即可开工。

《住房和城乡建设部办公厅关于全面推行建筑工程施工许可证电子证照的通知》（建办市〔2020〕25号）规定，全面推行施工许可电子证照。自2021年1月1日起，全国范围内的房屋建筑和市政基础设施工程项目全面实行施工许可电子证照。电子证照与纸质证照具有同等法律效力。

2.1.1 施工许可证和开工报告的适用范围

我国目前对建设工程开工条件的审批，有施工许可证和批准开工报告两种形式。多数工程是办理施工许可证，部分工程则是批准开工报告。

例题 2-1

某镇为改善当地的经济环境，大力发展果品产业。某果品加工厂决定投资 800 万元建设果汁生产分厂，计划用地 30 亩①，用于水果储存加工。经镇政府土地管理科批准，果品加工厂获批了该项目 30 亩农用地的建设用地规划许可证和建设工程规划许可证，并筹备 3 个月之后开工建设。但在开工不久，县住房和城乡建设局便发现了此项违法建设的工程，责令立即停工，限期补办施工许可证，并要处以罚款。

问题：本案例中的果品加工厂有何违法行为，应如何处理？

2.1.1.1 施工许可证的适用范围

（1）需要办理施工许可证的建设工程

2021 年 3 月住房和城乡建设部发布的《建筑工程施工许可管理办法》规定："在中华人民共和国境内从事各类房屋建筑及其附属设施的建造、装修装饰和与其配套的线路、管道、设备的安装，以及城镇市政基础设施工程的施工，建设单位在开工前应当依照本办法的规定，向工程所在地的县级以上地方人民政府住房城乡建设主管部门申请领取施工许可证。"

《住房城乡建设部办公厅②关于工程总承包项目和政府采购工程建设项目办理施工许可手续有关事项的通知》（建办市〔2017〕46 号）规定，各级住房城乡建设主管部门可以根据工程总承包合同及分包合同确定设计、施工单位，依法办理施工许可证。对在工程总承包项目中承担分包工作，且已与工程总承包单位签订分包合同的设计单位或施工单位，各级住房城乡建设主管部门不得要求其与建设单位签订设计合同或施工合同，也不得将上述要求作为申请领取施工许可证的前置条件。

对依法通过竞争性谈判或单一来源方式确定供应商的政府采购工程建设项目，应严格执行《建筑法》《建筑工程施工许可管理办法》等规定，对符合申请条件的，应当颁发施工许可证。

（2）不需要办理施工许可证的建设工程

①限额以下的小型工程。

按照《建筑法》的规定，国务院建设行政主管部门确定的限额以下的小型工程，可以不申请办理施工许可证。

据此，《建筑工程施工许可管理办法》规定，工程投资额在 30 万元以下或者建筑面积在 300 平方米以下的建筑工程，可以不申请办理施工许可证。省、自治区、直辖市人民政府行政主管部门可以根据当地的实际情况，对限额进行调整，并报国务院建设行政主管部门备案。

②抢险救灾等工程。

《建筑法》规定："抢险救灾及其他临时性房屋建筑和农民自建底层住宅的建筑活动，不适用本法。"

③不重复办理施工许可证的建设工程。

为避免同一建设工程的开工由不同行政主管部门重复审批的现象，《建筑法》规定，

---

① 1 亩≈666.67 平方米。
② 本书中的"住房城乡建设部"与"住房和城乡建设部"为同一部门，在引用文件时为保留原文件，不作修改。

按照国务院规定的权限和程序批准开工报告的建筑工程，不再领取施工许可证。其中这里有两层含义：第一是实行开工报告批准制度的建设工程，必须符合国务院的规定，其他任何部门的规定无效；第二是开工报告与施工许可证不需要重复办理。

④另行规定的建设工程。

军用房屋建筑工程有其特殊性。所以，《建筑法》规定："军用房屋建筑工程建筑活动的具体管理办法，由国务院、中央军事委员会依据本法制定。"

2.1.1.2 实行开工报告制度的建设工程

开工报告制度是我国沿用已久的一种建设项目开工管理制度。1979 年，原国家计划委员会、原国家基本建设委员会设立了该项制度，1984 年将其简化，1988 年以后又恢复了开工报告制度。2019 年 4 月 14 日颁布的《政府投资条例》规定，国务院规定应当审批开工报告的重大政府投资项目，按照规定办理开工报告审批手续后方可开工建设。

例题 2-1 分析

《建筑法》第七条规定："建筑工程开工前，建设单位应当按照国家有关规定向工程所在地县级以上人民政府建设行政主管部门申请领取施工许可证。"该果品加工厂未取得施工许可证，擅自开工建设厂房和果库，属于违反施工许可法律规定的行为，按照《建筑法》第六十四条的规定："违反本法规定，未取得施工许可证或者开工报告未经批准擅自施工的，责令改正，对不符合开工条件的责令停止施工，可以处以罚款。"《建设工程质量管理条例》第五十七条规定："违反本条例规定，建设单位未取得施工许可证或者开工报告为经批准，擅自施工的，责令停止施工，限期改正，处工程合同款 1% 以上 2% 以下的罚款。"据此，县建设局应当责令其停工并限期拆除非法建筑、返还农业用地，还可以根据具体情况处以工程合同款 1% 以上 2% 以下的罚款。

此外，该果品加工厂开工建设所依据的建设工程用地许可证和建设工程用地规划许可证为镇政府土地管理科颁发，超越了法律规定的职权，还应当依据《城乡规划法》对有关机构和责任人作出相应处罚。

2.1.2 申请主体和法定批准条件

例题 2-2

20×6 年，某市一服装厂为扩大生产规模需要建设一栋综合楼，10 层框架结构，建筑面积 20 000 m²。通过工程监理招标，该市某建设监理有限公司中标并与该服装厂于 20×6 年 7 月 16 日签订了委托监理合同，合同价款 34 万元；通过施工招标，该市某建筑公司中标，并与服装厂于 20×6 年 8 月 16 日签订了建设工程施工合同，合同价款 4 200 万元。合同签订后，建筑公司进入现场施工。在施工过程中，服装厂发现建筑公司工程进度拖延并出现质量问题，为此双方发生纠纷，服装厂将建筑公司告到当地政府主管部门。当地政府主管部门在了解情况时，发现该服装厂的综合楼工程项目未办理规划许可、施工许可手续。

问题：

本例中该服装厂有何违法行为，应该如何处理？

2.1.2.1 施工许可证的申请主体

《建筑法》规定，建筑工程开工前，建设单位应当按照国家有关规定向工程所在地县级以上人民政府建设行政主管部门申请领取施工许可证；但是，国务院建设行政主管部门确定的限额以下的小型工程除外。

建设单位（又称业主或项目法人）是建设项目的投资者；为建设项目开工和施工单位进场做好各项前期准备工作，是建设单位应尽的义务。因此，施工许可证的申请领取，应该由建设单位负责，而不是由施工单位或其他单位负责。

例题 2-2 分析

该服装厂未办理综合楼工程项目的规划、施工许可手续，属于违法建设项目。根据《建筑法》第七条规定，"建筑工程开工前，建设单位应当按照国家有关规定向工程所在县级以上人民政府建设行政主管部门申请领取施工许可证"。该服装厂未申请领取施工许可证就让建筑公司开工建设，属于违法擅自施工。

该服装厂不具备申请领取施工许可证的条件。根据《建筑法》第八条规定，该服装厂未办理该项工程的规划许可证，不具备申请领取施工许可证的条件。所以，该服装厂即使申请也不可能获得施工许可证。

根据结合本例情况，对该工程应该责令停止施工，限期改正，对建设单位处以罚款，额度在42万~84万元。

对该服装公司违法不办理规划许可的问题由城乡规划主管部门根据《城乡规划法》给予相应的处罚。至于施工进度、质量等纠纷，应当依据合同的约定，选择和解、调解、仲裁或诉讼等法律途径解决。

2.1.2.2 施工许可证的法定批准条件

《建筑法》规定，申请领取施工许可证，应当具备下列条件：①已经办理该建筑工程用地批准手续；②依法应当办理建设工程规划许可证的，已经取得建设工程规划许可证；③需要拆迁的，其拆迁进度符合施工要求；④已经确定建筑施工企业；⑤有满足施工需要的资金安排、施工图纸及技术资料；⑥有保证工程质量和安全的具体措施。

《建筑工程施工许可管理办法》进一步规定，建设单位申请领取施工许可证，应当具备下列条件，并提交相应的证明文件：①依法应当办理用地批准手续的，已经办理该建筑工程用地批准手续；②依法应当办理建设工程规划许可证的，已经取得建设工程规划许可证；③施工场地已经基本具备施工条件，需要征收房屋的，其进度符合施工要求；④已经确定施工企业；⑤有满足施工需要的资金安排、施工图纸及技术资料，建设单位应当提供建设资金已经落实承诺书，施工图设计文件已按规定审查合格；⑥有保证工程质量和安全的具体措施。

例题 2-3

某市高等专科学校由于在校学生的增加，决定建设一座学生宿舍楼。通过招标，该高等专科学校选择了 A 施工单位，签订了施工合同，并委托了某监理单位实施施工阶段的监理任务，也签订了委托监理合同。20×8 年 3 月 15 日，监理单位按国家有关规定向本市建设行政主管部门申请领取施工许可证，建设行政主管部门于 20×8 年 3 月 16 日收到了申请书，认为符合条件，于 20×8 年 4 月 10 日颁发了施工许可证。因施工图设计出现了问题，一直未开工，于是办理了延期开工申请，直到 20×8 年 8 月 10 日才开工。施工中 A 施工单位将部分工程分包给 B 施工单位。监理单位发现施工现场存在许多电力管线，于是向建设单位提出要办理有关申请批准手续。

问题：

（1）《建筑法》规定，具备哪些条件才可申请领取施工许可证？

（2）本例中施工许可证的申请和颁发过程中有何不妥之处？请说明理由。2018 年 8 月 10 日开工是否需要重新办理施工许可证？为什么？

（3）根据《建筑法》对建筑安全生产管理的有关规定，简述建设单位在什么情况下需要按国家有关规定办理申请批准手续？

（1）依法应当办理用地批准手续的，已经办理该建筑工程用地批准手续

2019 年 8 月公布的《中华人民共和国土地管理法》规定，经批准的建设项目需要使用国有建设用地的，建设单位应当持法律、行政法规规定的有关文件，向有批准权的县级以上人民政府自然资源主管部门提出建设用地申请，经自然资源主管部门审查，报本级人民政府批准。2021 年 7 月经修改后公布的《中华人民共和国土地管理法实施条例》规定，抢险救灾、疫情防控等急需使用土地的，可以先行使用土地。其中，属于临时用地的，用后应当恢复原状并交还原土地使用者，不再办理用地审批手续；属于永久性建设用地的，建设单位应当在不晚于应急处置工作结束六个月内申请补办建设用地审批手续。

（2）依法应当办理建设工程规划许可证的，已经取得建设工程规划许可证

在城市、镇规划区内，规划许可证包括建设用地规划许可证和建设工程规划类许可证。在乡、村庄规划区内进行乡镇企业、乡村公共设施和公益事业建设的，须核发乡村建设规划许可证。

根据《国务院关于印发清理规范投资项目报建审批事项实施方案的通知》（国发〔2016〕29 号）要求，将原建设工程（含临时建设）规划许可证核发、历史建筑实施原址保护审批等 4 项合并为"建设工程规划类许可证核发"一项。

①建设用地规划许可证。2019 年 4 月公布的《中华人民共和国城乡规划法》（以下简称《城乡规划法》）规定，在城市、镇规划区内以划拨方式提供国有土地使用权的建设项目，经有关部门批准、核准、备案后，建设单位应当向城市、县人民政府城乡规划主管部门提出建设用地规划许可申请，由城市、县人民政府城乡规划主管部门依据控制性详细规划核定建设用地的位置、面积、允许建设的范围，核发建设用地规划许可证。建设单位在取得建设用地规划许可证后，方可向县级以上地方人民政府土地主管部门申请用地，经县级以上人民政府审批后，由土地主管部门划拨土地。

以出让方式取得国有土地使用权的建设项目，建设单位在取得建设项目的批准、核准、备案文件和签订国有土地使用权出让合同后，向城市、县人民政府城乡规划主管部门领取建设用地规划许可证。

②建设工程规划许可证。在城市、镇规划区内进行建筑物、构筑物、道路、管线和其

他工程建设的,建设单位或者个人应当向城市、县人民政府城乡规划主管部门或者省、自治区、直辖市人民政府确定的镇人民政府申请办理建设工程规划许可证。

在乡、村庄规划区内进行乡镇企业、乡村公共设施和公益事业建设的,建设单位或者个人应当向乡、镇人民政府提出申请,由乡、镇人民政府报城市、县人民政府城乡规划主管部门核发乡村建设规划许可证。建设单位或者个人在取得乡村建设规划许可证后,方可办理用地审批手续。

(3) 施工场地已经基本具备施工条件,需要征收房屋的,其进度符合施工要求

施工场地应该具备的基本施工条件,通常要根据建设工程项目的具体情况决定。例如:已进行场区的施工测量,设置永久性经纬坐标桩、水准基桩和工程测量控制网;搞好"三通一平"或"七通一平"[①];在施工现场要设安全纪律牌、施工公告牌、安全标志牌等。实行监理的建设工程,一般要由监理单位查看后填写"施工场地已具备施工条件的证明",并加盖单位公章确认。

《民法典》规定,为了公共利益的需要,依照法律规定的权限和程序可以征收集体所有的土地和组织、个人的房屋以及其他不动产。

(4) 已经确定施工企业

建设工程的施工必须由具体相应资质的施工企业来承担。因此,在建设工程开工前,建设单位必须依法通过招标或直接发包的方式确定承包该建设工程的施工企业,并签订建设工程承包合同,明确双方的责任、权利和义务。否则,建设工程的施工将无法进行。

按照规定应当招标的工程没有招标,应当公开招标的工程没有公开招标,或者肢解发包工程,以及将工程发包给不具备相应资质条件的企业的,所确定的施工企业无效。

(5) 有满足施工需要的资金安排、施工图纸及技术资料,建设单位应当提供建设资金已经落实承诺书,施工图设计文件已按规定审查合格

建设资金的落实是建设工程开工后能否顺利实施的关键。在实践中,许多"烂尾楼"都是建设资金不到位造成的恶果。

我国有严格的施工图设计文件审查制度。2017年10月经修订后公布的《建设工程勘察设计管理条例》规定,编制施工图设计文件,应当满足设备材料采购、非标准设备制作和施工的需要,并注明建设工程合理使用年限。施工图设计文件审查机构应当对房屋建筑工程、市政基础设施工程施工图设计文件中涉及公共利益、公众安全、工程建设强制性标准的内容进行审查。县级以上人民政府交通运输等有关部门应当按照职责对施工图设计文件中涉及公共利益、公众安全、工程建设强制性标准的内容进行审查。2019年4月经修订后公布的《建设工程质量管理条例》规定,施工图设计文件未经审查批准的,不得使用。

技术资料一般包括地形、地质、水文、气象等自然条件资料和主要原材料、燃料来源,水电供应和运输条件等技术条件资料。

(6) 有保证工程质量和安全的具体措施

《建设工程质量管理条例》规定,建设单位在开工前,应当按照国家有关规定办理工

---

① "三通一平"指水通、电通、路通和场地平整;"七通一平"指通给水、通排水、通电力、通电信、通燃气、通热力、通道路、场地平整。

程质量监督手续，工程质量监督手续可以与施工许可证或者开工报告合并办理。2003年11月公布的《建设工程安全生产管理条例》规定，建设单位在申请领取施工许可证时，应当提供建设工程有关安全施工措施的资料。建设行政主管部门在审核发放施工许可证时，应当对建设工程是否有安全施工措施进行审查，对没有安全施工措施的，不得颁发施工许可证。《建筑工程施工许可管理办法》对"有保证工程质量和安全的具体措施"进一步规定，施工企业编制的施工组织设计中有根据建筑工程特点制定的相应质量、安全技术措施，建立工程质量安全责任制并落实到人。专业性较强的工程项目编制专项质量、安全施工组织设计，并按照规定办理了工程质量、安全监督手续。施工组织设计的重要内容之一，是要有能保证建设工程质量和安全的具体措施。

需要注意的是，上述各项法定条件必须同时具备，缺一不可。发证机关应当自收到申请之日起7日内，对符合条件的申请颁发施工许可证。对于证明文件不齐全或者失效的，应当当场或者5日内一次告知建设单位需要补正的全部内容，审批时间以自证明文件补正齐全后作相应顺延；对于不符合条件的，应当自收到申请之日起7日内书面通知建设单位，并说明理由。此外，《建筑工程施工许可管理办法》还规定，应当申请领取施工许可证的建筑工程未取得施工许可证的，一律不得开工。任何单位和个人不得将应当申请领取施工许可证的工程项目分解为若干限额以下的工程项目，规避申请领取施工许可证。

例题2-3分析

（1）《建筑法》规定，申请领取施工许可证，应当具备下列条件：①已经办理该建筑工程用地批准手续；②依法应当办理建设工程规划许可证的，已经取得建设工程规划许可证；③需要拆迁的，其拆迁进度符合施工要求；④已经确定建筑施工企业；⑤有满足施工需要的施工图纸及技术资料；⑥有保证工程质量和安全的具体措施。

（2）施工许可证的申请和颁发过程中的不妥有以下几点。

①监理单位向建设行政主管部门申请领取施工许可证。

理由： 应由建设单位申请领取施工许可证。

②20×8年4月10日颁发施工许可证。

理由： 建设行政主管部门应当自收到申请之日起15日内，对符合条件的申请颁发施工许可证。

③20×8年8月10日开工不需重新办理施工许可证。

理由： 《建筑法》规定，因故不能按期开工超过6个月的，应重新办理开工报告的批准手续，本案例中的延迟开工未超过6个月。

（3）有下列情形之一的，建设单位应当按照国家有关规定办理申请批准手续：①需要临时占用规划批准范围以外场地的；②可能损坏道路、管线、电力、邮电、通信等公共设施的；③需要临时停水、停电、中断道路交通的；④需要进行爆破作业的；⑤法律、法规规定需要办理报批手续的其他情形。

2.1.3 延期开工、核验和重新办理批准的规定

例题 2-4

某房地产公司要开发建设一个大型多功能商业广场,以 EPC 模式发包给某建设集团,并于 20×2 年 3 月 20 日申领到施工许可证,在按期开工后因故于 20×2 年 10 月 15 日中止施工,直到 20×4 年 3 月 1 日拟恢复施工。

问题:
(1) 该商业广场项目应当由谁申领施工许可证?
(2) 该商业广场项目中止施工后,最迟应当在何时向发证机关报告?
(3) 20×4 年 3 月 1 日后恢复施工时应该履行哪些程序?

(1) 申请延期的规定

《建筑法》规定,建设单位应当自领取施工许可证之日起 3 个月内开工。因故不能按期开工的,应当向发证机关申请延期;延期以两次为限,每次不超过 3 个月。既不开工又不申请延期或者超过延期时限的,施工许可证自行废止。

由于施工活动不同于一般的生产活动,其受气候、经济、环境等因素的影响较大,根据客观条件的变化,允许适当延期是必要的。当然,延期也要有必要的限制。

(2) 核验施工许可证的规定

《建筑法》规定,在建的建筑工程因故中止施工的,建设单位应当自中止施工之日起 1 个月内,向发证机关报告,并按照规定做好建筑工程的维护管理工作。建筑工程恢复施工时,应当向发证机关报告;中止施工满一年的工程恢复施工前,建设单位应当报发证机关核验施工许可证。

所谓中止施工,指建设工程开工后,在施工过程中因特殊情况的发生而中途停止施工的一种行为。中止施工的原因很复杂,如地震、洪水等不可抗力,以及宏观调控压缩基建规模、停建缓建工程等。

对于因故中止施工的,建设单位应当按照规定的时限履行相关义务或者责任,以防止建设工程在中止施工期间遭受不必要的损失,保证在恢复施工时可以尽快启动。例如,建设单位与施工单位应当确定合理的停工部位,并协商提出善后处理的具体方案,明确双方的职责、权利和义务;建设单位应当派专人负责,定期检查中止施工工程的质量状况,发现问题及时解决;建设单位要与施工单位共同做好中止施工的工地现场安全、防火、防盗、维护等工作,防止因工地脚手架、施工铁架、外墙挡板等腐烂、断裂、坠落、倒塌等导致人身安全事故,并保管好工程技术档案资料。

在恢复施工时,建设单位应当向发证机关报告恢复施工的有关情况。中止施工满一年的,在建设工程恢复施工前,建设单位还应当报发证机关核验施工许可证,看是否仍具备组织施工的条件,经核验符合条件的,应允许恢复施工,施工许可证继续有效;经核验不符合条件的,应当收回其施工许可证,不允许恢复施工,待条件具备后,由建设单位重新申领施工许可证。

（3）重新办理批准手续的规定

对于实行开工报告制度的建设工程，《建筑法》规定，按照国务院有关规定批准开工报告的建筑工程，因故不能按期开工或者中止施工的，应当及时向批准机关报告情况。因故不能按期开工超过6个月的，应当重新办理开工报告的批准手续。

按照国务院有关规定批准开工报告的建筑工程，一般属于大中型建设项目。对于这类工程因故不能按期开工或者中止施工，在审查和管理上更严格。

例题2-4分析

（1）《建筑法》第七条规定："建筑工程开工前，建设单位应当按照国家有关规定向工程所在地县级以上人民政府建设行政主管部门申请领取施工许可证。"因此，申领施工许可证的主体应当为该房地产公司，即该商业广场项目的建设单位。

（2）《建筑法》第十条第一款规定："在建的建筑工程因故中止施工的，建设单位应当自中止施工的，建设单位应当自中止施工之日起1个月内，向发证机关报告，并按照规定做好建筑工程的维护管理工作。"据此，该房地产公司向发证机关报告的最迟期限应为2020年11月15日。

（3）《建筑法》第十条第二款规定："建筑工程恢复施工时，应当向发证机关报告；中止施工满1年的工程恢复施工前，建设单位应当报发证机关核验施工许可证。"据此，该房地产公司在恢复施工前应当向发证机关报告恢复施工的有关情况，并应当报发证机关核验施工许可证；经核验符合条件的，方可恢复施工。

2.2 从业单位资格许可

为了建立和维护建筑市场的正常秩序，确立建筑活动主体进入建筑市场从事建筑活动的准入规则，世界绝大多数国家对从事建设活动主体必须具备的资格有严格规定。要求从事建设工程的新建、扩建、改建和拆除等活动的单位，必须在资金、技术、装备等方面具备相应的资质条件。《建筑法》《建筑业企业资质管理规定》《工程监理企业资质管理规定》中明确规定了从事建筑活动的建筑施工企业、勘察单位、设计单位、工程监理单位等进入建筑市场应当具备的条件和资质审查制度。从业单位资格许可包括从业单位的条件和从业单位的资质。

2.2.1 从业单位的法定条件

《建筑法》第十二条规定，从事建筑活动的建筑施工企业、勘察单位、设计单位和工程监理单位，应当具备下列条件。

（1）有符合国家规定的注册资本

注册资本指从事建筑活动的单位在按照国家有关规定进行注册登记时，申报并确定的资金总额。它反映的是企业法人的财产权，也是判断企业经济力量的依据。建筑施工企业、勘察企业、设计单位和工程监理单位在申请设立注册登记时，应当达到国家规定的注册资本的数量标准。关于上述单位应当具有的最低注册资本的具体数额，应当按照其他有关法律、行政法规的规定执行。根据《建筑业企业资质管理规定》的有关规定，建筑业企业资质等级标准由国务院建设行政主管会同国务有关部门制定。此外，需要注意的是，设立从事建筑活动的有限责任公司或股份有限公司时，其注册资本必须符合《公司法》的有关规定。

（2）有与其从事的建筑活动相适应的具有法定执业资格的专业技术人员

建筑活动的专业性、技术性决定从事建筑活动的企业和单位不仅需要懂经营、懂管理的经营管理人员，更需要与其从事的建筑活动相适应的专业技术人员。首先，建筑施工企业、勘察单位、设计单位和工程监理单位必须有与其从事的建筑活动相适应的专业技术人员，除了包括《建筑法》第十四条规定的依法取得建筑行业有关专业职业资格证书的注册建造师、注册监理师等以外，还包括依照国家规定的条件和程序取得有关技术职称的专业技术人员等；其次，这些专业人员必须具有法定的职业资格，即经过国家统一考试合格并依法批准注册。

（3）有从事相关建筑活动所应有的技术装备

从事建筑活动的建筑施工企业、勘察企业、设计单位和工程监理单位必须有从事相关建筑活动所应有的技术装备，否则建筑活动无法正常进行。如从事建筑施工活动，必须有相应的施工机械设备与质量检验测试手段等。没有相应的技术装备，不得从事建筑活动。

（4）法律、行政法规规定的其他条件

《建筑法》规定："本法关于施工许可、建筑施工企业资质审查和建筑工程发包、承包、禁止转包，以及建筑工程监理、建筑工程安全和质量管理的规定，适用于其他专业建筑工程的建筑活动，具体办法由国务院规定。"

2.2.2 从业单位的资质

从事建筑活动的建筑施工企业、勘察单位、设计单位和工程监理单位，应当按照其拥有的注册资本、专业技术人员、技术装备和已完成的建设工程业绩等资质条件申请资质，经资质审查合格，划分为不同的资质等级，取得相应等级的资质证书后，方可在其资质等级许可的范围内从事建筑活动。

从事建筑活动的建筑施工企业、勘察单位、设计单位和工程监理单位的资质等级，是反映这些单位从事建筑活动的经济、技术能力和水平的标志，规定从事建筑活动的单位只能在其经依法核定的资质等级许可的范围内从事有关建筑活动，是保证建设工程质量，维护建筑市场正常秩序的重要措施，所有从事建筑活动的单位必须严格执行。

2015年1月经修订后发布的《建筑业企业资质管理规定》规定，建筑业企业是指从事土木工程、建筑工程、线路管道设备安装工程的新建、扩建、改建等施工活动的企业。

2.2.3 企业资质的法定条件和等级

2.2.3.1 施工企业资质的法定条件

《建筑业企业资质管理规定》规定，企业应当按照其拥有的资产、主要人员、已完成的工程业绩和技术装备等条件申请建筑业企业资质，经审查合格，取得建筑业企业资质证书后，方可在资质许可的范围内从事建筑施工活动。

例题2-5

20×7年1月，某市帆布厂（以下简称甲方）与某市区修建工程队（以下简称乙方）订立了建设工程承包合同。合同规定：乙方为甲方建一框架厂房，跨度12 m，总造价为98.9万元；承包方式为包工包料；建设工程工期为20×7年11月2日至20×9年3月10日。从开工直到20×9年年底，工程仍未能完工，而且已完工工程质量部分不合格，这期间甲方付给乙方工程款、材料垫付款共101.6万元。为此，双方发生纠纷。经查明：乙方在工商行政管理机关登记的经营范围为维修和承建小型非生产性建设工程，无资格承包此工程。经有关部门鉴定：该项工程造价为98.9万元，未完工程折价为11.7万元，已完工程的厂房屋面质量不合格，返工费5.6万元。

请思考：此纠纷应符合解决？

（1）有符合规定的净资产

企业资产是指企业拥有或控制的能以货币计量的经济资源，包括各种财产、债权和其他权利。企业净资产是指企业的资产总额减去负债以后的净额。净资产是属于企业所有并可以自由支配的资产，即所有者权益。相对于注册资本而言，它能够更准确地体现企业的经济实力。所有建筑业企业都必须具备基本的责任承担能力。这是法律上权利与义务相一致、利益与风险相一致原则的体现，是维护债权人利益的需要。显然，对净资产要求的全面提高意味着对企业资信要求的提高。《住房城乡建设部关于调整建筑业企业资质标准中净资产指标考核有关问题的通知》（建市〔2015〕177号）规定，企业净资产以企业申请资质前一年度或当期合法的财务报表中净资产指标为准。

（2）有符合规定的主要人员

工程建设施工活动的专业性、技术性较强。因此，建筑业企业应当拥有注册建造师及其他注册人员、工程技术人员、施工现场管理人员和技术工人。但为了简化企业资质考核指标，《住房城乡建设部关于简化建筑业企业资质标准部分指标的通知》（建市〔2016〕226号）要求，除各类别最低等级资质外，取消关于注册建造师、中级以上职称人员、持有岗位证书的现场管理人员、技术工人的指标考核。《住房和城乡建设部等部门关于加快培育新时代建筑产业工人队伍的指导意见》（建市〔2020〕105号）规定，加快自有建筑工人队伍建设。引导建筑企业加强对装配式建筑、机器人建造等新型建造方式和建造科技的探索和应用，提升智能建造水平，通过技术升级推动建筑工人从传统建造方式向新型建造方式转变。鼓励建筑企业通过培育自有建筑工人、吸纳高技能技术工人和职业院校（含技工院校，下同）毕业生等方式，建立相对稳定的核心技术工人队伍。鼓励有条件的企业建立首席技师制度、劳模和工匠人才（职工）创新工作室、技能大师工作室和高技能人才库，切实加强技能人才队伍建设。

鼓励和引导现有劳务班组或有一定技能和经验的建筑工人成立以作业为主的企业，自主选择1~2个专业作业工种。鼓励有条件的地区建立建筑工人服务园，依托"双创基地"、创业孵化基地，为符合条件的专业作业企业落实创业相关扶持政策，提供创业服务。

(3) 有符合规定的已完成工程业绩

《住房城乡建设部关于简化建筑业企业资质标准部分指标的通知》中要求，调整建筑工程施工总承包一级及以下资质的建筑面积考核指标。按照调整后的企业工程业绩考核指标，建筑工程施工总承包的一级企业：近 5 年承担过下列 4 类中的 2 类工程的施工总承包或主体工程承包，工程质量合格。

①地上 25 层以上的民用建筑工程 1 项或地上 18~24 层的民用建筑工程 2 项；②高度 100 米以上的构筑物工程 1 项或高度 80~100 米（不含）的构筑物工程 2 项；③建筑面积 12 万平方米以上的建筑工程 1 项或建筑面积 10 万平方米以上的建筑工程 2 项；④钢筋混凝土结构单跨 30 米以上（或钢结构单跨 36 米以上）的建筑工程 1 项或钢筋混凝土结构单跨 27~30 米（不含）［或钢结构单跨 30~36 米（不含）］的建筑工程 2 项。对申请建筑工程、市政公用工程施工总承包特级、一级资质的企业，未进入全国建筑市场监管与诚信信息发布平台的企业业绩，不作为有效业绩认定。

(4) 有符合规定的技术装备

施工单位必须使用与其从事施工活动相适应的技术装备。目前，许多大中型机械设备可以采用租赁或融资租赁的方式取得，因此，企业资质标准对技术装备的要求并不高。

2.2.3.2 施工企业的资质序列、类别和等级

(1) 施工企业的资质序列

根据《住房和城乡建设部关于印发建设工程企业资质管理制度改革方案的通知》（建市〔2020〕94 号），在《建设工程企业资质管理制度改革方案》中，施工资质分为综合资质、施工总承包资质、专业承包资质和专业作业资质。

(2) 施工企业的资质类别和等级

在《建设工程企业资质管理制度改革方案》中，将 10 类施工总承包企业特级资质调整为施工综合资质，可承担各行业、各等级施工总承包业务；保留 12 类施工总承包资质，将民航工程的专业承包资质整合为施工总承包资质；将 36 类专业承包资质整合为 18 类；将施工劳务企业资质改为专业作业资质，由审批制改为备案制。综合资质和专业作业资质不分等级；施工总承包资质、专业承包资质等级原则上压减为甲、乙两级（部分专业承包资质不分等级），其中，施工总承包甲级资质在本行业内承揽业务规模不受限制。

施工总承包资质分为 13 个类型，分别是：建筑工程施工总承包、公路工程施工总承包、铁路工程施工总承包、港口与航道工程施工总承包、水利水电工程施工总承包、市政公用工程施工总承包、电力工程施工总承包、矿山工程施工总承包、冶金工程施工总承包、石油化工工程施工总承包、通信工程施工总承包、机电工程施工总承包、民航工程施工总承包。

专业承包资质分为 18 个类型，分别是：建筑装修装饰工程专业承包、建筑机电工程专业承包、公路工程类专业承包、港口与航道工程类专业承包、铁路电务电气化工程专业承包、水利水电工程类专业承包、通用专业承包、地基基础工程专业承包、起重设备安装工程专业承包、预拌混凝土专业承包、模板脚手架专业承包、防水防腐保温工程专业承包、桥梁工程专业承包、隧道工程专业承包、消防设施工程专业承包、古建筑工程专业承包、输变电工程专业承包、核工程专业承包。

例题2-5分析

本案例中乙方在工商行政管理机关登记的经营范围为维修和承建小型非生产性建筑工程，无资格承包此项工程，因此双方签订的施工承包合同无效。

关于工程款和材料预付款，甲方已预付乙方101.6万元。工程造价为98.9万元，乙方未完工程造价为11.7万元，乙方已完工程造价为87.2万元，此时乙方应返还甲方多支付的14.4万元。但乙方已完工程分质量不合格，返工费为5.6万元。因此，乙方实际应返还甲方20万元。

课后习题

一、单项选择题

1. 某房地产开发公司拟在某市旧城区一地块上开发住宅小区工程项目，建设工程合同价格为20 000万元，工期为18个月。按照国家有关规定，该开发公司应当向工程所在地的区政府申请施工许可证。

（1）申请领取施工许可证的时间最迟应当在（　　）。
A. 确定施工单位前　　　　　　B. 住宅小区工程开工前
C. 确定监理单位前　　　　　　D. 住宅小区工程竣工前

（2）该公司申领施工许可证前，必须办妥建设用地管理和城市规划管理方面的手续，在此阶段最后取得的是该项目的（　　）。
A. 用地规划许可证　　　　　　B. 国有土地使用权批准文件
C. 工程规划许可证　　　　　　D. 土地使用权证

（3）该公司申领施工许可证时向区建设局提交的施工图纸及技术资料应当（　　）。
A. 满足施工需要并按规定通过审查　　B. 满足施工需要并通过监理单位审查
C. 满足该开发公司的要求　　　　　　D. 满足施工单位的要求

2. 某建设单位欲新建一座大型综合市场，于20×6年3月20日领到工程施工许可证。领取施工许可证后因故不能按规定期限正常开工，故向发证机关申请延期。开工后又因故于20×6年10月15日终止施工。20×7年10月20日恢复施工。

（1）该工程正常开工的最迟允许日期应为2016年（　　）。
A. 4月19日　　B. 6月19日　　C. 6月20日　　D. 9月20日

（2）该建设单位通过申请延期，所持工程施工许可证的有效期限最多延长到2016年（　　）为止。
A. 7月19日　　B. 8月19日　　C. 9月19日　　D. 12月19日

（3）建设单位申请施工许可证延期的次数最多只有（　　）。
A. 1次　　　　B. 2次　　　　C. 3次　　　　D. 4次

（4）因故中止施工，该建设单位向施工许可证发证机关报告的最迟期限应为2016年（　　）。
A. 10月15日　　B. 10月22日　　C. 11月14日　　D. 12月14日

(5) 该工程恢复施工前,该建设单位应当( )。
A. 报发证机关核验施工许可证　　B. 重新申领施工许可证
C. 向发证机关报告　　　　　　　D. 请发证机关检查施工场地

3. 根据建筑业企业资质管理的有关规定,我国建筑企业的三个资质序列是( )。
A. 工程总承包、专业总承包、劳务承包
B. 综合总承包、建筑专业承包、建筑劳务承包
C. 施工总承包、专业承包、劳务分包
D. 项目总承包、建筑总承包、劳务专业分包

4. 某建设工程施工合同约定,合同工期为18个月,合同价款为2 000万元。建议单位在申请领取施工许可证时,应当到位的建设资金原则上不少于( )万元。
A. 100　　　　B. 200　　　　C. 1 000　　　　D. 600

二、多项选择题

1. 下列不需要申请领取施工许可证的建筑工程有( )。
A. 军用房屋建筑工程　　　　　B. 城市大型立交桥
C. 为抢险救灾修建的道路　　　D. 施工单位搭建的自用宿舍
E. 已按规定批准开工报告的建筑工程

2. 根据《建筑法》,申请领取施工许可证应当具备的条件包括( )。
A. 建筑工程按照规定的权限和程序已批准开工报告
B. 已办理该建筑工程用地批准手续
C. 城市规划区的建筑工程已经取得规划许可证
D. 已经确定建筑施工企业
E. 建设资金已经落实

3. 注册建造师享有的权利有( )。
A. 使用注册建造师名称
B. 遵守法律、法规和有关规定
C. 在本人执业活动中形成的文件上签字并加盖执业印章
D. 保管和使用本人注册证书、执业印章
E. 接受继续教育

4. 建筑业专业技术人员执业资格的共同点有( )。
A. 需要参加统一考试　　　　B. 需要注册
C. 有各自的执业范围　　　　D. 须接受继续教育
E. 可以同时应聘于两家不同的单位

5. 以下工程不需要申请施工许可证的有( )。
A. 某公园喷泉工程投资额38万元
B. 某配电房房建筑面积200平方米
C. 已领取开工报告的污水处理工程
D. 为修建青藏铁路而建的临时性建筑
E. 某省军区建的军事指挥用房

3 建设工程发承包与招投标法规

知识目标

◇ 了解建设工程发包与承包的概念、方式
◇ 了解建设工程招投标的概念、方式
◇ 熟悉建设工程发包与承包的一般规定
◇ 熟悉建设工程招投标的基本程序
◇ 熟悉建设工程招标管理机构对于发承包管理的基本原则
◇ 掌握建设工程强制招标的范围和标准
◇ 掌握建设工程招投标、开标、评标和中标的法律规定
◇ 掌握建设工程总承包、联合共同承包、分包制度

技能目标

◇ 能够运用所学的基本知识进行招标或投标的基本工作程序
◇ 根据所学知识能够规范进行发包与承包活动
◇ 能够运用建筑工程承包制度界定转包、违法发包行为
◇ 具有通过职业资格考试的能力

案例导入与分析

某建设工程违法转包分包案

案情简介 某学校在某市新区欲建设新校址，投资3亿元，包括建设教学楼、宿舍楼、图书馆等一揽子工程，建设周期为2年，该项目进行了招标。某市建设工程总公司中标。关于工程施工，双方约定：首先，鉴于该项目是国家投资项目，工程必须保证质量达到优良；其次，必须保证工期，确保工程建设不影响学校的扩大招生并及时投入使用。对于工程施工，承包商可以在自己的下属分公司中选择施工队伍，无须与发包人另行签订合同，但为了保证工程质量，双方应当严格按照《建筑法》和《招标投标法》的规定，不得将工程进行转包和分包。

建设工程承包合同签订后，某市建设工程总公司作为总包单位，安排下属的二、三、四、五建设分公司参与工程建设，并分别与这些参建分公司签署安全施工责任书和某单位

工程内部承包协议书,约定了工程工期和工程质量。经过两年的建设,承包方完成了施工任务,经过建设方、投资方、承包方、设计方共同验收,该综合工程取得备案验收。

但是,工程投入使用不到两个月,某学生宿舍楼的女儿墙倒塌,造成5名学生重伤。此事引起学校及上级政府部门的高度重视,迅速展开调查。调查发现,二公司为了加快施工进度,将其中一栋单位工程转包给具有三级施工资质的甲公司施工,收取该单位工程预算造价的20%作为管理费,该施工公司在施工中有违章操作和偷工减料的情况,但该公司不是引发事故的责任公司。同时发现,五公司为争取工期提前奖励,将自己负责的工程部分分包给临时组织的乙施工队,由于该队伍没有从事过大型复杂的工程建设,尽管五公司为该施工队指派了技术员,但在施工中难免出现质量问题,引起学生伤害的主要责任单位为乙施工队。

对于调查的情况,建设单位和投资单位一致认为,作为该项目的总承包单位没有认真履行合同的约定和法律的规定,构成严重违约,造成严重后果。决定对尚未支付的工程款予以扣留,以作为赔偿学生受伤费用及违约罚金,同时对工程质量保留继续追究的权利。上述决定通知了总承包方。

问题:

(1) 二公司、五公司分别实施了哪些违规行为?

(2) 总承包公司接到通知后,认为自己没有责任。原因是:一是总公司下属各分包公司均具有法人资格,能够独立承担民事责任,学校应当以二、五公司为被告,责任后果应由二、五公司承担。二是发包方与承包方之间签订的某大学群体建设工程承包合同中,明确总承包方可以安排自己的下属分公司参与建设,无须另行与发包方签订承包合同,这表明发包方与参建的两个责任公司之间是有口头协议的,发包方允许总承包公司各分公司参与施工,故应直接与分公司交涉。三是总承包单位与下属公司都签订了安全施工责任书和某单位工程内部承包协议书,约定各分公司都独立核算,施工责任自负。您怎么看待总承包公司的责任问题?

案例分析

本案例是关于建设工程发包与承包知识中涉及的分包转包责任问题。本案例的学校和市建设工程总公司两者中,学校为发包方,市建设工程总公司为(总)承包方;总公司与分公司中,总公司为发包方,二、三、四、五分公司为承包方。

(1)《建筑法》规定,建筑总承包单位可以将承包工程的部分工程发包给具有相应资质条件的分包单位,但禁止分包单位将其承包的工程再分包。同时,《招标投标法》规定,接受分包的人不得再次分包。

《建设工程质量管理条例》规定,违法分包,是指下列行为:①总承包单位将建设工程分包给不具备相应资质条件的单位的;②建设工程总承包合同中未有约定,又未经建设单位认可,承包单位将其承包的部分建设工程交由其他单位完成的;③施工总承包单位将建设工程主体结构的施工分包给其他单位的;④分包单位将其承包的建设工程再分包的。

所以,五公司的行为属于违法分包的第4条。禁止分包单位不得再分包是为了防止层层分包,"层层剥皮",导致工程质量安全和工期等难以保障。

《建筑法》规定:"禁止承包单位将其承包的全部建筑工程转包给他人,禁止承包单位将其承包的全部建筑工程肢解以后以分包的名义分别转包给他人。"《民法典》规定："承包人不得将其承包的全部建设工程转包给第三人或者将其承包的全部建设工程肢解以后以分包的名义分别转包给第三人。"《建设工程质量管理条例》规定："本条例所称转包，是指承包单位承包建设工程后，不履行合同约定的责任和义务，将其承包的全部建设工程转给他人或者将其承包的全部建设工程肢解以后以分包的名义分别转给其他单位承包的行为。"

所以，二公司的行为属于违法转包行为。

（2）《建筑法》规定："建筑工程总承包单位按照总承包合同的约定对建设单位负责；分包单位按照分包合同的约定对总承包单位负责。总承包单位和分包单位就分包工程对建设单位承担连带责任。"《招标投标法》也规定，中标人应当就分包项目向招标人负责，接受分包的人就分包项目承担连带责任。

所以，总承包单位就总承包项目对建设单位负责；应当就二公司、五公司的违法转包分包行为承担连带责任。

3.1 发包与承包概述

3.1.1 建设工程发包与承包的概念

建设工程发包，是建设工程的建设单位（或总承包单位）将建设工程任务通过招标发包或直接发包的方式，交付给具有法定从业资格的单位完成，并按照合同约定支付报酬的行为。

建设工程承包，是具有法定从业资格的单位依法承揽建设工程任务，通过签订合同确立双方的权利与义务，按照合同约定取得相应报酬，并完成建设工程任务的行为。

建设工程的发包方一般为建设单位，也可以是施工总承包商、专业承包商、项目管理公司等；承包方一般为工程勘察设计单位、施工单位、工程设备供应及设备安装制造单位等。发包方与承包方的权利、义务由双方签订的承包合同规定。

3.1.2 建设工程发包与承包的方式

依据《建筑法》，建设工程发包与承包有两种方式：招标发包和直接发包。

建设工程招标发包，是指发包方根据招标法的规定事先制定招标文件，明确其承包工程的性质、内容、工期、质量等情况和要求，由愿意承包的单位递送标书，再由发包方从中择优选择工程承包方的发包方式。

建设工程直接发包，是指由发包方直接选定特定的承包商，与其进行一对一的协商谈判，就双方的权利义务达成协议后，与其签订建筑工程承包合同的发包方式。

通过对比可知，建设工程招标发包更有利于公平竞争，符合市场经济规律。所以，我国相关法规都提倡采用招标发包方式，对直接发包则加以限制。

3.1.3 建设工程发承包的一般规定

例题 3-1

20×7 年 5 月 11 日，深圳市某工程公司（以下简称"A 公司"）与深圳市某市政工程有限公司（以下简称"B 公司"）签订了《深圳市某工程公司工程施工专业分包合同》。合同约定，A 公司将土方工程、车站主体工程除钢筋制作安装、混凝土浇捣、模板制作安装以外的土建施工项目（含临时设施、围护结构、附属结构）、安装工程、装饰工程、场地准备及建设单位临时设施工程等分包给 B 公司，分包合同金额 16 550 万元。然而，经调查，B 公司并不具备相应的资质等级。

问题：本例中的分包行为是否合法？

依据《建筑法》及其他有关法规，建设工程发包与承包时必须遵守以下规定。

（1）采用书面合同

《建筑法》《民法典》及其他有关法规都规定，建设工程承发包合同必须采用书面形式。建设工程承发包合同一般有涉及金额大、风险大、合同履行期长、合同文件繁多、社会影响面广、合同成果十分重要的特点，在合同履行过程中，经常会发生变更、调整等事项。因此，从促使当事人履行合同和避免对社会产生不良后果来考虑，建筑工程承发包合同必须采用书面形式。即，以口头约定方式所订立的建设工程承发包合同，由于其形式要件不符合法律规定，在法律上是无效的。

（2）禁止无资质承揽工程

《建筑法》规定，承包建筑工程的单位应当持有依法取得的资质证书，并在其资质等级许可的业务范围内承揽工程。

《建设工程质量管理条例》也规定，施工单位应当依法取得相应等级的资质证书，并在其资质等级许可的范围内承揽工程。《建设工程安全生产管理条例》进一步规定，施工单位从事建设工程的新建、扩建、改建和拆除等活动，应当具备国家规定的注册资本、专业技术人员、技术装备和安全生产等条件，依法取得相应等级的资质证书，并在其资质等级许可的范围内承揽工程。

《建筑法》明确规定，禁止总承包单位将工程分包给不具备相应资质条件的单位。2014 年 8 月住房和城乡建设部修订后发布的《房屋建筑和市政基础设施工程施工分包管理办法》进一步规定："分包工程承包人必须具有相应的资质，并在其资质等级许可的范围内承揽业务。严禁个人承揽分包工程业务。"但是，在专业工程分包或者劳务作业分包中仍存在着无资质承揽工程的现象。无资质承揽劳务分包工程，常见的是作为自然人的"包工头"，带领一部分外出务工人员组成的施工队，与总承包企业或者专业承包企业签订劳务合同，或者是通过层层转包、层层分包"垫底"获签劳务合同。

无资质承包主体签订的专业分包合同或者劳务分包合同都是无效合同。但是，当作为无资质的"实际施工人"的利益受到侵害时，其可以向合同相对方（即转包方或违法分包方）主张权利，甚至可以向建设工程项目的发包方主张权利。2018 年 10 月发布的《最高人民法院关于审理建设工程施工合同纠纷案件施工法律问题的解释（二）》第二十四条规定，实际施工人以发包人为被告主张权利的，人民法院应当追加转包人或者违法分包人为本案第三人，在查明发包人欠付转包人或者违法分包人建设工程价款的数额后，判决发包人在欠付建设工程价款范围内对实际施工人承担责任。这样的规定使在查处违法承包工程有法可依的同时，也能使实际施工人的合法权益得到保障。

(3) 禁止行贿受贿

通过行贿方式获得工程承包权既是一种不正当竞争的手段，又是危害社会的犯罪行为，此非法行为必须予以禁止。《建筑法》规定："发包单位及其工作人员在建筑工程发包中不得收受贿赂、回扣或者索取其他好处。承包单位及其工作人员不得利用向发包单位及其工作人员行贿、提供回扣或者给予其他好处等不正当手段承揽工程。"值得注意的是，以单位名义实施的行贿行为，表面上看不是某一个人获得非法利益，没有犯罪主体，但实质上是集体共同犯罪，已构成单位犯罪。根据《刑法》规定，对单位犯罪采取双罚制，即除对单位判处罚金外，还要对直接负责的主管人员和其他直接责任人员判处相应的刑罚。

(4) 禁止肢解发包

肢解发包是指建设单位将本应由一个承包单位整体承建完成的建设工程肢解成若干部分，分别发包给不同承包单位的行为。在实践中，一些发包单位肢解发包工程，使施工现场缺乏应有的组织协调，不仅承建单位之间容易出现推诿扯皮与掣肘，还会导致施工现场秩序混乱、责任不清、工期拖延、成本增加，甚至发生严重的建设工程质量和安全问题。肢解发包还往往与发包单位有关人员徇私舞弊、收受贿赂、索拿回扣等违法行为相关。

为此，《招标投标法》规定，招标项目需要划分标段、确定工期的，招标人应当合理划分标段、确定工期，并在招标文件中载明。《建筑法》还规定，提倡对建筑工程实行总承包，禁止将建筑工程肢解发包。建筑工程的发包单位可以将建筑工程的勘察、设计、施工、设备采购一并发包给一个工程总承包单位，也可以将建筑工程的勘察、设计、施工、设备采购的一项或者多项发包给一个工程总承包单位；但是，不得将应当由一个承包单位完成的建筑工程肢解成若干部分发包给几个承包单位。

《建设工程质量管理条例》进一步规定，建设单位不得将建设工程肢解发包。建设单位将建设工程肢解发包的，责令改正，处工程合同价款0.5%以上1%以下的罚款；对全部或者部分使用国有资金的项目，可以暂停项目执行或者暂停资金拨付。

(5) 不得指定材料设备供应商

按照合同约定，建筑材料、建筑构配件和设备由工程总承包单位采购的，发包单位不得指定承包单位购入用于工程的建筑材料、建筑构配件和设备或者指定生产厂、供应商。

(6) 禁止越级承包

承包单位必须具有相应资格，应当持有依法取得的资质证书，并在资质等级许可的业务范围内承揽工程。禁止建筑施工企业超越本企业资质等级许可的业务范围或者以任何形式用其他建筑施工企业的名义承揽工程。禁止建筑施工企业以任何形式允许其他单位或者个人使用本企业的资质证书、营业执照，以本企业的名义承揽工程。

例题3-1 分析

2019年3月住房和城乡建设部修订后发布的《房屋建筑和市政基础设施工程施工分包管理办法》规定，"分包工程承包人必须具有相应的资质，并在其资质等级许可的范围内承揽业务。严禁个人承揽分包工程业务。"本例中，B公司并不具备相应的资质等级，构成了违法行为。无资质承包主体签订的专业分包合同或者劳务分包合同都是无效合同。

（7）禁止限制、排斥投标人的规定

例题 3-2

某工程项目，建设单位通过招标选择了一家具有相应资质的监理单位中标，并在中标通知书发出后与该监理单位签订了监理合同，后双方又签订了一份监理酬金比中标价降低8%的协议。在施工公开招标中，有A、B、C、D、E、F、G、H等施工企业报名投标，经资格预审均符合资格预审公告的要求，但建设单位以A施工企业是外地企业为由，不同意其参加投标。

问题：

（1）建设单位与监理单位签订的监理合同有何违法行为，应当如何处罚？

（2）外地施工企业是否有资格参加本工程项目的投标，建设单位的违法行为应如何处罚？

《招标投标法》规定，依法必须进行招标的项目，其招标投标活动不受地区或者部门的限制。任何单位和个人不得违法限制或者排斥本地区、本系统以外的法人或者其他组织参加投标，不得以任何方式非法干涉招标投标活动。

《招标投标法实施条例》进一步规定，招标人不得以不合理的条件限制、排斥潜在投标人或者投标人。招标人有下列行为之一的，属于以不合理条件限制、排斥潜在投标人或者投标人。

①就同一招标项目向潜在投标人或者投标人提供有差别的项目信息；

②设定的资格、技术、商务条件与招标项目的具体特点和实际需要不相适应或者与合同履行无关；

③依法必须进行招标的项目以特定行政区域或者特定行业的业绩、奖励作为加分条件或者中标条件；

④对潜在投标人或者投标人采取不同的资格审查或者评标标准；

⑤限定或者指定特定的专利、商标、品牌、原产地或者供应商；

⑥依法必须进行招标的项目非法限定潜在投标人或者投标人的所有制形式或者组织形式；

⑦以其他不合理条件限制、排斥潜在投标人或者投标人。

招标人不得组织单个或者部分潜在投标人踏勘项目现场。

2019年10月公布的《优化营商环境条例》规定，招标投标和政府采购应当公开透明、公平公正，依法平等对待各类所有制和不同地区的市场主体，不得以不合理条件或者产品产地来源等进行限制或者排斥。政府有关部门应当加大反垄断和反不正当竞争执法力度，有效预防和制止市场经济活动中的垄断行为、不正当竞争行为以及滥用行政权力排除、限制竞争的行为，营造公平竞争的市场环境。

《住房和城乡建设部办公厅关于支持民营建筑企业发展的通知》（建办市〔2019〕8号）还规定，民营建筑企业在注册地以外的地区承揽业务时，地方各级住房和城乡建设主管部门要给予外地民营建筑企业与本地建筑企业同等待遇，不得擅自设置任何审批和备案事项，不得要求民营建筑企业在本地区注册设立独立子公司或分公司。

例题 3-2 分析

（1）《招标投标法》第四十六条规定："招标人和中标人应当自中标通知书发出之日起三十日内，按照招标文件和中标人的投标文件订立书面合同。招标人和中标人不得再行订立背离合同实质性内容的其他协议。"《招标投标法实施条例》第五十七条第一款进一步规定："招标人和中标人应当依照招标投标法和本条例的规定签订书面合同，合同的标的、价款、质量、履行期限等主要条款应当与招标文件和中标人的投标文件的内容一致。招标人和中标人不得再行订立背离合同实质性内容的其他协议。"本例中的建设单位与监理单位签订监理合同之后，又签订了一份监理酬金比中标价降低8%的协议，属再行订立背离合同实质性内容其他协议的违法行为。对此，应该依据《招标投标法》第五十九条关于"招标人与中标人不按照招标文件和中标人的投标文件订立合同的，或者招标人、中标人订立背离合同实质性内容的协议的，责令改正；可以处中标项目金额5‰以上10‰以下的罚款"的规定，予以相应的处罚。

（2）《招标投标法》第六条规定："依法必须进行招标的项目，其招标投标活动不受地区或者部门的限制。任何单位和个人不得违法限制或者排斥本地区、本系统以外的法人或者其他组织参加投标，不得以任何方式非法干涉招标投标活动。"本例中的建设单位以A施工企业是外地企业为由，不同意其参加投标，是一种限制或者排斥本地区以外法人参加投标的违法行为。A施工企业经资格预审符合资格预审公告的要求，是有资格参加本工程项目投标的。对此，《招标投标法》第五十一条规定："招标人以不合理的条件限制或者排斥潜在投标人的，对潜在投标人实行歧视待遇的，强制要求投标人组成联合体共同投标的，或者限制投标人之间竞争的，责令改正，可以处1万元以上5万元以下罚款。"

（8）关于联合承包的规定

例题 3-3

SH建筑公司与QD建筑公司组成了一个联合体去投标，双方在共同投标协议书中约定，如果在施工的过程中发现质量问题而遭遇建设单位的索赔，各自承担索赔额的50%。后来在施工的过程中由于SH建筑公司的施工技术出现了质量问题，并因此遭到了建设单位的索赔，索赔额是10万元。但是，建设单位却仅仅要求QD建筑公司赔付此赔款。QD建筑公司拒绝了建设单位的请求，理由有以下两点。

（1）质量事故的出现是由于SH建筑公司的技术原因，应由SH建筑公司承担责任。
（2）共同投标协议中约定了各自50%的责任，即使不由SH建筑公司独自承担，SH建筑公司也应承担50%的比例。

你认为QD建筑公司的理由成立吗？

《建筑法》规定，可以由两个以上的承包单位联合共同承包；两个以上不同资质等级的单位实行联合共同承包的，应当按照资质等级低的单位的业务许可范围承揽工程。

联合工程承包是国际工程承包的一种通行做法，一般适用于大型或者结构复杂的建筑工程。采用联合承包的方式，可以优势互补，增加中标机会，并降低承包风险。但是，施工单位应当在资质等级范围内承包工程，同样适用于联合共同承包。也就是说，联合承包各方都必须具有与其承包工程相符的资质条件，不能超越资质等级去联合承包。如果几个联合承包方的资质等级不一样，则须以低资质等级的承包方为联合承包的业务许可范围。这样的规定，可以有效避免在实践中以联合承包为借口进行"资质挂靠"的不规范行为。

例题 3-3 分析

依据《建筑法》，联合体共同承包的，各方对承包合同的履行承担连带责任。也就是说，建设单位可以要求 SH 建筑公司承担赔偿责任，也可以要求 QD 建筑公司承担赔偿责任。已经承担责任的一方，可以就超出自己应该承接的部分向对方追偿，但是却不可以拒绝先行赔付。

3.2 建设工程承包制度

建设工程承包制度包括总承包、共同承包、分包等制度。

（1）建设工程发包的基本规定

《建筑法》规定，建筑工程实行招标发包的，发包单位应当将建筑工程发包给依法中标的承包单位。建筑工程实行直接发包的，发包单位应当将建筑工程发包给具有相应资质条件的承包单位。

按照合同约定，建筑材料、建筑构配件和设备由工程承包单位采购的，发包单位不得指定承包单位购入用于工程的建筑材料、建筑构配件和设备或者指定生产厂、供应商。

2019 年 4 月公布的《政府投资条例》规定，政府投资项目所需资金应当按照国家有关规定确保落实到位。政府投资项目不得由施工单位垫资建设。

《国务院办公厅关于全面治理拖欠农民工工资问题的意见》（国办发〔2016〕1 号）规定："在工程建设领域推行工程款支付担保制度，采用经济手段约束建设单位履约行为，预防工程款拖欠。加强对政府投资工程项目的管理，对建设资金来源不落实的政府投资工程项目不予批准。""规范工程款支付和结算行为。全面推行施工过程结算，建设单位应按合同约定的计量周期或工程进度结算并支付工程款。工程竣工验收后，对建设单位未完成竣工结算或未按合同支付工程款且未明确剩余工程款支付计划的，探索建立建设项目抵押偿付制度，有效解决拖欠工程款问题。对长期拖欠工程款结算或拖欠工程款的建设单位，有关部门不得批准其新项目开工建设。"

《建筑工程施工发包与承包违法行为认定查处管理办法》进一步规定，存在下列情形之一的，属于违法发包：①建设单位将工程发包给个人的；②建设单位将工程发包给不具有相应资质的单位的；③依法应当招标未招标或未按照法定招标程序发包的；④建设单位设置不合理的招标投标条件，限制、排斥潜在投标人或者投标人的；⑤建设单位将一个单位工程的施工分解成若干部分发包给不同的施工总承包或专业承包单位的。

> **例题3-4**
>
> 某市建筑公司法定代表人A与个体B是亲戚，B要求能以该建筑公司的名义承接工程施工业务，双方便签订了一份承包合同。约定B可以使用该公司的资质证书、营业执照等承接工程，但每年要上交10万元的费用，如不能按时如数上交承包费，该公司有权自动解除合同。合同签订后，B每年向A上交10万费用，利用该公司的资质证书、营业执照等多次承接工程施工业务。
>
> **问题：**
> 该建筑公司与B之间是否存在违法行为？

> **例题3-4分析**
>
> 本案例中A将其建筑公司的资质证书、营业执照等借给B并收取一定的费用是违法行为。《建筑法》第六十六条规定：建筑施工企业转让、出借资质证书或者以其他方式允许他人以本企业的名义承揽工程的，责令改正，没收违法所得，并处罚款，可以责令停业整顿，降低资质等级；情节严重的，吊销资质证书。对因该项承揽工程不符合规定的质量标准造成的损失，建筑施工企业与使用本企业名义的单位或者个人承担连带赔偿责任。

（2）建设工程承包的基本规定

《建筑法》规定，承包建筑工程的单位应当持有依法取得的资质证书，并在其资质等级许可的业务范围内承揽工程。禁止建筑施工企业超越本企业资质等级许可的业务范围或者以任何形式用其他建筑施工企业的名义承揽工程。禁止建筑施工企业以任何形式允许其他单位或者个人使用本企业的资质证书、营业执照，以本企业的名义承揽工程。

3.2.1 建设工程总承包

《建筑法》规定，建筑工程的发包单位可以将建筑工程的勘察、设计、施工、设备采购一并发包给一个工程总承包单位，也可以将建筑工程勘察、设计、施工、设备采购的一项或者多项发包给一个工程总承包单位。

《房屋建筑和市政基础设施项目工程总承包管理办法》规定，工程总承包是指承包单位按照与建设单位签订的合同，对工程设计、采购、施工或者设计、施工等阶段实行总承包，并对工程的质量、安全、工期和造价等全面负责的工程建设组织实施方式。

（1）工程总承包项目的发包和承包

建设单位依法采用招标或者直接发包等方式选择工程总承包单位。工程总承包项目范围内的设计、采购或者施工中，有任一项属于依法必须进行招标的项目范围且达到国家规定规模标准的，应当采用招标的方式选择工程总承包单位。

工程总承包单位应当同时具有与工程规模相适应的工程设计资质和施工资质，或者由具有相应资质的设计单位和施工单位组成联合体。工程总承包单位应当具有相应的项目管理体系和项目管理能力、财务和风险承担能力，以及与发包工程类似的设计、施工或者工程总承包业绩。设计单位和施工单位组成联合体的，应当根据项目的特点和复杂程度，合理确定牵头单位，并在联合体协议中明确联合体成员单位的责任和权利。联合体各方应当共同与建设单位签订工程总承包合同，就工程总承包项目承担连带责任。

工程总承包单位不得是工程总承包项目的代建单位、项目管理单位、监理单位、造价咨询单位、招标代理单位。政府投资项目的项目建议书、可行性研究报告、初步设计文件编制单位及其评估单位，一般不得成为该项目的工程总承包单位。政府投资项目招标人公开已经完成的项目建议书、可行性研究报告、初步设计文件的，上述单位可以参与该工程总承包项目的投标，经依法评标、定标，成为工程总承包单位。

鼓励设计单位申请取得施工资质，已取得工程设计综合资质、行业甲级资质、建筑工程专业甲级资质的单位，可以直接申请相应类别施工总承包一级资质。鼓励施工单位申请取得工程设计资质，具有一级及以上施工总承包资质的单位可以直接申请相应类别的工程设计甲级资质。完成的相应规模工程总承包业绩可以作为设计、施工业绩申报。

企业投资项目的工程总承包宜采用总价合同，政府投资项目的工程总承包应当合理确定合同价格形式。采用总价合同的，除合同约定可以调整的情形外，合同总价一般不予调整。建设单位和工程总承包单位可以在合同中约定工程总承包计量规则和计价方法。依法必须进行招标的项目，合同价格应当在充分竞争的基础上合理确定。

（2）总承包的分类

总承包通常分为工程总承包和施工总承包。20世纪80年代以来，我国在工程建设领域推行工程总承包，从工程总承包模式的认识到实践经历了一个漫长的探索过程。目前，我国工程项目管理处于从施工总承包向工程总承包模式转变的过程中。

例题 3-5

项目1：武钢工程港1号、2号码头改造工程，由中交第二航务工程勘察设计院有限公司以工程总承包交钥匙的方式进行建设，在没有追加投资的情况下，缩短工期近1/3，创造了我国建港史上的一个奇迹。

项目2：深圳地铁一期工程罗湖站及口岸和车站综合交通枢纽土建围护结构工程采用了设计施工总承包模式，缩短工期6个月，节约工程投资近200万元。

项目3：房地产开发公司欲建设某滨湖高级示范小区，由某设计院完成设计任务后，将施工任务发包给具有建筑工程总承包一级资质的A公司。具体包括：主体土建工程、安装工程、装饰装修工程。

问题：

（1）案例中哪些项目属于工程总承包？哪些属于施工总承包？

（2）试总结总承包模式的优势？

工程总承包是项目业主为实现项目目标而采取的一种承发包方式，即从事工程项目建设单位受业主委托，按照合同约定对从决策、设计到试运行的建设项目发展周期实行全过程或若干阶段的承包。注意，只有所承包的任务中同时包含发展周期中的两项或两项以上，才能被称为工程总承包，设计阶段可以从方案设计、技术设计或施工图设计开始，单独的施工总承包不在其范围之列。

施工总承包是发包人将全部施工任务发包给具有施工承包资质的建筑企业，由施工总承包企业按照合同的约定向建设单位负责，承包完成施工任务。

工程总承包是国际通行的工程建设项目组织实施方式，有利于发挥具有较强技术力量和组织管理能力的大承包商的专业优势，综合协调工程建设中的各种关系，强化统一指挥和组织管理，保证工程质量和进度，提高投资效益。

2003年2月13日，建设部颁布《关于培育发展工程总承包和工程项目管理企业的指导意见》，提出工程总承包的具体方式、工作内容和责任等，由业主与工程总承包企业在合同中约定。工程总承包主要有如下方式。

①设计采购施工（EPC）/交钥匙总承包。

设计采购施工（EPC）即 Engineering（设计）、Procurement（采购）、Construction（施工）的组合，总承包是指工程总承包企业按照合同约定，承担工程项目的设计、采购、施工、试运行服务等工作，并对承包工程的质量、安全、工期、造价全面负责。

交钥匙总承包是设计采购施工总承包业务和责任的延伸，最终是向业主提交一个满足使用功能、具备使用条件的工程项目。

②设计—施工总承包（D-B）。

设计—施工总承包（Design-Building）是指工程总承包企业按照合同约定，承担工程项目设计和施工，并对承包工程的质量、安全、工期、造价全面负责。

③设计—采购总承包（E-P）。

设计—采购总承包（Engineering-Procurement）是指工程总承包企业按照合同约定，承担工程项目设计和采购工作，并对工程项目设计和采购的质量、进度等负责。

④采购—施工总承包（P-C）。

采购—施工总承包（Procurement-Construction）是指工程总承包企业按照合同约定，承担工程项目采购和施工工作，并对承包工程的采购和施工的质量、安全、工期、造价负责。

例题3-5分析

（1）项目1、项目2分别属于工程总承包的EPC模式和D-B模式。项目3属于施工总承包模式。

（2）总承包模式使业主直接面对一家总承包企业，减轻业主对接压力，提高管理效率。同时，总承包单位能够对项目的质量、工期、安全和造价等各个方面进行全面把握，有利于缩短工期和提高工程质量。另外，利用工程总承包企业的项目管理优势和技术创新能力，可以达到节省投资、优化资源配置的目的。

（3）工程总承包项目实施

政府投资项目所需资金应当按照国家有关规定确保落实到位，不得由工程总承包单位或者分包单位垫资建设。政府投资项目建设投资原则上不得超过经核定的投资概算。建设单位不得设置不合理工期，不得任意压缩合理工期。

建设单位不得迫使工程总承包单位以低于成本的价格竞标，不得明示或者暗示工程总承包单位违反工程建设强制性标准、降低建设工程质量，不得明示或者暗示工程总承包单位使用不合格的建筑材料、建筑构配件和设备。建设单位不得对工程总承包单位提出不符合建设工程安全生产法律、法规和强制性标准规定的要求，不得明示或者暗示工程总承包单位购买、租赁、使用不符合安全施工要求的安全防护用具、机械设备、施工机具及配件、消防设施和器材。

工程总承包单位应当建立与工程总承包相适应的组织机构和管理制度,形成项目设计、采购、施工、试运行管理以及质量、安全、工期、造价、节约能源和生态环境保护管理等工程总承包综合管理能力。工程总承包单位应当设立项目管理机构,设置项目经理,配备相应管理人员,加强设计、采购与施工的协调,完善和优化设计,改进施工方案,实现对工程总承包项目的有效管理控制。

工程总承包项目经理应当具备下列条件:①取得相应工程建设类注册执业资格,包括注册建筑师、勘察设计注册工程师、注册建造师或者注册监理工程师等;未实施注册执业资格的,应取得高级专业技术职称;②担任过与拟建项目类似的工程总承包项目经理、设计项目负责人、施工项目负责人或者项目总监理工程师;③熟悉工程技术和工程总承包项目管理知识以及相关法律法规、标准规范;④具有较强的组织协调能力和良好的职业道德。工程总承包项目经理不得同时在两个或者两个以上工程项目担任工程总承包项目经理、施工项目负责人。

工程总承包单位可以采用直接发包的方式进行分包。但以暂估价形式包括在总承包范围内的工程、货物、服务分包时,属于依法必须进行招标的项目范围且达到国家规定规模标准的,应当依法招标。

(4) 总承包单位的责任

> **例题 3-6**
>
> 某公司中标了某大型工程建设项目。经建设单位的认可,总承包公司将部分工程发包给具有相应资质条件的分包单位。现在关于分包工程发生质量、安全、进度等问题给建设单位造成损失的责任承担,有以下不同说法:
> (1) 建设单位只能向给其造成损失的分包单位主张权利;
> (2) 建设单位与分包单位无合同关系,无权向分包单位主张权利;
> (3) 总承包单位承担的责任超过其应承担份额的,有权向分包单位追偿;
> (4) 分包单位只对总承包单位负责。
> **问题:**
> 以上责任承担说法中,符合法规要求的是第几种?

《建筑法》规定,建筑工程总承包单位按照总承包合同的约定对建设单位负责;分包单位按照分包合同的约定对总承包单位负责。总承包单位和分包单位就分包工程对建设单位承担连带责任。

《建设工程质量管理条例》进一步规定,建设工程实行总承包的,总承包单位应当对全部建设工程质量负责;建设工程勘察、设计、施工、设备采购的一项或者多项实行总承包的,总承包单位应当对其承包的建设工程或者采购的设备的质量负责。

《房屋建筑和市政基础设施项目工程总承包管理办法》规定,工程总承包单位应当对其承包的全部建设工程质量负责,分包单位对其分包工程的质量负责,分包不免除工程总承包单位对其承包的全部建设工程所负的质量责任。工程总承包单位、工程总承包项目经理依法承担质量终身责任。

工程总承包单位对承包范围内工程的安全生产负总责。分包单位应当服从工程总承包单位的安全生产管理，分包单位不服从管理导致生产安全事故的，由分包单位承担主要责任，分包不免除工程总承包单位的安全责任。

工程总承包单位应当依据合同对工期全面负责，对项目总进度和各阶段的进度进行控制管理，确保工程按期竣工。工程保修书由建设单位与工程总承包单位签署，保修期内工程总承包单位应当根据法律法规规定以及合同约定承担保修责任，工程总承包单位不得以其与分包单位之间的保修责任划分而拒绝履行保修责任。

工程总承包单位和工程总承包项目经理在设计、施工活动中有转包、违法分包等违法违规行为或者造成工程质量安全事故的，按照法律法规对设计、施工单位及其项目负责人相同违法违规行为的规定追究责任。

例题3-6 分析

符合法规要求的是（3）。

首先，总承包单位、分包单位就分包工程对建设单位负有连带责任。因此，若分包工程发生质量、安全、进度等问题，建设单位有权向总承包单位或分包单位追偿，总承包单位和分包单位不得拒绝。

其次，总承包单位和分包单位之间的责任划分，应当根据双方的合同约定或者各自过错大小确定；一方向建设单位承担的责任超过其应承担份额的，有权向另一方追偿。

3.2.2 建设工程共同承包

例题3-7

上海环球金融中心地块面积30 000平方米，总建筑面积381 600平方米，比邻金茂大厦。该建设工程地上101层，地下3层，建筑主体高度达492米。

2004年下半年，中建总公司和上海建工集团这两家国内最大的建筑企业实现了"强强联合，合作共赢"，一举夺得上海环球金融中心的总承包权。

问题：上海环球金融中心的建设模式属于工程承包模式中的哪一种？

共同承包是指由两个以上具备承包资格的单位共同组成非法人的联合体，以共同的名义对工程进行承包的行为。这是在国际工程发承包活动中较为通行的一种做法，可有效规避工程承包风险。

（1）共同承包的适用范围

《建筑法》规定，大型建筑工程或者结构复杂的建筑工程，可以由两个以上的承包单位联合共同承包。

大型的建筑工程或结构复杂的建筑工程，一般投资额大、技术要求复杂、建设周期长、潜在风险较大，如果采取联合共同承包的方式，能更好地发挥各承包单位在资金、技术、管理等方面的优势，增强抗风险能力，保证工程质量和工期，提高投资效益。至于中小型或结构不复杂的工程，则无须采用共同承包方式，完全可由一家承包单位独立完成。

例题 3-7 分析

中建总公司和上海建工集团两家具备承包资格的单位组成联合体中标，属于共同承包模式。

（2）共同承包的资质要求

例题 3-8

20×9年3月，四川省成都市××房地产公司欲修建一住宅小区，委任××建筑设计事务所（行业资质乙级）和××建筑设计事务所（行业资质丙级）共同负责工程设计。20×9年9月，当××房地产公司将设计图文报送有关部门审查时，有关部门经审查认定该项工程为中型以上建设项目，该设计为超越资质等级的违法设计，责令××房地产公司重新委托设计。

问题：本例中有关部门的审查意见是否正确？

《建筑法》规定，两个以上不同资质等级的单位实行联合共同承包的，应当按照资质等级低的单位的业务许可范围承揽工程。这主要是为防止以联合共同承包为名进行"资质挂靠"的不规范行为。

例题 3-8 分析

《建筑法》规定，两个以上不同资质等级的单位实行联合共同承包的，应当在资质等级较低的单位的许可业务范围内承揽工程。本例中，建设单位的建设工程为中型以上，按规定，只有具备乙级以上的工程设计行业资质的设计单位才有资格设计。而本例中联合体承包设计单位之一的××建筑设计事务所为行业资质丙级，因此该联合体只能按丙级行业承揽工程。本例中有关部门的审查意见是完全正确的。

（3）共同承包的责任

《招标投标法》规定，联合体中标的，联合体各方应当共同与招标人签订合同，就中标项目向招标人承担连带责任。《建筑法》也规定，共同承包的各方对承包合同的履行承担连带责任。

共同承包各方应签订联合承包协议，明确约定各方的权利、义务以及合作、违约责任承担等条款。各承包方就承包合同的履行对建设单位承担连带责任。如果出现赔偿责任，建设单位有权向共同承包的任何一方请求赔偿，而被请求方不得拒绝，在其支付赔偿后可依据联合承包协议及有关各方过错大小，有权对超过自己应赔偿的那部分份额向其他方进行追偿。

3.2.3 建设工程分包

建设工程施工分包分为专业工程分包与劳务作业分包。专业工程分包，是指施工总承包企业将其所承包工程中的专业工程发包给具有相应资质的其他建筑业企业完成的活动。劳务作业分包，是指施工总承包企业或者专业承包企业将其承包工程中的劳务作业发包给劳务分包企业完成的活动。

> **例题 3-9**
>
> A 公司因建生产厂房与 B 公司签订了工程总承包合同。其后，经 A 公司同意，B 将勘察设计任务和施工任务分别发包给 C 设计单位和 D 建筑公司，并各自签订书面合同。合同约定由 D 根据 C 提供的设计图纸进行施工，工程竣工时依据国家有关规定、设计图纸进行质量验收。合同签订后，C 按时交付设计图纸，D 依照图纸进行施工。工程竣工后，A 会同有关质量监督部门对工程进行验收，发现工程存在严重质量问题，是由于 C 未对现场进行仔细勘察，设计不符合规范所致。A 公司遭受重大损失，但 C 称与 A 不存在合同关系拒绝承担责任，B 以自己不是设计人为由也拒绝赔偿。
>
> 问题：
> (1) A、B、C、D 在承发包合同中各自的身份是什么？
> (2) B 公司发包工程项目的做法是否符合法律规定？
> (3) B 公司、C 公司拒绝承担责任的理由是否充分？为什么？

（1）工程分包的范围

《建筑法》规定，建筑工程总承包单位可以将承包工程中的部分工程发包给具有相应资质条件的分包单位。禁止承包单位将其承包的全部建筑工程转包给他人，禁止承包单位将其承包的全部建筑工程肢解以后以分包的名义分别转包给他人。施工总承包的，建筑工程主体结构的施工必须由总承包单位自行完成。

《招标投标法》也规定，中标人应当按照合同约定履行义务，完成中标项目。中标人不得向他人转让中标项目，也不得将中标项目肢解后分别向他人转让。中标人按照合同约定或者经招标人同意，可以将中标项目的部分非主体、非关键性工作分包给他人完成。接受分包的人应当具备相应的资格条件，并不得再次分包。中标人应当就分包项目向招标人负责，接受分包的人就分包项目承担连带责任。

据此，总承包单位承包工程后可以全部自行完成，也可以将其中的部分工程分包给其他承包单位完成，但依法只能分包部分工程，并且是非主体、非关键性工作；如果是施工总承包，其主体结构的施工则须由总承包单位自行完成。这主要是防止以分包为名而发生转包行为。

2019 年 3 月住房和城乡建设部修订后发布的《房屋建筑和市政基础设施工程施工分包管理办法》还规定，分包工程发包人可以就分包合同的履行，要求分包工程承包人提供分包工程履约担保；分包工程承包人在提供担保后，要求分包工程发包人同时提供分包工程付款担保的，分包工程发包人应当提供。

（2）分包单位的条件与认可

《建筑法》规定，建筑工程总承包单位可以将承包工程中的部分工程发包给具有相应资质条件的分包单位；但是，除总承包合同中约定的分包外，必须经建设单位认可。禁止总承包单位将工程分包给不具备相应资质条件的单位。《招标投标法》也规定，接受分包的人应当具备相应的资格条件。

承包工程的单位须持有依法取得的资质证书，并在资质等级许可的业务范围内承揽工程。这一规定同样适用于工程分包单位。不具备资质条件的单位不允许承包建设工程，也不得承接分包工程。《房屋建筑和市政基础设施工程施工分包管理办法》还规定，严禁个人承揽分包工程业务。

总承包单位如果要将所承包的工程再分包给他人,应当依法告知建设单位并取得认可。这种认可应当依法通过两种方式实现:一是在总承包合同中规定分包的内容;二是在总承包合同中没有规定分包内容的,应当事先征得建设单位的同意。需要说明的是,分包工程须经建设单位认可,并不等于建设单位可以直接指定分包人。《房屋建筑和市政基础设施工程施工分包管理办法》明确规定,"建设单位不得直接指定分包工程承包人"。对于建设单位推荐的分包单位,总承包单位有权拒绝。

例题 3-9 分析

(1) 本例中,A是发包人,B是总承包人,C、D是分包人。

(2) 本例中B作为总承包人不自行施工,而将工程全部转包他人,虽经发包人同意,但违反了《建筑法》第二十八条的禁止性规定,其与C、D所签订的两个分包合同是无效的。

(3) 对工程质量问题,B作为总承包人应承担责任,C、D也应该依法向发包人A承担责任。B、C拒绝承担责任的理由违反了《中华人民共和国建筑法》第二十九条的规定,因此B、C应共同承担连带责任。

(3) 分包单位不得再分包

例题 3-10

昆仑饭店因扩建经营场地,准备在饭店旁建设一座六层的写字楼,地下一层是停车场,六层顶层是空中花园。由于设计和施工有特殊要求,在招标过程中,昆仑饭店对参加投标的单位进行了详细的考核,最后确定华厦市政工程公司承包该工程。华厦市政公司征得昆仑饭店同意,将整个工程设计分包给闽发建筑设计院并签订了建筑工程设计合同。同时,未经昆仑饭店许可,华厦市政工程公司擅自将整个工程施工任务转包给大诚建筑公司。后闽发建筑设计院按时完成了设计任务,大诚建筑公司根据闽发建筑设计院的设计图纸进行了施工,经验收合格,工程交付使用。在投入使用一个月后,空中花园不断有水渗漏到六层的房间内,导致六层写字楼的客户无法正常办公,租用的客户向昆仑饭店提出赔偿。针对这种情况,昆仑饭店要求华厦市政工程公司进行维修和部分工程返修,但始终未能从根本上解决问题。经当地的建设工程质量监督部门检测,确认工程设计存在严重质量缺陷是导致工程渗水的主要原因;另外,施工单位在工程施工中有偷工减料的情节,特别是水泥的标号不够。面对上述问题,昆仑饭店依法将华厦市政工程起诉到法院,要求华厦市政工程公司赔偿工程损失和其他直接经济损失。

问题:试分析华厦市政工程公司发包工程项目的做法是否符合法律规定,以及昆仑饭店的工程损失应该由谁承担?

《建筑法》规定,禁止分包单位将其承包的工程再分包。《招标投标法》也规定,接受分包的人不得再次分包。

这主要是防止层层分包,"层层剥皮",难以保障工程质量安全和工期等。为此,《房屋建筑和市政基础设施工程施工分包管理办法》中规定,除专业承包企业可以将其承包工程中的劳务作业发包给劳务分包企业外，专业分包工程承包人和劳务作业承包人都必须自行完成所承包的任务。

例题 3-10 分析

依据我国现行建筑工程法律法规，建筑工程总承包单位可以将其承包工程中的部分工程发包给具有相应资质条件的分包单位；但是，除总承包合同中约定的分包外，必须经建设单位认可。施工总承包的，建筑工程主体结构的施工必须由总承包单位自行完成。建筑工程总承包单位按照总承包合同的约定对建筑公司负责；分包单位按照分包合同的约定对总承包单位负责。总承包单位和分包单位就分包工程对建设单位承担连带责任。现行建筑工程法律法规禁止分包单位将其承包的全部建筑工程转包给他人。

在本例中，华厦市政工程公司在工程承包过程中，将工程的整个设计分包给闽发建筑设计院，虽征得昆仑饭店同意，但是对设计质量并没有给予高度的关注，因此闽发建筑设计院因设计质量导致的责任，华厦市政工程公司应承担首要责任；工程施工部分，华厦市政工程公司擅自将全部施工任务分包给大诚建筑公司，对于工程主体结构部分没有亲自进行施工，很明显属于我国现行建筑工程法律法规严厉禁止的工程转包，因施工单位偷工减料而产生的责任，华厦市政工程公司同样应承担首要责任。

综上所述，对于昆仑饭店的工程损失和其他直接经济损失，华厦市政工程公司应负首要责任，闽发建筑设计院和大诚建筑公司应当与华厦市政工程公司承担连带责任。

(4) 转包、违法分包和挂靠行为的界定

例题 3-11

A施工单位中标了某大型建设项目的桩基工程施工任务，该公司拿到桩基工程后，由于施工力量不足，就该工程全部转交了具有桩施工资质的B公司。双方还签订了桩基工程施工合同，就合同单价、暂定总价、工期、质量、付款方式、结算方式以及违约责任等进行了约定。在合同签订后，B公司组织实施并完成了该桩基工程施工任务。建设单位在组织竣工验收时，发现有部分桩基工程质量不符合规定的质量标准，便要求A施工单位负责返工、返修，并赔偿因此造成的损失。但A施工单位以该桩基工程已交由B公司施工为由，拒不承担任何的赔偿责任。

问题：
上述工程活动中是否存在违法行为？

按照我国法律的规定，转包是必须禁止的，而依法实施的工程分包则是允许的，但违法分包同样是在法律的禁止之列。

《建设工程质量管理条例》规定，违法分包，是指下列行为：
①总承包单位将建设工程分包给不具备相应资质条件的单位的；
②建设工程总承包合同中未有约定，又未经建设单位认可，承包单位将其承包的部分建设工程交由其他单位完成的；
③施工总承包单位将建设工程主体结构的施工分包给其他单位的；
④分包单位将其承包的建设工程再分包的。

《建筑工程施工发包与承包违法行为认定查处管理办法》规定，存在下列情形之一的，应当认定为转包，但有证据证明属于挂靠或者其他违法行为的除外：

①承包单位将其承包的全部工程转给其他单位（包括母公司承接建筑工程后将所承接工程交由具有独立法人资格的子公司施工的情形）或个人施工的；

②承包单位将其承包的全部工程肢解以后，以分包的名义分别转给其他单位或个人施工的；

③施工总承包单位或专业承包单位未派驻项目负责人、技术负责人、质量管理负责人、安全管理负责人等主要管理人员，或派驻的项目负责人、技术负责人、质量管理负责人、安全管理负责人中一人及以上与施工单位没有订立劳动合同且没有建立劳动工资和社会养老保险关系，或派驻的项目负责人未对该工程的施工活动进行组织管理，又不能进行合理解释并提供相应证明的；

④合同约定由承包单位负责采购的主要建筑材料、构配件及工程设备或租赁的施工机械设备，由其他单位或个人采购、租赁，或施工单位不能提供有关采购、租赁合同及发票等证明，又不能进行合理解释并提供相应证明的；

⑤专业作业承包人承包的范围是承包单位承包的全部工程，专业作业承包人计取的是除上缴给承包单位"管理费"之外的全部工程价款的；

⑥承包单位通过采取合作、联营、个人承包等形式或名义，直接或变相将其承包的全部工程转给其他单位或个人施工的；

⑦专业工程的发包单位不是该工程的施工总承包或专业承包单位的，但建设单位依约作为发包单位的除外；

⑧专业作业的发包单位不是该工程承包单位的；

⑨施工合同主体之间没有工程款收付关系，或者承包单位收到款项后又将款项转拨给其他单位和个人，又不能进行合理解释并提供材料证明的。

两个以上的单位组成联合体承包工程，在联合体分工协议中约定或者在项目实际实施过程中，联合体一方不进行施工也未对施工活动进行组织管理的，并且向联合体其他方收取管理费或者其他类似费用的，视为联合体一方将承包的工程转包给联合体其他方。

例题 3-11 分析

本例中 A 公司存在着严重违法的转包行为。《建筑法》第二十八条规定："禁止承包单位将其承包的全部建筑工程转包给他人，禁止承包单位将其承包的全部建筑工程直接以后以分包的名义分别转包给他人。"《建设工程质量管理条例》第七十八条进一步明确规定："本条例所称转包，是指承包单位承包建设工程后，不履行合同约定的责任和义务，将其承包的全部建设工程转包给他人或者将其承包的全部建设工程肢解以后以分包的名义分别转给其他单位承包的行为。"

存在下列情形之一的，属于挂靠：

①没有资质的单位或个人借用其他施工单位的资质承揽工程的；

②有资质的施工单位相互借用资质承揽工程的，包括资质等级低的借用资质等级高的，资质等级高的借用资质等级低的，相同资质等级相互借用的；

③在上述认定转包第③至⑨项规定的情形，有证据证明属于挂靠的。

建设法规

例题 3-12

某园区因扩建经营场地，准备在园区内设一座六层的办公楼，地下一层是停车场。由于设计和施工有特殊要求，在招标过程中，招标人对参加投标的单位进行详细考核，最后A市政工程公司中标了该工程。由于A公司业务较多，未经发包人同意将整个工程设计任务分包给H设计院并签订相关合同。后H设计院按时完成设计任务，同时A公司根据设计图纸完成施工任务。经验收合格，工程交付使用。办公楼投入使用一个月，楼顶空中花园对顶层造成严重损坏，不断有水渗漏到顶层的房间内，导致顶层办公楼无法正常办公。后经调查，确认工程设计存在严重质量缺陷是导致工程渗水的主要原因。

问题：

(1) A公司的行为是否构成违法分包？

(2) 园区要求A公司为工程质量负全责，并赔偿工程损失。A公司以H设计院是主要责任人为由而拒绝赔偿损失。A公司的理由能否成立？

(3) A公司、H设计院分别应承担什么责任？

存在下列情形之一的，属于违法分包：

①承包单位将其承包的工程分包给个人的；

②施工总承包单位或专业承包单位将工程分包给不具备相应资质单位的；

③施工总承包单位将施工总承包合同范围内工程主体结构的施工分包给其他单位的，钢结构工程除外；

④专业分包单位将其承包的专业工程中非劳务作业部分再分包的；

⑤专业作业承包人将其承包的劳务再分包的；

⑥专业作业承包人除计取劳务作业费用外，还计取主要建筑材料款和大中型施工机械设备、主要周转材料费用的。

例题 3-12 分析

(1) A公司可以将设计任务分包给H公司，但其行为属于违法分包。首先，A公司并未经过建设单位同意，且未履行法定发包程序；其次，A公司在工程承包履行过程中，并未对设计质量给予关注。

(2) 不成立。A公司作为总承包单位，应就承包工程项目对建设单位负全部责任，赔偿其损失。

(3) 根据《建筑法》规定，建筑工程总承包单位按照总承包合同的约定对建设单位负责；分包单位按照分包合同的约定对总承包单位负责。总承包单位和分包单位就分包工程对建设单位承担连带责任。故A公司应对建设单位负责；分包单位H设计院就设计任务对建设单位承担连带责任。

(5) 分包单位的责任

《建筑法》规定，建筑工程总承包单位按照总承包合同的约定对建设单位负责；分包单位按照分包合同的约定对总承包单位负责。总承包单位和分包单位就分包工程对建设单位承担连带责任。《招标投标法》也规定，中标人应当就分包项目向招标人负责，接受分包的人就分包项目承担连带责任。

连带责任分为法定连带责任和约定连带责任。我国有关工程总分包、联合承包的连带责任，均属法定连带责任。《民法典》规定，二人以上依法承担连带责任的，权利人有权请求部分或者全部连带责任人承担责任。连带责任人的责任份额根据各自责任大小确定；难以确定责任大小的，平均承担责任。实际承担责任超过自己责任份额的连带责任人，有权向其他连带责任人追偿。连带责任，由法律规定或者当事人约定。

例题 3-13

挂靠无资质承揽工程，合同被确定无效

20×2年5月6日，兰太实业有限公司（以下简称兰太公司）与鑫蓝建筑公司（以下简称鑫蓝公司）签订了建设工程施工合同。由鑫蓝公司承建兰太公司名下的多功能酒店式公寓。为确保工程质量优良，兰太公司与天意监理公司（以下简称天意公司）签订了建设工程监理合同。合同签订后，鑫蓝公司如期开工。但开工仅几天，天意公司监理工程师就发现施工现场管理混乱，遂当即要求鑫蓝公司改正。一个多月后，天意公司建立工程师和兰太公司派驻工地代表又发现工程质量存在严重问题。天意公司监理工程师当即要求鑫蓝公司停工。令兰太公司不解的是：鑫蓝公司明明是当地最具有实力的建筑企业，所承接的工程多数质量优良，却为何在这项施工中出现上述问题？经过认真、细致调查，兰太公司和天意公司终于弄清了事实真相。原来，兰太公司虽然是与鑫蓝公司签订的建设工程合同，但实际施工人是当地的一支没有资质的施工队（以下简称施工队）。施工队为了承揽建筑工程，挂靠有资质的鑫蓝公司。为了规避相关法律、法规关于禁止挂靠的规定，该施工与鑫蓝公司签订了所谓的联营协议。协议约定，施工队可以借用鑫蓝公司的营业执照和公章，以鑫蓝公司的名义对外签订建设工程合同；合同签订后，由施工队负责施工，鑫蓝公司对工程不进行任何管理，不承担任何责任，只提取工程价款5%的管理费。兰太公司签施工合同时，见对方（实际是施工队的负责人）持有鑫蓝公司的营业执照和公章，便深信不疑，因而导致了上述结果。兰太公司认为鑫蓝公司的行为严重违反了诚实信用原则和相关法律规定，双方所签订的建设工程合同应为无效，要求终止履行合同。但鑫蓝公司则认为虽然是施工队实际施工，但合同是兰太公司与鑫蓝公司签订的，是双方真实意思的表示，合法有效，双方均应继续履行合同；继续由施工队施工，鑫蓝公司加强对施工队的管理。但兰太公司坚持认为鑫蓝公司的行为已导致合同无效，而且本公司已失去对其的信任，所以坚持要求终止合同的履行。双方未能达成一致意见，兰太公司遂诉至法院。

法院经审理查明后认为，鑫蓝公司与没有资质的施工队假联营真挂靠，并出借营业执照、公章给施工队与原告签订合同的行为违反了我国《建筑法》《民法典（合同编）》等相关法律法规规定，原告兰太公司与被告鑫蓝公司签订的建设工程合同应当认定无效。

问题：
法院的判决是否正确？

例题 3-13 分析

上述案例认定建设工程施工合同无效的基本依据是《民法典》第一百五十三条的规定，即"违反法律、行政法规的强制性规定"的民事法律行为无效。

"行为人具有相应的民事行为能力；意思表示真实；不违反法律和社会公共利益"是合同生效的一般要求，同样也是衡量建设工程施工合同是否生效的基本标准。基于建设工程施工合同的复杂性以及对社会的重要性，依照法律、行政法规，建设工程施工合同的生效对合同主体要求有具体规定，其中建设工程施工合同的承包人应具有承包工程的施工资质。

《建筑法》第二十六条第二款规定："禁止建筑施工企业超越本企业资质等级许可的业务范围或者以任何形式用其他建筑施工企业的名义承揽工程。禁止建筑施工企业以任何形式允许其他单位或者个人使用本企业的资质证书、营业执照，以本企业的名义承揽工程。"

根据《最高人民法院关于审理建设工程施工合同纠纷案件适用法律问题的解释（一）》第一条第（一）（二）项规定，承包人未取得建筑施工企业资质或者超越资质等级的，没有资质的实际施工人借用有资质的建筑施工企业名义的，建设工程施工合同无效。

根据《建筑法》，建筑企业应当在其资质等级从事承建的经营活动，超越本企业资质或没有资质借用有资质建筑企业名义的合同无效。很明显，上述案件中的建筑施工合同当然无效，法院的判决正确。

3.3 建设工程招标

3.3.1 建设工程招标概述

3.3.1.1 建设工程招标的概念

建设工程招标，是指招标人就拟建工程发布通告，以法定方式吸收承包单位参加竞争，从中择优选定工程承包单位的法律行为。

3.3.1.2 发展历史

招标投标是市场经济的产物，在国外已有200多年的历史。1782年，英国政府出于对市场经济的宏观调控，设立文具公用局，这是负责政府部门所需要公用品采购的特别机构。此后，世界上许多国家陆续成立相关专门机构并立法，通过法律确定招标采购及专职招标机构的重要地位。1809年，美国通过了第一部要求密封投标的法律。1997年，韩国政府实施新的国内项目国际招标法。经过了漫长的两个世纪，由简单到复杂、由自由到规范、由国内到国际，对世界区域经济和整体经济发展起到了巨大的作用。

我国在改革开放以前，实行高度集中统一的计划经济体制，工程建设的设计、施工等任务都实行行政分配。20世纪80年代开始，我国逐步在工程建设、进口机电设备、政府采购等领域推广招投标制度。目前，招投标已成为我国基本建设领域的一项基本制度。

3.3.1.3 建设工程招标的原则

例题 3-14

违反公平竞争原则的招标案例

在一次招标活动中，招标指南写明投标不能口头附加材料，也不能附条件投标。但业主将合同授予了投标人甲。业主解释说，如果考虑到该投标人的口头附加材料，则该投标人的报价最低。另一个报价低的投标人乙起诉业主，请求法院判定业主将该合同授予自己。法院经过调查发现，该投标人是业主自己内定的承包商。法院最后判决将合同授予投标人乙。

《招标投标法》规定，招标投标活动应当遵循公开、公平、公正和诚实信用的原则。

（1）公开原则

公开原则是要求必须具有极高的透明度，招标信息、招标程序、开标过程、评标方法、中标结果都必须公开，以吸引潜在投标人作出积极响应。公开具体表现为建设工程招标投标的信息公开、程序公开和结果公开。

①信息公开。公开招标的招标公告应通过国家指定的媒体、报刊、信息网络或其他公共媒介进行发布。招标公告或投标邀请书应当载明招标人的名称和地址，招标项目的性质、规模、地点等重要事项。

②程序公开。招标投标活动的法律程序包括招标、投标、开标、评标和中标，整个过程要求招标方公开进行。但是为了保证招标投标活动的公正性，标底和评标委员会专家的名单在中标结果未确定之前不得公开。

③结果公开。《招标投标法实施条例》规定，依法必须进行招标的项目，招标人应当自收到评标报告之日起 3 日内公示中标候选人，公示期不得少于 3 日。

（2）公平原则

公平原则即要求给予所有投标人平等的机会，不得以任何理由排斥或歧视任何一方。招标过程中，不仅应确保投标人公平竞争，还要确保招标人与中标人公平交易。

（3）公正原则

公正原则是要求按照之前公布的标准客观地评标，严格遵守法定的评标规则和统一的衡量标准，保证各投标人在平等的基础上公平竞争。

（4）诚实信用原则

诚实信用原则是所有民事活动都应遵守的基本原则之一，没有此原则做基础，公开、公平、公正将落空。它要求当事人以诚实守信的态度行使权利和履行义务，保证彼此都能得到应得利益，同时不得损害第三人和社会的利益。不得规避招标、串通投标、泄露标底、骗取中标等。

例题 3-14 分析

招标投标是国际和国内建筑行业广泛采用的一种方式。其目的旨在保护公共利益和实现自由竞争。招标法规有助于在公共事业上防止欺诈、串通、倾向性和资金浪费，确保政府部门和业主以合理的价格获得高质量的服务。从本质上讲，招标法规是保护公共利益的，保护投标人并不是它的出发点，确保自由、公正的竞争是招标法规的核心内容。对于招标法规的实质性违反是不允许的，即使这种违反出于善意，也不允许违反有关招标法规的强制性规定。

3.3.2 建设工程招标投标的项目范围和规模标准

3.3.2.1 建设工程必须招标的范围

例题 3-15

下列工程项目中，属于依法必须招标范围的项目有（　　）。
A. 某高速公路工程
B. 使用国有资金对国家博物馆的修缮工程
C. 某涉及国家秘密的工程
D. 某施工单位自建自用房屋

《招标投标法》规定，在中华人民共和国境内进行下列工程建设项目包括项目的勘察、设计、施工、监理以及与工程建设有关的重要设备、材料等的采购，必须进行招标：
①大型基础设施、公用事业等关系社会公共利益、公众安全的项目；
②全部或者部分使用国有资金投资或者国家融资的项目；
③使用国际组织或者外国政府贷款、援助资金的项目。

例题 3-15 分析

答案：AB
A 属于关系社会公共利益、公众安全的基础设施项目，B 属于使用国有资金投资项目，A、B 均属于国家相关法律、法规明确规定必须实行招标的项目范围。C 是例外情形，《招标投标法》第六十六条规定，涉及国家安全、国家秘密、抢险救灾或者属于利用扶贫资金实行以工代赈、需要使用农民工等特殊情况，不适宜进行招标的项目，按照国家有关规定可以不进行招标，因此不属于必须招标的范围。D 这个选项《招标投标法》并没有明确规定，因此也不属于必须招标的范围。

《招标投标法实施条例》指出，工程建设项目是指工程以及与工程建设有关的货物、服务。工程是指建设工程，包括建筑物和构筑物的新建、改建、扩建及其相关的装修、拆除、修缮等；与工程建设有关的货物，是指构成工程不可分割的组成部分，且为实现工程基本功能所必需的设备、材料等；与工程建设有关的服务，是指为完成工程所需的勘察、设计、监理等服务。

经国务院批准，2018年3月国家发展和改革委员会发布《必须招标的工程项目规定》，其中第二条规定，全部或者部分使用国有资金投资或者国家融资的项目包括以下。

①使用预算资金200万元人民币以上，并且该资金占投资额10%以上的项目；

②使用国有企业事业单位资金，并且该资金占控股或者主导地位的项目。

第三条规定，使用国际组织或者外国政府贷款、援助资金的项目包括以下两个。

①使用世界银行、亚洲开发银行等国际组织贷款、援助资金的项目；

②使用外国政府及其机构贷款、援助资金的项目。

例题 3-16

20×4年4月，某市一中学兴建一教学楼群，共6栋教学楼，总造价1 600万元，工程预算总投资600万元，其中建筑施工费约520万元。该学校在研究建设工程发包时，打算直接将工程施工发包给该市信誉良好、技术力量雄厚的某建筑公司。市建设局得知这一情况后，当即通知该中学，该建筑工程必须进行招标，否则发包无效。该中学接到通知后，及时纠正了错误决定，通过公开招标方式发包。

问题：

该案例中市建设局的做法是否正确？

《必须招标的工程项目规定》第五条规定，本规定第二条至第四条规定范围内的项目，其勘察、设计、施工、监理以及与工程建设有关的重要设备、材料等的采购达到下列标准之一的，必须招标。

①施工单项合同估算价在400万元人民币以上；

②重要设备、材料等货物的采购，单项合同估算价在200万元人民币以上；

③勘察、设计、监理等服务的采购，单项合同估算价在100万元人民币以上。

同一项目中可以合并进行的勘察、设计、施工、监理以及与工程建设有关的重要设备、材料等的采购，合同估算价合计达到以上规定标准的，必须招标。

国家发展和改革委员会发布的《必须招标的基础设施和公用事业项目范围规定》（发改法规规〔2018〕843号）规定，不属于《必须招标的工程项目规定》第二条、第三条规定情形的大型基础设施、公用事业等关系社会公共利益、公众安全的项目，必须招标的具体范围包括：

①煤炭、石油、天然气、电力、新能源等能源基础设施项目；

②铁路、公路、管道、水运，以及公共航空和A1级通用机场等交通运输基础设施项目；

③电信枢纽、通信信息网络等通信基础设施项目；

④防洪、灌溉、排涝、引（供）水等水利基础设施项目；

⑤城市轨道交通等城建项目。

例题 3-16 分析

该中学教学楼群施工单项合同价达 520 万元人民币，依《必须招标的工程项目规定》的规定，必须进行招标。我国《建筑法》法律法规之所以规定投资较大的建筑工程必须经过招标的形式发包，主要是为了通过公开、公平的竞争方式，选出技术力量雄厚、资信良好的承包单位，以保障建筑工程的质量，防止和避免直接发包中可能出现的一些弊端。本例中，市建设局的做法是完全正确的。

3.3.2.2 可以不进行招标的项目范围

例题 3-17

有两个项目被直接发包，理由是一个项目涉及国家安全；另一个项目属于以工代赈，需要使用农民工。

问题：
你认为这个理由充分吗？

《招标投标法》规定，涉及国家安全、国家秘密、抢险救灾或者属于利用扶贫资金实行以工代赈、需要使用农民工等特殊情况，不适宜进行招标的项目，按照国家有关规定可以不进行招标。

《招标投标法实施条例》还规定，除《招标投标法》规定可以不进行招标的特殊情况外，有下列情形之一的，可以不进行招标：

① 需要采用不可替代的专利或者专有技术；
② 采购人依法能够自行建设、生产或者提供；
③ 已通过招标方式选定的特许经营项目投资人依法能够自行建设、生产或者提供；
④ 需要向原中标人采购工程、货物或者服务，否则将影响施工或者功能配套要求；
⑤ 国家规定的其他特殊情形。

例题 3-17 分析

对于涉及国家安全的项目，分为两种情况：不适应招标的和适宜招标但不宜公开招标的。前者经批准可以不招标而直接发包，后者则经批准后需要邀请招标。所以，仅仅以涉及国家安全为由就不招标是不合适的。

对于以工代赈，需要使用农民工的项目，经批准可以不招标。这个理由是充分的。

2014 年 8 月修订后颁布的《中华人民共和国政府采购法》规定，政府采购工程进行招标投标的，适用招标投标法。2015 年 1 月颁布的《中华人民共和国政府采购法实施条例》进一步规定："政府采购工程依法不进行招标的，应当依照政府采购法和本条例规定的竞争性谈判或者单一来源采购方式采购。"

《国务院办公厅关于促进建筑业持续健康发展的意见》（国办发〔2017〕19 号）规定，在民间投资的房屋建筑工程中，探索由建设单位自主决定发包方式。对依法通过竞争性谈判或单一来源方式确定供应商的政府采购工程建设项目，符合相应条件的应当颁发施工许可证。

3.3.3 建设工程招标方式

例题 3-18

某市地铁建设项目，由于技术复杂、工期紧、质量要求高，经市政府批准后决定采取邀请招标方式。招标人于 2021 年 4 月向通过资格预审的 A、B、C、D、E 五家施工承包企业发出了投标邀请书，五家企业接受了邀请并于规定时间内购买了招标文件。评标委员会于 2021 年 5 月 20 日提出了评标报告。B、A 企业综合得分位列第一名、第二名。由于 B 企业投标报价高于 A 企业，2021 年 6 月 1 日招标人向 A 企业发出了中标通知书，并于 2021 年 7 月 1 日签订了书面合同。

问题：上述招标人的做法是否符合《招标投标法》规定？

（1）公开招标

公开招标，是指招标人以招标公告的方式邀请不特定的法人或其他组织投标。招标公告应当通过国家指定的报刊、信息网络或者其他媒介发布。

国务院发展计划部门确定的国家重点建设项目和各省、自治区、直辖市人民政府确定的地方重点建设项目，以及全部使用国有资金投资或者国有资金投资占控股或主导地位的工程建设项目，应当公开招标。

（2）邀请招标

邀请招标，是指招标人以投标邀请书的方式邀请特定的法人或其他组织投标。招标人采用邀请招标方式的，应当向 3 个以上具有承担招标项目的能力、资信良好的特定的法人或者其他组织发出投标邀请书。国务院发展计划部门确定的国家重点项目和省、自治区、直辖市人民政府确定的地方重点项目不适宜公开招标的，经国务院发展计划部门或者省、自治区、直辖市人民政府批准，可以进行邀请招标。

《招标投标实施条例》进一步规定，国家资金占控股或者主导地位的依法必须进行招标的项目，应当公开招标；但有下列情形之一的，可以邀请招标。

①技术复杂、有特殊要求或者受自然环境限制，只有少量潜在投标人可供选择；

②采用公开招标方式的费用占项目合同金额的比例过大。

2017 年 7 月财政部修订后发布的《政府采购货物和服务招标投标管理办法》规定，货物服务招标分为公开招标和邀请招标。公开招标，是指采购人依法以招标公告的方式邀请非特定的供应商参加投标的采购方式。邀请招标，是指采购人依法从符合相应资格条件的供应商中随机抽取 3 家以上供应商，并以投标邀请书的方式邀请其参加投标的采购方式。

例题 3-18 分析

根据《招标投标法》的规定，由于本工程技术复杂、有特殊要求或者受自然环境限制，只有少量潜在投标人可供选择时，经国务院发展计划部门或者省、自治区、直辖市人民政府批准，可以进行邀请招标。

(3) 公开招标和邀请招标的区别

①发布信息的方式不同。公开招标是在国家或行业指定的报刊、电子网络或其他媒体发布公告；邀请招标则直接采用发送投标邀请书的方式发布信息。

②竞争的范围和程度不同。公开招标是面向社会的，一切潜在对招标项目感兴趣的法人和其他组织都可以参加投标竞争。招标人能够在最大限度内选择承包商，竞争性更强，择优率更高，同时也能在很大程度上避免招标活动中的贿赂、串通行为，因此国际上政府采购通常采用这种方式。邀请招标所针对的对象是事先已经了解的法人或其他组织。投标人的数量有限，且竞争性是不完全充分的，招标人的选择范围小，它可能漏掉在技术上或报价上更有竞争力的承包商或供应商。

③公开程序不同。公开招标的所有活动都必须严格按照预先制定并被业界所熟知的程序及标准公开进行，其作弊的可能性大大减小；而邀请招标的公开程序相对简单，产生不法行为的机会也就较多一些。

④时间和费用不同。公开招标程序由于其程序比较复杂，投标人数量无法预知，花费的时间和费用更多。但由于竞争充分，更容易获得最优报价。邀请招标只在有限的投标人中进行，所以其时间较短，费用偏低，但是由于竞争小，不易获得最优报价。

⑤资格审查时间不同。公开招标是在投标前进行资格审查，而邀请招标是在投标后进行资格审查。

(4) 总承包招标和两阶段招标

《招标投标法实施条例》规定，招标人可以依法对工程以及与工程建设有关的货物、服务全部或者部分实行总承包招标。以暂估价形式包括在总承包范围内的工程、货物、服务属于依法必须进行招标的项目范围且达到国家规定规模标准的，应当依法进行招标。以上所称暂估价，是指总承包招标时不能确定价格而由招标人在招标文件中暂时估定的工程、货物、服务的金额。

对技术复杂或者无法精确拟定技术规格的项目，招标人可以分两阶段进行招标。第一阶段，投标人按照招标公告或者投标邀请书的要求提交不带报价的技术建议，招标人根据投标人提交的技术建议确定技术标准和要求，编制招标文件；第二阶段，招标人向在第一阶段提交技术建议的投标人提供招标文件，投标人按照招标文件的要求提交包括最终技术方案和投标报价的投标文件。

3.3.4 建设工程招标投标交易场所

《招标投标法实施条例》规定，设区的市级以上地方人民政府可以根据实际需要，建立统一规范的招标投标交易场所，为招标投标活动提供服务。招标投标交易场所不得与行政监督部门存在隶属关系，不得以营利为目的。国家鼓励利用信息网络进行电子招标投标。

2017年11月国家发展和改革委员会发布的《招标公告和公示信息发布管理办法》规定，依法必须招标项目的招标公告和公示信息，除依法需要保密或者涉及商业秘密的内容外，应当按照公益服务、公开透明、高效便捷、集中共享的原则，依法向社会公开。

依法必须招标项目的资格预审公告和招标公告，应当载明以下内容：
①招标项目名称、内容、范围、规模、资金来源；
②投标资格能力要求，以及是否接受联合体投标；
③获取资格预审文件或招标文件的时间、方式；
④递交资格预审文件或投标文件的截止时间、方式；
⑤招标人及其招标代理机构的名称、地址、联系人及联系方式；
⑥采用电子招标投标方式的，潜在投标人访问电子招标投标交易平台的网址和方法；
⑦其他依法应当载明的内容。
依法必须招标项目的中标候选人公示应当载明以下内容：
①中标候选人排序、名称、投标报价、质量、工期（交货期），以及评标情况；
②中标候选人按照招标文件要求承诺的项目负责人姓名及其相关证书名称和编号；
③中标候选人响应招标文件要求的资格能力条件；
④提出异议的渠道和方式；
⑤招标文件规定公示的其他内容。
依法必须招标项目的中标结果公示应当载明中标人名称。

依法必须招标项目的招标公告和公示信息应当在"中国招标投标公共服务平台"或者项目所在地省级电子招标投标公共服务平台（以下统一简称"发布媒介"）发布。发布媒介应当免费提供依法必须招标项目的招标公告和公示信息发布服务，并允许社会公众和市场主体免费、及时查阅前述招标公告和公示的完整信息。

任何单位和个人认为招标人或其招标代理机构在招标公告和公示信息发布活动中存在违法违规行为的，可以依法向有关行政监督部门投诉、举报；认为发布媒介在招标公告和公示信息发布活动中存在违法违规行为的，根据有关规定可以向相应的省级以上发展改革部门或其他有关部门投诉、举报。

3.3.5 招标的基本程序

建设工程招标的基本程序主要包括：履行项目审批手续，委托招标代理机构，编制招标文件、标底及工程量清单，发布招标公告或投标邀请书，资格审查，发售招标文件，招标人组织现场考察，招标人召开标前会议等。

（1）履行项目审批手续

《招标投标法》规定，招标项目按照国家有关规定需要履行项目审批手续的，应当先履行审批手续，取得批准。招标人应当有进行招标项目的相应资金或者资金来源已经落实，并应当在招标文件中如实载明。

《招标投标法实施条例》进一步规定，按照国家有关规定需要履行项目审批、核准手续的依法必须进行招标的项目，其招标范围、招标方式、招标组织形式应当报项目审批、核准部门审批、核准。项目审批、核准部门应当及时将审批、核准确定的招标范围、招标方式、招标组织形式通报有关行政监督部门。

（2）委托招标代理机构

例题 3-19

招标代理公司在宝钢设备采购中的积极作用

2003年宝钢股份公司（业主）液化装置招标，在2002年5月启动前，业主已经同该领域三大国外生产供应商就工艺方案、供货范围，以及设计分工进行了前期技术交流。业主的想法是：目前这三大国外供应商的设备比国内设备的技术水平高，但价格也高。因此，业主希望国内企业也能参加竞争，如果外国企业价格比国内价格高得不多（20%以内），就采购外国设备；如果价格太高（超过20%）就选择国内设备。但如何实现上述采购意图，业主缺乏经验，于是业主委托招标代理公司进行代理招标。

招标代理公司在编制招标文件时，通过调研发现国内外企业能力的主要差别在业绩水平，国外企业都具备生产300 t/d液化产品的能力，而国内企业只能具备200 t/d液化产品的能力。基于此，招标代理公司在招标文件的编制中将投标资格业绩标准设定为200 t/d液化产品，使国内企业能参与竞争，评标标准设定为：没有300 t/d液化产品的能力业绩，评标价在投标报价基础上增加20%。

这样，国内外4家企业都来投标。经过开标评标，美国一家公司投标报价比国内某企业高20%，但国内某企业没有300 t/d液化产品的业绩，其投标报价折算为评标价增加了20%。这样两者报价折算的评标价相同，美国公司产品质量好，经评审的评标价最低，成为中标人。合同签订价比预算低得多。外商说，这是他们历史上报出的最低价，招标取得圆满成功。

招标代理机构的最大优势就是经验的多次总结和重复使用。该招标代理机构在为业主节约投资的同时，也为企业树立了良好的企业形象。

《招标投标法》规定，招标人具有编制招标文件和组织评标能力的，可以自行办理招标事宜。任何单位和个人不得强制其委托招标代理机构办理招标事宜。依法必须进行招标的项目，招标人自行办理招标事宜的，应当向有关行政监督部门备案。

《招标投标法实施条例》进一步规定，招标人具有编制招标文件和组织评标能力，是指招标人具有与招标项目规模和复杂程度相适应的技术、经济等方面的专业人员。

招标代理机构是依法设立、从事招标代理业务并提供相关服务的社会中介组织。《招标投标法》规定，招标人有权自行选择招标代理机构，委托其办理招标事宜。任何单位和个人不得强制其委托招标、代理机构办理招标事宜。

招标代理机构应当具备下列条件：

①有从事招标代理业务的营业场所和相应资金；

②有能够编制招标文件和组织评标的相应专业力量。

按照《招标投标法实施条例》的规定，招标代理机构在招标人委托的范围内开展招标代理业务，任何单位和个人不得非法干涉。招标代理机构不得在所代理的招标项目中投标或者代理投标，也不得为所代理的招标项目的投标人提供咨询。

(3) 编制招标文件、标底及工程量清单

《招标投标法》规定，招标人应当根据招标项目的特点和需要编制招标文件。招标文件应当包括招标项目的技术要求、对投标人资格审查的标准、投标报价要求和评标标准等所有实质性要求和条件以及拟签订合同的主要条款。国家对招标项目的技术、标准有规定的，招标人应当按照其规定在招标文件中提出相应要求。

例题 3-20

20×9 年 6 月 8 日，招标人发出招标文件。招标文件规定了提交投标文件的截止日期为 20×9 年 6 月 25 日。某投标人认为这个时间的规定违反了《招标投标法》。因为《招标投标法》第二十四条规定："招标人应当确定投标人编制投标文件所需要的合理时间；但是，依法必须进行招标的项目，自招标文件开始发出之日起至投标人提交投标文件截止之日止，最短不得少于二十日。"

问题：
对此你怎么认为？

招标文件不得要求或者标明特定的生产供应者以及含有倾向或者排斥潜在投标人的其他内容。招标人对已发出的招标文件进行必要的澄清或者修改的，应当在招标文件要求提交投标文件截止时间至少 15 日前，以书面形式通知所有招标文件收受人。该澄清或者修改的内容为招标文件的组成部分。

招标人应当确定投标人编制投标文件所需要的合理时间；但是，依法必须进行招标的项目，自招标文件开始发出之日起至投标人提交投标文件截止之日止，最短不得少于 20 日。

《招标投标法实施条例》进一步规定，招标人可以对已发出的资格预审文件或者招标文件进行必要的澄清或者修改。澄清或者修改的内容可能影响资格预审申请文件或者投标文件编制的，招标人应当在提交资格预审申请文件截止时间至少 3 日前，或者投标截止时间至少 15 日前，以书面形式通知所有获取资格预审文件或者招标文件的潜在投标人；不足 3 日或者 15 日的，招标人应当顺延提交资格预审申请文件或者投标文件的截止时间。

招标人对招标项目划分标段的，应当遵守招标投标法的有关规定，不得利用划分标段限制或者排斥潜在投标人。依法必须进行招标的项目的招标人不得利用划分标段规避招标。

招标人应当在招标文件中载明投标有效期提交投标文件。潜在投标人或者其他利害关系人对招标文件有异议的，应当在投标截止时间 10 日前提出。招标人应当自收到异议之日起 3 日内作出答复；答复前，应当暂停招标投标活动。招标人编制招标文件的内容违反法律、行政法规的强制性规定，违反公开、公平、公正和诚实信用原则，影响潜在投标人投标的，依法必须进行招标的项目招标人应当在修改招标文件后重新招标。

招标人可以自行决定是否编制标底。一个招标项目只能有一个标底。标底必须保密。接受委托编制标底的中介机构不得参加受托编制标底项目的投标，也不得为该项目的投标人编制投标文件或者提供咨询。招标人设有最高投标限价的,应当在招标文件中明确最高投标限价或者最高投标限价的计算方法。招标人不得规定最低投标限价。

《国务院办公厅关于促进建筑业持续健康发展的意见》要求,完善工程量清单计价体系和工程造价信息发布机制,形成统一的工程造价计价规则,合理确定和有效控制工程造价。

住房和城乡建设部 2013 年 12 月修订发布的《建筑工程施工发包与承包计价管理办法》规定,国有资金投资的建筑工程招标的,应当设有最高投标限价;非国有资金投资的建筑工程招标的,可以设有最高投标限价或者招标标底。最高投标限价应当依据工程量清单、工程计价有关规定和市场价格信息等编制。招标人设有最高投标限价的,应当在招标时公布最高投标限价的总价,以及各单位工程的分部分项工程费、措施项目费、其他项目费、规费和税金。招标标底应当依据工程计价有关规定和市场价格信息等编制。

全部使用国有资金投资或者以国有资金投资为主的建筑工程,应当采用工程量清单计价;非国有资金投资的建筑工程,鼓励采用工程量清单计价。工程量清单应当依据国家制定的工程量清单计价规范、工程量计算规范等编制。工程量清单应当作为招标文件的组成部分。

例题 3-20 分析

是否违法应根据具体项目来确定。

必须招标的项目,根据《招标投标法》应该符合两个条件:既要属于必须招标的项目范围,也要符合相应的规模标准。如果不同时符合这两个条件,就不是必须招标的项目。

不是必须招标的项目也可以招标,但是就不受《招标投标法》第二十四条的"最短不得少于二十日"的限制了,而仅仅满足"招标人应当确定投标人编制投标文件所需要的合理时间"就可以了。

所以,如果这个案例中的项目不属于必须招标的项目,招标人的行为就不违法;如果是必须招标的项目,就是违法的。

(4) 发布招标公告或投标邀请书

《招标投标法》规定,招标人采用公开招标方式的,应当发布招标公告。招标公告应当载明招标人的名称和地址、招标项目的性质、数量、实施地点和时间以及获取招标文件的办法等事项。

招标人采用邀请招标方式的,应当向 3 个以上具备承担招标项目能力、资信良好的特定的法人或者其他组织发出投标邀请书。投标邀请书也应当载明招标人的名称和地址、招标项目的性质、数量、实施地点和时间以及获取招标文件的办法等事项。

招标人可以根据招标项目本身的要求,在招标公告或者投标邀请书中,要求潜在投标人提供有关资质证明文件和业绩情况,并对潜在投标人进行资格审查。招标人不得以不合理的条件限制或者排斥潜在投标人,不得对潜在投标人实行歧视待遇。

招标人不得向他人透露已获取招标文件的潜在投标人的名称、数量以及可能影响公平竞争的有关招标投标的其他情况。招标人设有标底的，标底必须保密。招标人根据招标项目的具体情况，可以组织潜在投标人踏勘项目现场。

《招标投标法实施条例》进一步规定，招标人应当按照资格预审公告、招标公告或者投标邀请书规定的时间、地点发售资格预审文件或者招标文件。资格预审文件或者招标文件的发售期不得少于5日。招标人发售资格预审文件、招标文件收取的费用应当限于补偿印刷、邮寄的成本支出，不得以营利为目的。

(5) 资格审查

例题 3-21

根据《工程建设项目施工招标投标办法》和《标准施工招标资格预审文件》，某依法必须招标的施工项目于20×9年9月组织资格预审，发现下列情况：

甲公司，曾于20×9年5月在外省受到责令停业6个月的行政处罚；

乙公司，曾于20×9年6月因噪声超标受到行政监督部门罚款处罚；

丙公司，曾在该项目前期准备时提供过设计咨询服务；

丁公司，正与某施工企业重组，但仍以自己名义投标；

戊公司，为该项目提供项目管理服务的单位。

问题：

以上申请人中不能通过资格预审的有哪些？

资格审查分为资格预审和资格后审。

《招标投标法实施条例》规定，招标人采用资格预审办法对潜在投标人进行资格审查的，应当发布资格预审公告、编制资格预审文件。招标人应当合理确定提交资格预审申请文件的时间。依法必须进行招标的项目提交资格预审申请文件的时间，自资格预审文件停止发售之日起不得少于5日。

资格预审应当按照资格预审文件载明的标准和方法进行。国有资金占控股或者主导地位的依法必须进行招标的项目，招标人应当组建资格审查委员会审查资格预审申请文件。资格审查委员会及其成员应当遵守招标投标法和《招标投标法实施条例》有关评标委员会及其成员的规定。资格预审结束后，招标人应当及时向资格预审申请人发出资格预审结果通知书。未通过资格预审的申请人不具有投标资格。通过资格预审的申请人少于3个的，应当重新招标。

潜在投标人或者其他利害关系人对资格预审文件有异议的，应当在提交资格预审申请文件截止时间2日前提出。招标人应当自收到异议之日起3日内作出答复；作出答复前，应当暂停招标投标活动。招标人编制的资格预审文件的内容违反法律、行政法规的强制性规定，违反公开、公平、公正和诚实信用原则，影响资格预审结果的，依法必须进行招标的项目的招标人应当在修改资格预审文件后重新招标。

招标人采用资格后审办法对投标人进行资格审查的，应当在开标后由评标委员会按照招标文件规定的标准和方法对投标人的资格进行审查。

例题 3-21 分析

甲、丙、丁不能通过资格预审。

根据资格预审要求投标公司的条件，则甲处于责令停业阶段，投标资格被取消；丁不具备独立订立合同的权利。另外，《工程建设项目施工招标投标办法》第三十五条规定，在工程建设项目施工招标时，招标人的任何不具备独立法人资格的附属机构（单位），或者为招标项目的前期准备或者监理工作提供设计、咨询服务的任何法人及其任何附属机构（单位），都无资格参加该项目的投标，所以丙亦不能通过资格预审。

(6) 发售招标文件

例题 3-22

某水利设施施工采取公开招标的方式。招标工作从20×3年8月2日开始，到9月30日结束，历时60日。招标工作的具体步骤如下：

(1) 成立招标组织机构。

(2) 发布招标公告和资格预审通告。

(3) 进行资格预审。8月16日至20日出售资格预审文件，10家省内外施工企业购买了资格预审文件，其中的9家于8月22日递交了资格预审文件。经招标工作委员会审定后，8家单位通过了资格预审。

(4) 编制招标文件。

(5) 编制标底。

(6) 组织投标。8月28日，招标单位向上述8家单位发出资格预审合格通知书。8月30日，向各投标人发出招标文件。9月5日，召开标前会。9月8日组织投标人踏勘现场，解答投标人提出的问题。9月20日，各投标人递交投标书。9月21日，在公证员出席的情况下，当众开标。

(7) 组织评标。评标小组按事先确定的评标办法进行评标，对合格的投标人进行评分，推荐中标单位和后备单位，写出评标报告。9月22日，招标工作委员会听取评标小组汇报，决定了中标单位，发出中标通知。

(8) 9月30日招标人与中标单位签订合同。

问题：

上述招标工作内容的顺序作为招标工作先后顺序是否妥当？如果不妥，请确定合理的顺序。

《招标投标法》规定：招标人应当根据招标项目的特点和需要编制招标文件。招标文件应当包括招标项目的技术要求、对投标人资格审查的标准、投标报价要求和评标标准等所有实质性要求和条件以及拟签订合同的主要条款。国家对招标项目的技术、标准有相关规定的，招标人应当按照其规定在招标文件中提出相应要求。自招标文件出售之日起至停止出售之日止，最短不得少于5日。招标人发售招标文件收取的费用应当限于补偿印刷、邮寄的成本支出，不得以营利为目的。

（7）招标人组织现场考察

招标人在投标须知规定的时间组织投标人自费进行现场考察。设置此程序的目的，一方面让投标人了解工程项目的现场情况、自然条件、施工条件以及周围环境条件，以便于编制投标书；另一方面要求投标人通过自己的实地考察确定投标的原则和策略，避免合同履行过程中投标人以不了解现场情况为理由推卸应承担的合同责任。

（8）招标人召开标前会议

投标人研究招标文件和现场考察后会以书面形式提出某些质疑问题，招标人可以及时给予书面解答，也可以留待标前会议上解答。如果对某一投标人提出的问题给予书面解答时，所回答的问题必须发送给每一位投标人以保证招标的公开和公平，但不必说明问题的来源。在这种情况下就无须召开标前会议。

标前会议的记录和各种问题的统一解释或答复，常被视为招标文件的组成部分，均应整理成书面文件分发给每一位投标人。

例题 3-22 分析

不妥当。招标工作合理的顺序应该是：成立招标组织机构—编制招标文件—编制标底—发售招标公告和资格预审通告—进行资格预审—发售招标文件—组织现场踏勘—召开标前会—接收投标文件—开标—评标—确定中标单位—发出中标通知书—签订承发包合同。

3.4　建设工程投标

3.4.1　建设工程投标相关概念

建设工程投标是工程招标的对称概念，指具有合法资格和能力的投标人根据招标文件条件，经过初步研究和估算，在指定期限内填写标书，提出报价，并等候开标，决定能否中标的经济活动。

3.4.1.1　投标人

投标人是响应投标、参加投标竞争的法人或者其他组织。投标人应当具备承担招标项目的能力；国家有关规定对投标人资格条件或者招标文件对投标人资格条件有规定的，投标人应当具备规定的资格条件。

《招标投标法实施条例》规定，投标人参加依法必须进行招标的项目的投标，不受地区或者部门的限制，任何单位和个人不得非法干涉。

与招标人存在利害关系可能影响招标公正性的法人、其他组织或者个人，不得参加投标。单位负责人为同一人或者存在控股、管理关系的不同单位，不得参加同一标段或者未划分标段的同一招标项目投标。违反以上规定，相关投标均无效。

投标人发生合并、分立、破产等重大变化的，应当及时书面告知招标人。投标人不再具备资格预审文件、招标文件规定的资格条件或者其投标影响招标公正性的，其投标无效。

3.4.1.2 联合体投标

例题 3-23

A公司与B公司企业资质分别为施工总承包一、二级资质,两者组成联合体中标某工程,A与B约定权利义务按60%与40%划分。后工程因故停工,业主于是向B公司提出索赔100万元。

B公司认为自己只应承担40万元赔偿,其余部分不应由自己承担。

问题:

(1) 该联合体施工总承包联合体资质是什么?
(2) A公司与B公司向业主承担什么责任?
(3) B公司的理由成立吗?业主能否要求B公司支付100万元?
(4) B公司与A公司如何划分相关责任?

联合体投标是一种特殊的投标人组织形式,一般适用于大型的或结构复杂的建设项目。《招标投标法》规定,两个以上法人或者其他组织可以组成一个联合体,以一个投标人的身份共同投标。

(1) 联合体的地位

联合体是由两个以上法人或者经济组织组成,但在投标时是作为一个整体出现,即以一个投标人的身份出现,只提交一份投标文件,而不是每个成员提交一份投标文件。

(2) 联合体的资格

联合体各方均应当具备承担招标项目的相应能力;国家有关规定或者招标文件对投标人资格条件有规定的,联合体各方均应当具备规定的相应资格条件。由同一专业的单位组成的联合体,按照资质等级较低的单位确定资质等级,即采取"就低不就高"原则。例如,"鸟巢"的设计是由一个国际联合体进行投标的,这个联合体是由瑞士赫尔佐格、德梅隆设计公司与中国建筑设计研究院组成的。

(3) 联合体各方的责任

联合体各方的责任包括以下几个方面。

①联合体各方应当签订共同投标协议,明确各方拟承担的工作和责任,并将共同投标协议连同投标文件一并提交招标人。

②联合体中标的,联合体各方应当共同与招标人签订合同,就中标项目向招标人承担连带责任。

③联合体各方签订共同投标协议后,不得再以自己名义单独投标,也不得组成新的联合体或参加其他联合体在同一项目投标。

④联合体参加资格预审并获通过的,其组成的任何变化都必须在提交投标文件截止之日前征得招标人的同意。

⑤联合体各方必须指定牵头人,授权其代表所有联合体成员负责投标和合同实施阶段的主办、协调工作。

《招标投标法实施条例》进一步规定,招标人应当在资格预审公告、招标公告或者投标邀请书中载明是否接受联合体投标。招标人接受联合体投标并进行资格预审的,联合体应当在提交资格预审申请文件前组成。资格预审后联合体增减、更换成员的，其投标无效。联合体各方在同一招标项目中以自己名义单独投标或者参加其他联合体投标的，相关投标均无效。

例题 3-23 分析

（1）联合体资质等级为二级施工总承包资质。

（2）A、B 向业主承担法定连带责任。

（3）B 的理由不成立。A、B 双方约定只对他们自己生效，不能对抗第三人，他们对业主要承担连带赔偿责任。业主可以要求 B 公司赔偿 100 万元，且 B 不得拒绝。B 赔偿后可向 A 追偿，或者 B 可追加 A 为共同被告。

（4）A、B 按照其约定划分责任，A 承担 60 万元，B 承担 40 万元。

3.4.2 建设工程投标基本程序

（1）投标前的准备工作

在正式投标前，投标人应当具备承担招标项目的资金、技术、人员、装备等各方面的能力或条件。准备工作的充分与否，往往对是否中标以及中标后能否获得较大利润有很大的影响。通常承包商需要对投标环境、工程项目情况进行调查，并结合自身的状况，例如施工力量、技术水平、管理能力、工程经验、在建工程数量、资金状况等决定是否参加投标。对于技术水平、管理能力、财务状况等勉为其难或根本达不到的工程，应当予以否决。

（2）投标文件的内容要求

例题 3-24

某火力发电厂工程，业主决定采用交钥匙方式进行招标。业主依法进行了公开招标，并委托某监理公司代为招标。在该招标过程中，相继发生了下述事件。

事件一：在现场踏勘中，投标人 C 公司的技术人员对现场进行了补充勘察，并在场向监理人员指出招标文件中的地质资料有误。监理人员则口头答复："如果招标文件中的地质资料确属错误，可按照贵公司勘察数据编制投标文件。"

事件二：投标人 D 在编制投标书时，认为招标文件要求的合同工期过于苛刻，如按此报价，则会导致报价过高，于是按照其认为较为合理的工期进行了编标报价，并于截标日期前两天将投标书报送招标人。一天后，D 公司又提交一份降价补充文件。但招标人的工作人员以"一标一投"为由拒绝接受该降价补充文件。

问题：

（1）在事件一中，有关人员的做法是否妥当？为什么？

（2）在事件二中，是否存在不妥之处？请指出，并说明理由。

《招标投标法》规定，投标人应当按照招标文件的要求编制投标文件。投标文件应当对招标文件提出的实质性要求和条件作出响应。招标项目属于建设施工项目的，投标文件的内容应当包括拟派出的项目负责人与主要技术人员的简历、业绩和拟用于完成招标项目的机械设备等。

2013年3月修订后发布的《〈标准施工招标资格预审文件〉和〈标准施工招标文件〉暂行规定》中进一步明确，投标文件应包括下列内容：
①投标函及投标函附录；
②法定代表人身份证明或附有法定代表人身份证明的授权委托书；
③联合体协议书；
④投标保证金；
⑤已标价工程量清单；
⑥施工组织设计；
⑦项目管理机构；
⑧拟分包项目情况表；
⑨资格审查资料；
⑩投标人须知前附表规定的其他资料。

但是投标人须知前附表规定不接受联合体投标的，或投标人没有组成联合体的，投标文件不包括联合体协议书。

《建筑工程施工发包与承包计价管理办法》中规定，投标报价不得低于工程成本，不得高于最高投标限价。投标报价应当依据工程量清单、工程计价有关规定、企业定额和市场价格信息等编制。

例题 3-24 分析

（1）C公司技术人员口头提问不妥，投标人对招标文件有异议，应当以书面形式提出。监理人员当场答复也不妥，招标人应当将各个投标人的书面质疑，统一回答，并形成书面答疑文件，寄送给所有得到招标文件的投标人。

（2）投标人D不按招标文件要求的合同工期报价的做法不妥，投标人应对招标文件作出实质性响应。招标人工作人员拒绝投标人的补充文件不妥，投标人在提交投标文件截止时间前可以修改其投标文件。

（3）投标保证金

例题 3-25

20×0年7月1日，A、B、C、D、E公司同时投标某学校图书馆项目，并按照招标文件要求缴纳投标保证金。该工程招标项目估算价为5 000万元，A、B、C、D、E公司分别缴纳了投标保证金。投标期间，C撤销了标书文件；投标结束后，D由于个人原因也撤销了标书文件。20×0年9月30日，投标结束后进行评标，结果A中标，B、E落选。（银行整存整取三个月利率是4.275‰）。

问题：
（1）投标公司应分别缴纳多少投标保证金？
（2）招标人应当如何处置A、B、C、D、E公司的投标保证金？

投标保证金（Bid Bond），是指投标人按照招标文件的要求向招标人出具的，以一定金额表示的投标责任担保。其实质是为了避免因投标人在投标有效期内随意撤回、撤销投标或者中标后不能提交履约保证金和签署合同等行为而给招标人造成损失。

招标人在招标文件中要求投标人提交保证金的，投标保证金不得超过招标项目估算价的 2%。投标保证金有效期应当与投标有效期一致。依法必须进行招标的项目的境内投标单位，以现金或者支票形式提交的投标保证金应当从其基本账户转出。招标人不得挪用投标保证金。

《优化营商环境条例》规定，设立政府性基金、涉企行政事业性收费、涉企保证金，应当有法律、行政法规依据或者经国务院批准。对政府性基金、涉企行政事业性收费、涉企保证金以及实行政府定价的经营服务性收费，实行目录清单管理并向社会公开，目录清单之外的前述收费和保证金一律不得执行。推广以金融机构保函替代现金缴纳涉企保证金。

《国务院办公厅关于清理规范工程建设领域保证金的通知》（国办发〔2016〕49号）规定，对建筑业企业在工程建设中需缴纳的保证金，除依法依规设立的投标保证金、履约保证金、工程质量保证金、农民工工资保证金外，其他保证金一律取消。

《住房和城乡建设部等部门关于加快推进房屋建筑和市政基础设施工程实行工程担保制度的指导意见》（建市〔2019〕68号）规定，加快推行银行保函制度，在有条件的地区推行工程担保公司保函和工程保证保险。严禁任何单位和部门将现金保证金挪作他用，保证金到期应当及时予以退还。

招标人要求中标人提供履约担保的，应当同时向中标人提供工程款支付担保。以银行保函替代工程质量保证金的，银行保函金额不得超过工程价款结算总额的 3%。在工程项目竣工前，已经缴纳履约保证金的，建设单位不得同时预留工程质量保证金。农民工工资支付保函全部采用具有见索即付性质的独立保函，并实行差别化管理。

建设单位在办理施工许可时，应当有满足施工需要的资金安排。对于未履行工程款支付责任的建设单位，将其不良行为记入信用记录。

2013 年 3 月修订发布的《工程建设项目施工招标投标办法》进一步规定，投标保证金不得超过项目估算价的 2%，最高不得超过 80 万元人民币。

实行两阶段招标的，招标人要求投标人提交投标保证金的，应当在第二阶段提出。招标人终止招标的，应当及时发布公告，或者以书面形式通知被邀请的或者已经获取资格预审文件、招标文件的潜在投标人。已经发售资格预审文件、招标文件或者已经收取投标保证金的，招标人应当及时退还所收取的资格预审文件、招标文件的费用，以及所收取的投标保证金及银行同期存款利息。

投标人撤回已提交的投标文件，应当在投标截止时间前书面通知招标人。招标人已收取投标保证金的，应当自收到投标人书面撤回通知之日起 5 日内退还。投标截止后投标人撤销投标文件的，招标人可以不退还投标保证金。招标人最迟应当在书面合同签订后 5 日内向中标人和未中标的投标人退还投标保证金及银行同期存款利息。

例题 3-25 分析

（1）各投标公司应交的投标保证金均不应超过 100（5 000×0.2%）万元。

（2）C 公司撤标，招标人应当自收到 C 公司书面撤回通知之日起 5 日内退还投标保证金。D 公司在投标截止日期后撤标，则招标人可以不退还其投标保证金。招标人最迟在签订中标合同后 5 日内向 A、B、E 公司退还投标保证金及银行同期存款利息。

(4) 投标文件的投送

例题 3-26

某重点工程项目计划于 20×0 年 11 月 28 日开工，由于工程复杂，技术难度高，一般施工队伍难以胜任，业主自行决定采取邀请招标方式，并于 20×0 年 8 月 8 日向通过资格预审的 A、B、C、D、E 五家施工承包企业发出了投标邀请书。该五家企业均接受了邀请，并于规定时间段 8 月 20 日—24 日购买了招标文件。招标文件中规定，9 月 15 日下午 3 时是招标文件规定的投标截止时间，10 月 10 日发出中标通知书。在投标截止时间之前，A、B、D、E 四家企业提交了投标文件，但 C 企业于 9 月 15 日下午 5 时才送达，原因是中途堵车。9 月 15 日下午进行了公开开标，评标委员会于 9 月 25 日提出了评标报告。最终，10 月 10 日招标人向 A 企业发出了中标通知书。

问题：
(1) 企业自行决定采取邀请招标方式的做法是否妥当？说明理由。
(2) C 企业投标文件是否有效？说明理由。

投标文件编制好后，应当在招标文件要求提交投标文件的截止日期前，将投标文件送达投标地点。招标人收到投标文件后，应当签收保存，不得开启。投标人少于 3 个的，招标人应当依法重新招标。如果确因招标项目的特殊情况，即使重新招标也无法保证有 3 个以上的承包商、供应商参加投标的，可按照国家有关规定采取其他方式。

《招标投标法》规定，未通过资格预审的申请人提交的投标文件，以及逾期送达或者不按照要求密封的投标文件，招标人应当拒收。招标人应当如实记载投标文件的送达时间和密封情况，并存档备查。

例题 3-26 分析

(1) 依据《招标投标法》第十一条的规定，省、自治区、直辖市人民政府确定的地方重点项目中不适宜公开招标的项目，经过省、自治区、直辖市人民政府批准，方可进行邀请招标。因此，本例业主自行对省重点工程项目决定采取邀请招标方式的做法是不妥的。

(2) C 投标文件无效。《招标投标法》第二十八条规定，在招标文件要求提交投标文件的截止时间后送达的投标文件，招标人应当拒收。本例 C 企业的投标文件送达时间迟于投标截止时间，因此，该投标文件应被拒收。

(5) 投标文件的修改与撤回

投标人在招标文件要求投标文件的截止日期前，可以补充、修改或者撤回已提交的投标文件，并书面通知招标人。补充、修改的内容为投标文件的组成部分，而不是另外的投标文件，招标人不得以此为由拒绝补充或修改材料。

《招标投标实施条例》规定，投标人撤回已提交的投标文件，应当在投标截止时间前书面通知招标人。

(6) 投标文件的送达与签收

《招标投标法》规定，投标人应当在招标文件要求提交投标文件的截止时间前，将投标文件送达投标地点。招标人收到投标文件后,应当签收保存,不得开启。投标人少于3个的,招标人应当依法重新招标。在招标文件要求提交投标文件的截止时间后送达的投标文件,招标人应当拒收。

《招标投标法实施条例》进一步规定,未通过资格预审的申请人提交的投标文件,以及逾期送达或者不按照招标文件要求密封的投标文件,招标人应当拒收。招标人应当如实记载投标文件的送达时间和密封情况,并存档备查。

3.5 开标、评标和中标

3.5.1 开标

例题 3-27

某重点工程项目计划于20×1年9月1日开工,委托招标代理机构公开招标选择承包企业。招标文件中规定,7月15日下午3时是招标文件规定的投标截止时间,8月10日发布中标通知书。经过发布招标公告和资格预审,投标结束后A、B、C、D、E五家施工承包企业通过了资格预审。7月18日下午由当地招投标监督管理办公室主持进行了公开开标。评标委员会成员共由7人组成,其中当地招投标监督管理办公室1人、公证处1人、招标人1人、技术经济方面专家4人。

问题:
(1) 请指出开标工作的不妥之处,并说明理由。
(2) 请指出评标委员会成员组成的不妥之处,并说明理由。

开标是指投标截止后,招标人按照招标文件所确定的时间和地点,开启投标人提交的投标文件,公开宣布投标人的名称、投标价格及投标文件中的其他主要内容的活动。

(1) 开标时间

《招标投标法》规定,开标应当在招标文件确定的提交投标文件截止时间的同一时间公开进行。这一规定是为了防止招标人或者投标人利用投标文件的截止时间以后与开标时间之前的一段时间间隔做手脚,进行暗箱操作。

(2) 开标地点

开标地点应当为招标文件中预先确定的地点。这样所有的投标人都能事先知道开标地点,做好充分准备,按时到达。

(3) 开标的主持人和参加人

开标由招标人或其委托的招标代理机构主持,并邀请所有投标人参加,还可邀请招标主管部门、评标委员会、监察部门的有关人员参加,也可委托公证部门对整个开标过程依法进行公证。

(4) 开标程序

《招标投标法》规定,开标时,由投标人或者其推选的代表检查投标文件的密封情况,也可以由招标人委托的公证机构检查并公证；经确认无误后，由工作人员当众拆封，宣读投标人名称、投标价格和投标文件的其他内容。招标人在招标文件要求提交投标文件的截止时间前收到的所有投标文件，开标时都应当众予以拆封、宣读。开标过程应当记录，并存档备查。

《招标投标法实施条例》进一步规定，招标人应当按照招标文件规定的时间、地点开标。投标人少于3个的，不得开标；招标人应当重新招标。投标人对开标有异议的，应当在开标现场提出，招标人应当当场作出答复，并进行记录。

3.5.2 评标

3.5.2.1 评标、评标委员会

（1）评标

评标，是指依据招标文件的规定和要求，对投标文件进行审查、评审和比较，最终确定中标人的过程。评标是招标投标活动的重要环节，是招标成功的关键，是确定中标人的必要前提。招标人应当采取必要的措施，保证评标在严格保密的情况下进行。任何单位和个人不得非法干预、影响评标的过程和结果。

（2）评标委员会

评标由招标人组建的评标委员会负责。依法必须进行招标的项目，其评标委员会由招标人的代表和有关技术、经济等方面的专家组成，成员人数为五人以上单数，其中技术、经济等方面的专家不得少于成员总数的三分之二。与投标人有利害关系的人不得进入相关项目的评标委员会；已经进入的应当更换。评标委员会名单在中标结果确定前应当保密。

评标委员会的专家应当在相关领域工作满八年或者具有同等专业水平，由招标人从国务院有关部门或者省、自治区、直辖市人民政府有关部门提供的专家名册或者招标代理机构的专家库内的专家名单中确定；一般招标项目可以采取随机抽取方式，特殊招标项目可以由招标人直接确定。

例题3-27分析

（1）开标时间和主持人不妥。

开标应当在招标文件确定的提交投标文件的截止时间公开进行。本案例招标文件规定的投标截止时间是7月15日下午3时，应当在7月15日当天开标，而不应迟至7月18日上午才开标。

《招标投标法》第三十五条规定，开标应由招标人主持，本案例由属于行政监督部门的当地招投标监督管理办公室主持，亦不妥。

（2）评标委员会人员构成的身份和数量不妥。

当地招投标监督管理办公室人员不应担任评标委员会评委。根据《招标投标法》和《评标委员会和评标方法暂行规定》，评标委员会由招标人或其委托的招标代理机构熟悉相关业务的代表，以及有关技术、经济等方面的专家组成。并规定，项目主管部门或者行政监督部门的人员不得担任评标委员会委员。一般而言，公证处人员并不熟悉工程项

目相关业务，当地招投标监督管理办公室属于行政监督部门，显然招投标监督管理办公室员和公证处人员担任评标委员会成员是不妥的。

《招标投标法》还规定，评标委员会技术、经济等方面的专家不得少于成员总数的2/3，而本案例中技术经济方面专家比例为4/7，低于2/3的比例要求。

3.5.2.2 评标要求

例题 3-28

某大型工程建设项目招标评标过程中，评标委员会对投标报价的评审有以下不同的做法。

A. 投标文件中的大写金额和小写金额不一致的，以大写金额为准；
B. 总价金额与单价金额不一致的，以总价金额为准；
C. 对不同文字文本投标文件的解释发生异议的，以中文文本为准；
D. 发现投标人的报价明显低于其他投标报价的，作废标处理；
E. 投标文件中的投标报价低于标底合理幅度的，作废标处理。

问题：
以上评审做法是否正确？

（1）评标标准

评标时，评标委员会应当严格按照招标文件确定的评标标准和方法，对投标文件进行评审和比较；设有标底的，应当参考标底。

招标项目设有标底的，招标人应当在开标时公布。标底只能作为评标的参考，不得以投标报价是否接近标底作为中标条件，也不得以投标报价超过标底上下浮动范围作为否决投标的条件。任何未在招标文件中列明的标准和方法，均不得采用，对招标文件中已列明的标准和方法，不得有任何改变。

（2）独立评标

《招标投标法实施条例》进一步规定，评标委员会成员应当依照招标投标和《招标投标法实施条例》的规定，按照招标文件规定的评标标准和方法，客观、公正地对投标文件提出评审意见。招标文件没有规定的评标标准和方法不得作为评标的依据。评标委员会成员不得私下接触投标人，不得收受投标人给予的财务或者其他好处，不得向招标人征询确定中标人的意向，不得接受任何单位和个人明示或者暗示提出的倾向或者排斥特定投标人的要求，不得有其他不客观、不公正履行职务的行为。

（3）标价的确认

《政府采购货物和服务招标投标管理办法》第五十九条规定：投标文件报价出现前后不一致的，除招标文件另有规定外，按照下列规定修正：①投标文件中开标一览表（报价表）内容与投标文件中相应内容不一致的，以开标一览表（报价表）为准；②大写金额和小写金额不一致的，以大写金额为准；③单价金额小数点或者百分比有明显错位的，以开标一览表的总价为准，并修改单价；④总价金额与按单价汇总金额不一致的，以单价金额计算结果为准。同时出现两种以上不一致的，按照前款规定的顺序修正。修改后的报价按照本办法第五十一条第二款的规定经投标人确认后产生约束力，投标人不确认的，其投标无效。

(4) 投标文件的澄清

投标文件中有含义不明确的内容、明显文字或者计算错误，评标委员会认为需要投标人作出必要澄清、说明的，应当书面通知该投标人。投标人的澄清、说明应当采用书面形式，并不得超出投标文件的范围或者改变投标文件的实质性内容。评标委员会不得暗示或者诱导投标人进行澄清、说明，不得接受投标人主动提出的澄清、说明。

例题 3-28 分析

A、C 做法正确。

投标文件中的大写金额和小写金额不一致的，以大写金额为准，故 A 正确；总价金额与单价金额不一致的，以单价金额为准，但单价金额小数点有明显错误的除外，故 B 错误；对不同文字文本投标文件的解释发生异议的，以中文文本为准，C 正确。在评标过程中，评标委员会发现投标人的报价明显低于其他投标报价或者在设有标底时明显低于标底，使得其投标报价可能低于其个别成本的，应当要求该投标人作出书面说明并提供相关证明材料，而不是直接作废标处理。根据《房屋建筑和市政基础设施工程施工招标投标管理办法》的规定，有下列情形之一的，评标委员会可以要求投标人作出书面说明并提供相关材料：不设标底的，投标报价低于标底合理幅度的；设有标底的，投标报价明显低于其他投标报价，有可能低于其企业成本的。故 D、E 错误。

3.5.2.3 评标程序

例题 3-29

某房地产公司计划在北京开发某住宅项目，采用公开招标的形式，A、B、C、D、E 共 5 家施工单位领取了招标文件，招标文件规定 20×0 年 1 月 20 日上午 10：30 为投标文件接收截止时间。在提交投标文件的同时，需投标单位提交投标保证金 20 万元。

在 20×0 年 1 月 20 日，A、B、C、D 这 4 家投标单位在上午 10：30 前将投标文件送达，E 单位在上午 11：00 送达。各单位均按招标文件提交了投标保证金。在上午 10：25 时，B 单位向招标人递交了一份投标价格下降 5% 的书面说明。

在开标过程中，招标人发现 C 单位的标袋密封处仅有投标单位公章，没有法定代表人印章或签字。

问题：

B 单位向招标人递交的书面说明是否有效？C、E 两家单位标书是否为有效标？

(1) 初步评审

评标委员会以招标文件为依据，审查各投标书是否响应了招标文件的实质性要求，来确定标书的有效性。初评的主要包括如下内容：

①投标人的资格；
②投标保证有效性；
③报送资料的完整性；
④投标书与招标文件的要求有无实质性的背离；
⑤报价计算的正确性。

招标项目设有标底的，招标人应当在开标时公布。标底只能作为评标的参考，不得以投标报价是否接近标底作为中标条件，也不得以投标报价超过标底上下浮动范围作为否决投标的条件。

有下列情形之一的，评标委员会应当否决其投标：
①投标文件未经投标单位盖章和单位负责人签字；
②投标联合体没有提交共同投标协议；
③投标人不符合国家或者招标文件规定的资格条件；
④同一投标人提交两个以上不同的招标文件或者投标报价，但招标文件要求提交备选投标的除外；
⑤投标报价低于成本或者高于招标文件设定的最高投标限价。在评标过程中，评标委员会发现投标人的报价明显低于其他投标标价或者在设有标底时明显低于标底，应当要求该投标人作出书面说明并提供相关证明材料。投标人不能合理说明或者提供相关证明材料的，由评标委员会认定该投标以低于成本报价竞标，其投标应作废标处理；
⑥投标文件没有对招标文件的实质性要求和条件作出响应。所谓实质上响应招标文件的要求，就是其投标文件应该与招标文件的所有条款、条件和规定相符，无显著差异或保留。显著差异或保留是指对工程的发包范围、质量标准、工期、计价标准、合同条件及权利义务产生实质性的影响；如果投标文件实质上不响应招标文件的要求或不符合招标文件的要求，将被认定为无效标；
⑦投标人有串通投标、弄虚作假、行贿等违法行为。投标文件中有含义不明确的内容、明显文字或者计算错误，评标委员会认为需要投标人作出必要澄清、说明的，应当书面通知该投标人。投标人的澄清、说明应当采用书面形式，并不得超出投标文件的范围或者改变投标文件的实质性内容。评标委员会不得暗示或者诱导投标人作出澄清、说明，不得接受投标人主动提出的澄清、说明。

（2）详细评审

详细评审是指评标委员会根据招标文件确定的评标标准和方法，对经过初步评审合格的投标文件的技术部分、商务部分进行进一步的评审和比较，确定投标文件的竞争性。

详细评审通常分为两个部分：技术标评审和商务标评审。评标方法包括经评审的最低投标标价法、综合评估法或者法律、行政法规循序的其他评价方法。其中，经评审的最低投标价法一般适用于具有通用技术、性能标准或者招标人对其技术、性能没有特殊要求的招标项目。不宜采用经评审的最低投标价法的招标项目，应当采用综合评估法。根据综合评估法，最大限度地满足招标文件中规定的各项评价标准，可以采取折算为货币的方法、打分的方法或者其他方法。需量化的因素以及权重应当在招标文件中明确规定。

例题 3-29 分析

B单位向招标人递交的书面说明有效。根据《招标投标法》的规定，投标人在招标文件要求提交投标文件的截止时间前，可以补充、修改或者撤回已提交的投标文件，补充、修改的内容作为投标文件的组成部分。在此次招投标过程中，C、E两家标书为无效标。C单位因投标书只有单位公章未有法定代表人印章或签字，不符合《招标投标法》的要求，为废标；E单位未能在投标截止时间前送达投标文件，按规定应作为废标处理。

3.5.2.4 评标结果

评标完成后，评标委员会应当向招标人提交书面评标报告和中标候选人名单。中标候选人应不超过3个，并标明排序。评标报告应当由评标委员会全体成员签字。对评标结果有不同意见的评标委员会成员应当以书面形式说明其不同意见和理由，评标报告应当注明该不同意见。评标委员会成员拒绝在评标报告上签字又不书面说明其不同意见和理由的，视为同意评标结果。

3.5.3 中标

例题 3-30

20×8年11月22日某省A房地产开发公司就一住宅建设项目进行公开招标，某省B建筑公司与其他三家建筑公司共同参加了投标。结果B建筑公司中标。20×8年12月14日，A房地产公司就该项工程建设向B建筑公司发出中标通知书。该通知书载明：工程建筑面积74 781 m²，中标造价人民币8 000万元，要求12月25日签订工程承包合同，12月28日开工。中标通知书发出后，B建筑公司按A房地产公司的要求提出，为抓紧工期，应该先做好施工准备，后签工程合同。A房地产公司也同意了这个意见。之后，B建筑公司安排施工队伍进入现场，平整了施工场地，将打桩桩架运入现场，并配合A房地产公司在12月28日打了两根桩，完成了项目的开工仪式。

但是，工程开工后，还没有等到正式签订承包合同，双方就因为对合同内容的意见不一致而发生了争议。A房地产公司要求B建筑公司将工程中的一个专项工程分包给自己信赖的C公司，而B建筑公司以招标文件没有要求必须分包而拒绝。20×9年3月1日，A房地产公司明确函告B建筑公司："将另行落实施工队伍。"无可奈何的B建筑公司只得诉至某省某市中级人民法院，在法庭上B建筑公司指出，A房地产公司既已发出中标通知书，就表明招投标过程中的要约已经承诺，按招投标文件和《建设工程施工合同（示范文本）》的有关规定，签订工程承包合同是A房地产公司的法定义务。因此，B建筑公司要求A房地产公司继续履行合同，并赔偿损失560万元。但A房地产公司辩称：虽然已发了中标通知书，但这个文件并无合同效力，且双方的合同尚未签订，因此双方还不存在合同上的权利义务关系，A房地产公司有权另行确定合同相对人。

最后，一审法院认定 A 房地产公司违约，并判决由 A 房地产公司赔偿 B 建筑公司经济损失 196 万元。判决后，双方都没有上诉。

问题：

本案例中法院的裁决是否正确？

(1) 确定中标人

《招标投标法》规定，招标人根据评标委员会提出的书面评标报告和推荐的中标候选人确定中标人。招标人也可以授权评标委员会直接确定中标人。

中标人的投标应当符合下列条件之一。

①能够最大限度地满足招标文件中规定的各项综合评价标准；

②能够满足招标文件的实质性要求，并且经评审的投标价格最低，但是投标价格低于成本的除外。在确定中标人前，招标人不得与投标人就投标价格、投标方案等实质性内容进行谈判。

《国务院办公厅关于促进建筑业持续健康发展的意见》（国办发〔2017〕19 号）中规定，对采用常规通用技术标准的政府投资工程，在原则上实行最低价中标的同时，有效发挥履约担保的作用，防止恶意低价中标，确保工程投资不超预算。

《招标投标法实施条例》还规定，国有资金占控股或者主导地位的依法必须进行招标的项目，招标人应当确定排名第一的中标候选人为中标人。排名第一的中标候选人放弃中标、因不可抗力不能履行合同、不按照招标文件要求提交履约保证金，或者被查实存在影响中标结果的违法行为等情形，不符合中标条件的，招标人可以按照评标委员会提出的中标候选人名单排序依次确定其他中标候选人为中标人，也可以重新招标。

中标候选人的经营、财务状况发生较大变化或者存在违法行为，招标人认为可能影响其履约能力的，应当在发出中标通知书前由原评标委员会按照招标文件规定的标准和方法审查确认。

(2) 中标通知书

中标人确定后，招标人应向中标人发出中标通知书，并同时将中标结果通知所有未中标的投标人。中标通知书发出后，即对招标人和中标人产生法律效力。

(3) 签订书面合同

招标人和中标人应当自中标通知书发出之日起 30 日内，按照招标文件和中标人的投标文件订立书面合同。招标人和中标人不得再行订立背离合同实质性内容的其他协议。

《最高人民法院关于审理建设工程施工合同纠纷案件适用法律问题的解释（一）》（法释〔2020〕25 号）规定，当事人签订的建设工程施工合同与招标文件、投标文件、中标通知书载明的工程范围、建设工期、工程质量、工程价款不一致，一方当事人请求将招标文件、投标文件、中标通知书作为结算工程价款的依据的，人民法院应予支持。

发包人将依法不属于必须招标的建设工程进行招标后，与承包人另行订立的建设工程施工合同背离中标合同的实质性内容，当事人请求以中标合同作为结算建设工程价款依据的，人民法院应予支持，但发包人与承包人因客观情况发生了在招标投标时难以预见的变化而另行订立建设工程施工合同的除外。

《国家发展改革委关于加强基础设施建设项目管理 确保工程安全质量的通知》（发改

投资规〔2021〕910号）规定，项目招标投标确定的中标价格要体现合理造价要求，杜绝造价过低带来的安全质量问题。

例题3-30 分析

《招标投标法》第四十五条规定："中标通知书对招标人和中标人具有法律效力。中标通知书发出后，招标人改变中标结果的，或者中标人放弃中标项目的，应当依法承担法律责任。"第四十六条规定："招标人和中标人应当自中标通知书发出之日起三十日内，按照招标文件和中标人的投标文件签订书面合同。"因此，如果双方最终没有签订合同，则应当有一方对此承担法律责任。

在正常情况下，合同的内容都应当在招标文件和投标文件中体现出来。但是，在这一过程中，招标人处于主动地位，投标人只是按照招标文件的要求编制投标文件。如果投标文件不符合招标文件的要求，则应当视为废标。因此，一旦出现招标文件和投标文件都没有约定合同内容的情况，应当属于招标文件的缺陷。此时的处理原则可以使用《民法典》规定：第一，双方协议补充；第二，按照合同有关条款或者交易习惯确定；第三，适用《民法典》第五百一十条的规定。就本案例而言，一般情况下，承包人（B建筑公司）应当自己完成发包的全部工作内容，承包的内容进行分包则为特殊情况；况且，我国立法并不鼓励发包人（A房产公司）指定分包。因此，一般情况下不进行分包是交易习惯。如果A房产公司拒绝签订合同，应当承担法律责任。本案例法院的裁决是正确的。

（4）提交招投标报告

强制招标的项目，招标人应自确定中标人之日起15日内，向有关行政监督部门提交招标投标报告。这是国家对招标投标活动所进行的监督活动之一。招标投标活动是个复杂的过程，要消耗较长的时间，相关行政监督部门不可能到每个项目招标的过程中去监督。为了了解招投标的情况，只能借助于招标人主动汇报的方式进行监管。

（5）履行合同及中标人的法定义务

中标人应当按照承包合同约定履行义务，完成中标项目。中标人不得向他人转让中标项目，也不得将中标项目肢解后分别向他人转让。

中标人按照合同约定或者经招标人同意，可以将中标项目的部分非主体、非关键性工作分包给他人完成。接受分包的单位应当具备相应的资质条件，并不得再次分包。中标人应当就分包项目向招标人负责，接受分包的单位就分包项目向招标人承担连带责任。

（6）履约保证金

《招标投标法》规定，招标文件要求中标人提交履约保证金的，中标人应当提交。《招标投标法实施条例》进一步规定，履约保证金不得超过中标合同金额的10%。中标人应当按照合同约定履行义务，完成中标项目。

《国务院办公厅关于促进建筑业持续健康发展的意见》还规定，引导承包企业以银行保函或担保公司保函的形式，向建设单位提供履约担保。

（7）终止招标

《招标投标法实施条例》规定，招标人终止招标的，应当及时发布公告，或者以书面形式通知被邀请的或者已经获取资格预审文件、招标文件的潜在投标人。已经发售资格预审文件、招标文件或者已经收取投标保证金的，招标人应当及时退还所收取的资格预审文件、招标文件的费用，以及所收取的投标保证金及银行同期存款利息。

课后习题

一、单项选择题

1. 根据《必须招标的工程项目规定》的规定，属于工程建设项目招标范围的工程建设项目，施工单项目合同估算价在（　　）人民币以上的，必须进行招标。
   A. 50 万元　　　B. 100 万元　　　C. 150 万元　　　D. 200 万元

2. 在依法必须进行招标的工程范围内，对于重要设备、材料等货物的采购，其单项合同估算价在（　　）万元人民币以上的，必须进行招标。
   A. 50　　　　　B. 100　　　　　C. 150　　　　　D. 200

3. 按照招投标公开程度的不同，工程施工招标分为（　　）。
   A. 指定招标和公开招标　　　　　B. 全部招标和部分招标
   C. 公开招标、邀请招标和议标　　D. 公开招标和邀请招标

4. 根据《招标投标法》及有关规定，下列项目不属于必须招标的工程建设项目范围的是（　　）。
   A. 某城市的地铁工程　　　　　　B. 国家博物馆的维修工程
   C. 某省的体育馆建设项目　　　　D. 张某给自己建的别墅

5. 在招标活动的基本原则中，招标人不得以任何方式限制或者排斥本地区、本系统以外的法人或者其他组织参加投标，体现了（　　）。
   A. 公开原则　　B. 公平原则　　C. 公正原则　　D. 诚实信用原则

6. 下列选项中，（　　）不符合《招标投标法》关于联合体各方资格的规定。
   A. 联合体各方均应具备承担招标项目的相应能力
   B. 招标文件对投标人资格条件规定的，联合体各方均应当具备规定的相应资格条件
   C. 由同一专业的单位组成的联合体，按照资质等级较高的单位确定资质等级
   D. 由同一专业的单位组成的联合体，按照资质等级较低的单位确定资质等级

7. 如果甲、乙组成的联合体中标，且在施工过程中由于乙公司所用施工技术不当出现了质量问题而遭到业主30万元索赔，则以下不符合法律规定的说法是（　　）。
   A. 虽质量事故是乙的技术所致，但联合承包体双方对承包合同的履行承担连带责任，甲或乙无权拒绝业主单独向其提出的索赔要求
   B. 共同投标协议约定甲、乙各承担50%的责任，业主只能分别向甲、乙各索赔15万元
   C. 业主既可要求甲承担赔偿责任，也可要求乙承担赔偿责任
   D. 若乙先行赔付业主30万元，乙可以向甲追偿15万元

8. 甲、乙两家为同一专业的工程承包公司，其资质等级依次为一级、二级。两家组成联合体，共同投标一项工程，该联合体资质等级应（　　）。
   A. 以甲公司的资质为准　　　　　B. 以乙公司的资质为准
   C. 由主管部门重新评定资质　　　D. 以该工程所要求的资质为准

9. 下列选项中，不属于投标人实施的不正当行为的是（　　）。

A. 投标人以低于成本的报价竞标
B. 招标者预先内定中标者，在确定中标者时以此决定取舍
C. 投标人以高于成本10%以上的报价竞标
D. 投标者之间进行内部竞价，内定中标人，再参加投标

10. 根据《招标投标法》的规定，下列说法符合开标程序的是（　　）。
A. 开标地点由招标人在开标前通知
B. 开标应当在招标文件确定的提交投标文件截止时间的同一时间公开进行
C. 开标由建设行政主管部门主持，邀请中标人参加
D. 标由建设行政主管部门主持，邀请所有投标人参加

11. 下列选项中，（　　）不是投标人以非法手段骗取中标的表现。
A. 以行贿方式谋取中标
B. 投标时递交虚假业绩证明、资格文件
C. 借用其他企业的资质证书参加投标
D. 投标文件中故意在商务上和技术上采用模糊的语言骗取中标，中标后提供劣质货物、工程或服务

12. 评标委员会由招标人的代表和有关技术、经济方面的专家组成，成员为5人以上单数，其中经济、技术等方面的专家不得少于成员总数的（　　）。
A. 三分之二　　　B. 二分之一　　　C. 三分之一　　　D. 四分之三

13. 在不违反《招标投标法》有关规定的条件下，评标委员会的总成员数是9人，则该评标委员会中技术、经济等方面的专家应不少于（　　）人。
A. 3　　　B. 4　　　C. 5　　　D. 6

14. 某招标人于20×7年4月1日向中标人发出了中标通知书。根据相关法律规定，招标人和中标人应在（　　）前订立书面合同。
A. 20×7年4月15日　　　B. 20×7年5月1日
C. 20×7年5月15日　　　D. 20×7年4月16日

15. 招标程序有：①成立招标组织；②发布招标公告或发出招标邀请书；③编制招标文件和标底；④组织投标单位踏勘现场，并对招标文件答疑；⑤对投标单位进行资质审查，并将审查结果通知各申请投标者；⑥发售投标文件。则下列招标程序排序正确的是（　　）。
A. ①②③⑤④⑥　　B. ①③②⑥⑤④　　C. ①③②⑤⑥④　　D. ①⑤⑥②③④

16. 关于建筑工程的发包、承包方式，下列说法正确的是（　　）。
A. 建筑工程实行直接发包的，应当发包给报价最低的承包单位
B. 建筑企业集团公司可以允许所属法人公司以其名义承揽工程
C. 发包单位有权将项目的勘察、设计、施工、设备采购一并发包给一个总承包单位
D. 发包单位有权将地基基础、主体结构、屋面工程分别发包给具有相应资质的承包单位

17. 某酒店项目经公开招标，由某施工单位承建，包工包料。施工过程中，建设单位提出，为确保外墙涂层质量，将施工单位已订购的某小厂生产的涂料更换为另一物美价廉的著名进口涂料。根据《建筑法》及其他有关规定，（　　）。
A. 建设单位通过设计单位修改设计文件后，可以更换
B. 建设单位通过监理工程师签字认可后，可以更换
C. 施工单位有权拒绝更换

D. 如施工单位同意更换，更换后的外墙涂料由建设单位负责检验

18. 甲施工单位与乙施工单位联合承包某市政工程，双方约定甲承担基础施工，乙承担路面施工，并要求各方对自己施工的工程质量承担全部责任。现甲的工作任务已通过验收并已退场，在后续施工过程中，乙公司发生质量事故给建设单位造成50万元损失，建设单位要求甲公司承担全部损失。下列正确的表述是（　　）。

A. 由于基础工程已通过验收，甲有权拒绝建设单位的无理要求
B. 建设单位应首先要求乙赔偿，不足部分才可以要求甲承担连带赔偿责任
C. 甲有权申请事故鉴定，然后按责任比例对建设单位承担损失
D. 甲应向建设单位先行赔付全部损失

19. 根据《建设工程质量管理条例》的规定，下列行为不属于违法分包的是（　　）。

A. 分包商不具备相应资质条件但建设单位认可
B. 分包商具备相应资质条件但建设单位不认可
C. 经建设单位同意，总承包单位将主体结构中的钢筋绑扎任务分包给某公司
D. 经总承包单位同意，分包单位将部分工程再分包给另一公司

20. 我国对工程总承包不设立专门的资质，但承接施工总承包业务的企业必须取得（　　）资质。

A. 勘察　　　　B. 设计　　　　C. 施工　　　　D. 项目管理

二、多项选择题

1. 甲施工企业总承包了一个高档酒店工程，经建设单位同意，将其中的大堂装修工程分包给符合资质条件的乙装饰公司，分包合同写明：大堂装修工程质量完全由乙方负责。以下说法正确的有（　　）。

A. 该分包合同约定无效
B. 该分包合同约定有效
C. 该分包合同约定不得对抗建设单位
D. 分包工程出现质量问题，建设单位可以要求总承包单位赔偿全部损失
E. 总承包单位向建设单位赔偿损失后，可以依据分包合同约定向分包单位追偿

2. 甲施工单位（总包单位）将部分非主体工程分包给具有相应资质条件的乙施工单位，且已征得建设单位同意。下面关于该分包行为的说法正确的有（　　）。

A. 甲必须向上级主管部门批准备案
B. 甲就分包工程质量和安全对建设单位承担连带责任
C. 乙应按照分包合同的约定对甲负责
D. 建设单位必须与乙重新签订分包合同
E. 建设单位必须重新为分包工程办理施工许可证

3. 按照2003年建设部发布的《关于培育发展工程总承包和工程项目管理企业的指导意见》，工程总承包主要有（　　）方式。

A. 采购—施工总承包（P-C）　　　　B. 设计—施工总承包（D-B）
C. 设计—试运行（E-B）　　　　　　D. 设计—采购总承包（E-P）
E. 设计采购施工（EPC）/交钥匙总承包

4. 下列关于招标代理的说法中正确的有（　　）。

A. 招标代理机构是建设行政主管部门所属的专门负责招标投标代理工作的机构

B. 招标代理机构是社会中介组织
C. 招标代理机构必须有相应专业力量
D. 建设行政主管部门有权指定招标代理机构
E. 所有的招标都必须委托招标代理机构进行

5. 下列关于评标的说法中，符合我国招标投标法关于评标有关规定的有（　　）。
A. 招标人应当采取必要的措施，保证评标在严格保密的情况下进行
B. 评标委员会完成评标后，应当向招标人提交书面评标报告并决定合格的中标候选人
C. 招标人可以授权评标委员会直接确定中标人
D. 经评标委员会评审，认为所有投标都不符合招标文件要求的，可以否决所有投标
E. 任何单位和个人不得非法干预、影响评标的过程和结果

4 建设工程合同法律制度

知识目标

◇ 了解建筑工程合同的概念、分类及订立的基本原则
◇ 了解违约责任的概念及规则原则
◇ 熟悉建筑工程合同的主要条款、建筑工程合同担保的形式
◇ 掌握建筑工程合同的订立程序、合同生效的要件及无效合同的认定与处理
◇ 掌握建筑工程合同的变更、转让与权利义务终止，违约责任承担方式

技能目标

◇ 能够运用所学的基本知识正确订立建筑工程合同，并能正确履行合同、进行合同担保
◇ 能够运用招投标知识分析、判断建筑工程合同的违约责任
◇ 具备依法进行索赔的能力
◇ 具有通过职业资格考试的能力

案例导入与分析

案例1 合同被确认无效或撤销的法律后果

案情简介 丙、丁两公司于20×0年9月1日签订一份合同，约定由丙公司向丁公司提供建筑工地所用水泥10吨，交货后丁公司支付货款。在订立合同的过程中，丙公司对水泥的质量提供了虚假证明。9月15日，丙公司交付了5吨水泥，丁公司收货以后发现质量有问题而拒绝付款，并拒绝接受剩余的水泥。因没能及时买进水泥，造成丁公司停工损失共计10万元，该合同没有对国家和社会利益造成影响。9月30日，丁公司向法院起诉，要求废止该合同，法院于11月5日经审理废止了该合同。

请回答：
(1) 该合同效力如何？
(2) 如果该合同不具有法律效力，那么从何时开始不具有法律效力？
(3) 该合同所引起的财产后果应该如何处理？

案例分析

（1）该合同属于可撤销合同。

根据《民法典》的规定，一方以欺诈、胁迫的手段或乘人之危，使对方在违背真实意思的情况下订立的合同，属于可撤销合同。所以，该合同属于可撤销合同。

（2）从9月1日起不具有法律效力。

《民法典》规定，无效的或者被撤销的民事法律行为自始没有法律约束力。

（3）丁公司已经收到的5吨水泥返还，不能返还的可以折价补偿；丙公司应该赔偿丁公司的损失10万元。

案例2　合同成立的要件

案情简介　甲建筑公司（以下简称甲公司）拟向乙建材公司（以下简称乙公司）购买一批钢材。双方经过口头协商，约定购买钢材100吨，单价每吨3 500元人民币，并拟定了准备签字盖章的买卖合同文本。乙公司签字盖章后，交给了甲公司签字盖章。由于施工进度紧张，在甲公司催促下，乙公司在未收到甲公司签字盖章的合同文本的情形下，将100吨钢材送到甲公司工地现场。甲公司接受了并投入工程使用。后因拖欠货款，双方产生了纠纷。

请回答：

甲、乙公司的买卖合同是否成立？

案例分析

《民法典》规定，当事人采用书面合同形式订立合同的，自当事人均签字、盖章时合同成立。在签字、盖章或者按指印之前，当事人一方已经履行主要义务，对方接受时，该合同成立。

双方当事人在合同上签字盖章十分重要。如果没有双方当事人的签字盖章，就不能最终确定当事人对合同的内容协商一致，也难以证明合同的成立有效。但是，双方当事人的签字盖章仅是形式问题，如果一个以书面形式订立的合同已经履行，仅仅是没有签字盖章，就认定合同不成立，则违背了当事人的真实意思。当事人既然已经履行义务，合同当然依法成立。

4.1　建筑工程合同概述

4.1.1　合同的法律特征

《民法典》规定，合同是民事主体之间设立、变更、终止民事法律关系的协议。

合同具有以下法律特征：

①合同是一种法律行为；

②合同的当事人法律地位一律平等，双方自愿协商，任何一方不得将自己的观点、主张强加给另一方；

③合同的目的性在于设立、变更、终止民事权利义务关系；

④合同的成立必须有两个以上当事人；

⑤两个以上当事人不仅作出意思表示，而且意思表示是一致的。

4.1.2 合同的订立原则

合同的订立，应当遵循自愿原则、公平原则、诚信原则、合法及不得违背公序良俗原则，以及有利于节约资源、保护生态环境原则。

(1) 自愿原则

《民法典》规定，民事主体从事民事活动，应当遵循自愿原则，按照自己的意思设立、变更、终止民事法律关系。

自愿原则体现了民事活动的基本特征，是民事法律关系区别于行政法律关系、刑事法律关系的特有原则。自愿原则贯穿于合同活动的全过程，包括订不订立合同自愿，与谁订立合同自愿，合同内容由当事人在不违法的情况下自愿约定，在合同履行过程中当事人可以补充、变更有关内容，双方也可以解除合同，可以约定违约责任，以及自愿选择解决争议的方式。总之，只要不违背法律、行政法规强制性的规定，合同当事人有权自愿决定，任何单位和个人不得非法干预。

(2) 公平原则

《民法典》规定，民事主体从事民事活动，应当遵循公平原则，合理确定各方的权利和义务。

公平原则主要包括：①订立合同时，要根据公平原则确定双方的权利和义务，不得欺诈，不得假借订立合同恶意进行磋商；②根据公平原则确定风险的合理分配；③根据公平原则确定违约责任。

公平原则作为合同当事人的行为准则，可以防止当事人滥用权利，保护当事人的合法权益，维护和平衡当事人之间的利益。

(3) 诚信原则

《民法典》规定，民事主体从事民事活动，应当遵循诚信原则，秉持诚实，恪守承诺。

诚信原则主要包括：①订立合同时，不得有欺诈或其他违背诚实信用的行为；②履行合同义务时，当事人应当根据合同的性质、目的和交易习惯，履行及时通知、协助、提供必要条件、防止损失扩大、保密等义务；③合同终止后，当事人应当根据交易习惯，履行通知、协助、保密等义务，也称为后契约义务。

(4) 合法及不得违背公序良俗原则

《民法典》规定，民事主体从事民事活动，不得违反法律，不得违背公序良俗。

一般来讲，合同的订立和履行，属于合同当事人之间的民事权利义务关系，只要当事人的意思不与法律规范、社会公序良俗相抵触，即承认合同的法律效力。对于损害社会公共利益、扰乱社会经济秩序的行为，国家应当予以干预，但这种干预要依法进行，由法律、行政法规作出规定。

(5) 有利于节约资源、保护生态环境原则

《民法典》规定，民事主体从事民事活动，应当有利于节约资源、保护生态环境。

有利于节约资源、保护生态环境原则是一项限制性的"绿色原则"，即民事主体在从事民事行为过程中，不仅要遵循自愿、公平、诚信原则，不得违反法律和违背公序良俗，还必须要兼顾社会环境公益，有利于节约资源和生态环境保护。否则，将不受到法律的保护与支持。

4.1.3 合同的分类

合同的分类是指按照一定的标准将合同划分成不同的类型。合同的分类，有利于当事人找到能达到交易目的的合同类型，订立符合自己愿望的合同条款，便于合同的履行，也有助于司法机关在处理合同纠纷时准确匹配适用法律，正确处理合同纠纷。

例题 4-1

兰天模具厂拟将原有厂房重新改造、扩建，为了节省投资向原来参加建设的施工企业求助。该模具厂主要领导找到原来的施工企业，要求施工企业承担扩建工程的勘察、设计和施工。施工企业因为模具厂出价太低极不情愿，但因为原来建厂房的工程款还有部分拖欠未还，而偿还的前提是：将改造扩建部分完成并投产，剩余款全部结清。施工企业只好无奈地应承下来。为了防止工程款再次被拖欠，施工企业要求与模具厂签订一份价款不变且按月支付的合同，模具厂同意该请求。由于施工企业没有设计和钢结构施工的资质，在征得模具厂同意的情况下，施工企业委托甲公司勘察、乙公司设计，丙公司承担钢结构安装。

问题：
（1）有承包关系的单位之间，其工程合同属于哪种类型的合同？
（2）合同签订是否符合《民法典》的基本原则？

（1）有名合同和无名合同

根据法律是否明文规定了一定合同的名称，可以将合同分为有名合同与无名合同。

有名合同又称典型合同，是指法律上已确定了一定的名称及具体规则的合同。《民法典》中所规定的19类合同，都属于有名合同，如建设工程合同等。

无名合同又称非典型合同，是指法律上尚未确定一定的名称与规划的合同。合同当事人可以自由决定合同的内容，即使当事人订立的合同不属于有名合同的范围，只要不违背法律的禁止性规定和社会公共利益，仍然是有效的。

有名合同与无名合同的区分意义，主要在于两者适用的法律规则不同。对于有名合同，应当直接适用《民法典》的相关规定，如建设工程合同直接适用《民法典》中"建设工程合同"的规定。对于无名合同，首先应当适用《民法典》的一般规则，然后可比照最相似的有名合同的规则，确定合同效力、当事人权利义务等。

（2）双务合同与单务合同

根据合同当事人是否互相负担给付义务，可以将合同分为双务合同和单务合同。

双务合同，是指当事人双方互负对待给付义务的合同，即双方当事人互享债权、互负债务，一方的合同权利正好是对方的合同义务，彼此形成对价关系。

单务合同，是指合同当事人中仅有一方负担义务，而另一方只享有合同权利的合同。例如，在赠与合同中，受赠人享有接受赠与物的权利，但不负担任何义务。无偿委托合同、无偿保管合同均属于单务合同。

(3) 诺成合同与实践合同

根据合同的成立是否需要交付标的物，可以将合同分为诺成合同和实践合同。

诺成合同又称不要物合同，是指当事人双方意思表示一致就可以成立的合同。大多数的合同属于诺成合同，如建设工程合同、买卖合同、租赁合同等。

实践合同又称要物合同，是指除当事人双方意思表示一致以外，尚须交付标的物才能成立的合同，如保管合同。

(4) 要式合同与不要式合同

根据法律对合同的形式是否有特定要求，可以将合同分为要式合同与不要式合同。

要式合同，是指根据法律规定必须采用特定形式的合同。如《民法典》规定，建设工程合同应当采用书面形式。

不要式合同，是指当事人订立的合同依法并不需要采取特定的形式，当事人可以采取口头方式，也可以采取书面形式或其他形式。

(5) 有偿合同与无偿合同

根据合同当事人之间的权利义务是否存在对价关系，可以将合同分为有偿合同与无偿合同。

有偿合同，是指一方通过履行合同义务而给对方某种利益，对方要得到该利益必须支付相应代价的合同，如建设工程合同等。

无偿合同，是指一方给付对方某种利益，对方取得该利益时并不支付任何代价的合同，如赠与合同等。

(6) 主合同与从合同

根据合同相互间的主从关系，可以将合同分为主合同与从合同。

主合同是指能够独立存在的合同；依附于主合同方能存在的合同为从合同。例如，发包人与承包人签订的建设工程施工合同为主合同，为确保该主合同的履行，发包人与承包人签订的履约保证合同为从合同。

例题4-1分析

(1) 有承包关系的单位之间，其工程合同属于有名合同、双务合同、诺成合同、要式合同、有偿合同、主合同。

(2) 本例中模具厂与施工企业签订合同似乎没有问题，但透过表象却是模具厂压低承包价，施工企业为了将原来承建项目拖欠的工程款索回，才无奈同意签订的合同，因此不符合《民法典》平等自愿的原则。

4.1.4 建设工程合同

《民法典》规定，建设工程合同是承包人进行工程建设，发包人支付价款的合同。

建设工程合同实质上是一种特殊的承揽合同。《民法典》第十八章"建设工程合同"中规定，"本章没有规定的，适用承揽合同的有关规定。"建设工程合同可分为建设工程勘察合同、建设工程设计合同、建设工程施工合同。

4.2 建筑工程合同的订立

4.2.1 合同订立与合同成立

合同订立,是指缔约人进行意思表示并达成一致意见的状态,包括缔约各方自接触、协商、达成协议前讨价还价的整个动态过程和静态过程。合同订立是交易行为的法律运作。

合同成立,是指当事人就合同主要条款达成了合意。合同成立需具备下列条件:①存在两方以上的订约当事人;②订约当事人对合同主要条款达成一致意见。

合同的成立一般要经过要约和承诺两个阶段。《民法典》规定,当事人订立合同,可以采取要约、承诺方式或者其他方式。

4.2.2 要约

> **例题 4-2**
>
> 某建筑设备厂向某建筑公司发出了一份本厂所生产的各种型号建筑设备的广告,你认为该广告是要约还是要约邀请?

要约是希望和他人订立合同的意思表示。发出要约的人称为要约人,接受要约的人称为受要约人。在国际贸易实务中,也称为发盘、发价、报价。

(1) 要约的构成要件

根据《民法典》的规定,要约应符合下列规定。

①内容具体、确定。内容具体,是指要约的内容须具有足以使合同成立的主要条款。如果没有包含合同的主要条款,受要约人难以作出承诺,即使作出了承诺,也会因为不具备合同的主要条款而使合同不能成立。内容确定,是指要约的内容须明确,不能含糊不清,否则无法承诺。

②表明经受要约人承诺,要约人即受该意思表示约束。要约须具有订立合同的意图,表明一经受要约人承诺,要约人即受该意思表示的约束。要约作为表达希望与他人订立合同的一种意思表达,其内容包含了可以得到履行的合同成立所需具备的基本条件。

(2) 要约邀请

《民法典》规定,要约邀请是希望他人向自己发出要约的意思表示,或称为要约引诱。比如拍卖公告、招标公告、招股说明书、债券募集办法、基金招募说明书、商业广告和宣传、寄送的价目表等。商业广告和宣传的内容符合要约条件的,构成要约。

要约邀请可以是向特定人发出,也可以是向不特定的人发出。要约邀请只是邀请他人向自己发出要约,因此,要约邀请处于合同的准备阶段,没有法律约束力。

在建设工程招标投标活动中,招标文件是要约邀请,对招标人不具有法律约束力;投标文件是要约，受自己作出的与他人订立合同的意思表示的约束。

例题4-2分析

根据具体情况确定。如果该广告上仅仅写明了各种型号建筑设备的价格而没有其他内容，则其属于要约邀请；如果该广告的内容除了各种建筑设备的性能和价格外，还包括合同的一般条款，即只要建筑公司同意，双方就可以按照广告上的内容完成设备的采购，则此广告就要视为要约。

（3）要约的法律效力

例题4-3

甲安装公司于20×8年5月6日向乙公司发出购买安装设备的要约，称对方如果同意该要约条件，请在10日内予以答复，否则将另找其他公司签约。第3天正当乙公司准备回函同意要约时，甲安装公司又发一函，称前述要约作废，已与别家公司签订合同，乙公司认为10日尚未届满，要约仍然有效，自己同意要约条件，要求对方遵守要约。双方发生争议，遂诉至法院。

问题：
甲安装公司的要约是否生效？要约能否撤回或撤销？

《民法典》规定，要约生效的时间适用本法第一百三十七条的规定：以对话方式作出的意思表示，相对人知道其内容时生效。以非对话方式作出的意思表示，到达相对人时生效。以非对话方式作出的采用数据电文形式的意思表示，相对人指定特定系统接收数据电文的，该数据电文进入该特定系统时生效；未指定特定系统的，相对人知道或者应当知道该数据电文进入其系统时生效。当事人对采用数据电文形式的意思表示的生效时间另有约定的，按照其约定。

要约的有效期间由要约人在要约中规定。要约人如果在要约中有存续期间，受要约人必须在此期间内承诺。要约可以撤回，但撤回要约的通知应当在要约到达受要约人之前或者与要约同时到达受要约人。要约可以撤销，但撤销要约的通知应当在受要约人发出承诺通知之前到达受要约人。

有下列情形之一的，要约不得撤销：①要约人以确定承诺期限或者其他形式明示要约不可撤销；②受要约人有理由认为要约是不可撤销的，并已经为履行合同做了合理的准备工作。

例题4-3分析

甲安装公司的要约已经生效。
因为，根据《民法典》的规定，要约到达受要约人时生效，甲安装公司发出的要约已经达到受要约人，所以该要约已经生效。
甲安装公司的要约不能撤回也不能撤销。

根据《民法典》的规定，在要约生效前，要约可以撤回，甲安装公司发出的要约已经生效，因此不能撤回。要约人在要约生效后、受要约人承诺前，可以撤销要约，但是《民法典》规定，要约中规定了承诺期限或者以其他形式表明要约是不可撤销的，则要约不能撤销。本例中，甲安装公司的要约称对方如果同意要约条件，请在10日内予以答复，属于要约中明确规定了承诺期限的，所以不得撤销。

4.2.3 承诺

例题 4-4

甲建筑公司将所承揽的施工项目分包给乙建筑公司，双方仅仅口头上约定了合同中的事项而没有签订书面合同。20×0年1月8日，乙建筑公司在完成甲方要求完成的施工项目后要求甲建筑公司支付工程款。甲建筑公司以没有签订书面合同不符合法律规定为由拒绝承担支付工程款的义务。

问题：
你认为甲建筑公司的观点正确吗？

《民法典》规定，承诺是受要约人同意要约的意思表示。如招标人向投标人发出的中标通知书，是承诺。

（1）承诺的方式

承诺应当以通知的方式作出，但根据交易习惯或要约表明可以通过行为作出承诺的除外。这里的行为通常是履行行为，如预付价款、工地上开始工作等。

（2）承诺的生效

《民法典》规定，承诺生效时合同成立，但是法律另有规定或者当事人另有约定的除外。以通知方式作出的承诺，生效的时间适用《民法典》第一百三十七条的规定。承诺不需要通知的，根据交易习惯或者要约的要求作出承诺的行为时生效。

（3）承诺的内容

承诺的内容应当与要约的内容一致。受要约人对要约的内容作出实质性变更的，为新要约。有关合同标的、数量、质量、价款或者报酬、履行期限、履行地点和方式、违约责任和解决争议方法等的变更，是对要约内容的实质性变更。

例题 4-4 分析

不正确。虽然《民法典》中规定"建筑工程合同应当采用书面形式"，但《民法典》中也规定了例外的情况，即"法律、行政法规规定或者当事人约定合同应当采用书面形式订立，当事人未采用书面形式但是一方已经履行主要义务，对方接受时，该合同成立"。因此，虽然乙建筑公司没有与甲建筑公司签订书面形式的建筑工程合同，但其已经履行了主要义务，故该合同仍然成立，甲建筑公司应当支付工程款。

4.3 无效合同和效力待定合同

4.3.1 无效合同

例题 4-5

张某准备将自己闲置的一套住房以 50 万元价格出售给孙某,双方在签订合同的时候,张某提出,为了规避过户时候要缴纳的税费,签订一份 30 万元的合同,对外声称价格为 30 万元,实际价格为 50 万元,这样双方均可以节约一笔可观费用。孙某于是同意。

问题:
双方签订的房屋买卖合同是否具有法律效力?

无效合同是指合同内容或者形式违法了法律、行政法规的强制性规定和社会公共利益,因而不能产生法律的约束力,不受到法律保护的合同。

无效合同的特征是:①具有违法性;②具有不可履行性;③自订立之时就不具有法律效力。

(1) 有效的民事法律行为

《民法典》规定,具备下列条件的民事法律行为有效。

①行为人具有相应的民事行为能力。

《民法典》规定,无民事行为能力人实施的民事法律行为无效。民事行为能力是指民事主体以自己独立的行为去取得民事权利、承担民事义务的能力。自然人的行为能力分三种情况:完全行为能力、限制行为能力、无行为能力。法人的行为能力由法人的机关或者代表行使。

②意思表示真实。

《民法典》规定,行为人与相对人以虚假的意思表示实施的民事法律行为无效。意思表示,是指当事人把设立、变更、终止民事权利、民事义务的内在意愿用一定形式表达出来。意思表示真实,就是民事法律行为必须出于当事人的自愿,反映当事人的真实意思。

③不违反法律、行政法规的强制性规定,不违背公序良俗。

《民法典》规定,违反法律、行政法规的强制性规定的民事法律行为无效。但是,该强制性规定不导致该民事法律行为无效的除外。违背公序良俗的民事法律行为无效。行为人与相对人恶意串通,损害他人合法权益的民事法律行为无效。

法律、行政法规中包含强制性规定和任意性规定。强制性规定排除了合同当事人的意思自由,即当事人在合同中不得协议排除法律、行政法规的强制性规定,否则将构成无效合同。应当指出的是,法律是指全国人大及其常委会颁布的法律,行政法规是指由国务院颁布的法规。在实践中,将仅违反了地方规定的合同认定为无效是违法的。

公序良俗是指民事主体的行为应当遵守公共秩序,符合善良风俗,不得违反国家的公共秩序和社会的一般道德。

当事人超越经营范围订立的合同的效力，应当依照《民法典》的有关规定确定，不得仅以超越经营范围确认合同无效。

例题4-5分析

该合同属于无效合同。根据《民法典》的规定，当事人恶意串通，损害国家、集体或者第三人利益的合同无效，所以该合同无效。

（2）无效的免责条款

免责条款，是指当事人在合同中约定免除或者限制其未来责任的合同条款；免责条款无效，是指没有法律约束力的免责条款。

《民法典》规定，合同中的下列免责条款无效：①造成对方人身损害的；②因故意或者重大过失造成对方财产损失的。

造成对方人身损害就侵犯了对方的人身权，造成对方财产损失就侵犯了对方的财产权。人身权和财产权是法律赋予的权利，如果合同中的条款对此予以侵犯，该条款就是违法条款，这样的免责条款是无效的。

（3）建设工程无效施工合同的主要情形

例题4-6

A建筑公司挂靠于一资质较高的B建筑公司，以B建筑公司名义承揽了一项工程，并与建设单位C公司签订了施工合同。但在施工过程中，由于A建筑公司的实际施工技术力量和管理能力都较差，造成了工程进度的延误和一些工程质量缺陷。C公司以此为由，不予支付余下的工程款。A建筑公司以B建筑公司名义将C公司告上了法庭。

问题：

A建筑公司以B建筑公司名义与C公司签订的施工合同是否有效？

《最高人民法院关于审理建设工程施工合同纠纷案件适用法律问题的解释（一）》规定，建设工程施工合同具有下列情形之一的，应当依据《民法典》第一百五十三条第一款的规定，认定无效。

①承包人未取得建筑业企业资质或者超越资质等级的；

②没有资质的实际施工人借用有资质的建筑施工企业名义的；

③建设工程必须进行招标而未招标或者中标无效的。

承包人因转包、违法分包建设工程与他人签订的建设工程施工合同，应当依据《民法典》第一百五十三条第一款及第七百九十一条第二款、第三款的规定，认定无效。

（4）无效合同的法律后果

根据《民法典》规定，无效的合同或者被撤销的合同自始没有法律的约束力。合同部分无效，不影响其他部分效力的，其他部分仍然有效。

合同无效、被撤销或者终止的，不影响合同中独立存在的有关解决争议方法的条款的效力。

合同无效或者被撤销后，因该合同取得的财产，应当予以返还；不能返还或没有必要返还的，应当折价补偿。有过错的一方应当赔偿对方因此所受到的损失；双方都有过错的，应当各自承担相应的责任。

（5）无效施工合同的工程款结算

《民法典》规定，建设工程施工合同无效，但是建设工程经验收合格的，可以参照合同关于工程价款的约定折价补偿承包人。

建设工程施工合同无效，且建设工程经验收不合格的，按照以下情形处理：①修复后的建设工程经验收合格的，发包人可以请求承包人承担修复费用；②修复后的建设工程经验收不合格的，承包人无权请求参照合同关于工程价款的约定折价补偿。发包人对因建设工程不合格造成的损失有过错的，应当承担相应的责任。

例题 4-6 分析

最高人民法院《关于审理建设工程施工合同纠纷案件适用法律问题的解释（一）》第一条第一款规定，建设工程施工合同具有下列情形之一的，应当依据《民法典》第一百五十三条第一款的规定，认定无效：没有资质的实际施工人借用有资质的建筑施工企业名义的。

4.3.2 效力待定合同

效力待定合同是指合同虽然已经成立，但因其不完全符合有关生效要件的规定，其合同效力能否发生尚未确定，须经法律规定的条件具备才能生效。

例题 4-7

某施工单位从租赁公司租赁了一批工程模板。施工完毕，施工单位以自己的名义将该批模板卖给其他公司。后租赁公司同意将该批模板卖给该施工单位。

问题：

施工单位出卖模板的合同是否有效？

根据《民法典》的规定，效力待定合同有下列几种情形。

（1）限制行为能力人订立的合同

《民法典》规定，限制民事行为能力人实施的纯获利益的民事法律行为或者与其年龄、智力、精神健康状况相适应的民事法律行为有效；实施的其他民事法律行为经法定代理人同意或者追认后有效。

相对人可以催告法定代理人自收到通知之日起30日内予以追认。法定代理人未作表示的，视为拒绝追认。民事法律行为被追认前，善意相对人有撤销的权利。撤销应当以通知的方式作出。

（2）无权代理人订立的合同

行为人没有代理权、超越代理权或者代理权终止后，仍然实施代理行为，未经被代理人追认的，对被代理人不发生效力。

相对人可以催告被代理人自收到通知之日起30日内予以追认。被代理人未作表示的，视为拒绝追认。行为人实施的行为被追认前，善意相对人有撤销的权利。撤销应当以通知的方式作出。

行为人实施的行为未被追认的，善意相对人有权请求行为人履行债务或者就其受到的损害请求行为人赔偿。但是，赔偿的范围不得超过被代理人追认时相对人所能获得的利益。

相对人知道或者应当知道行为人无权代理的，相对人和行为人按照各自的过错承担责任。

无权代理人以被代理人的名义订立合同，被代理人已经开始履行合同义务或者接受相对人履行的，视为对合同的追认。

例题 4-7 分析

施工单位以自己的名义将该批模板卖给其他公司，属于效力待定合同类型里的"无处分权的人处分他人的财产"这种情形，但后租赁公司同意将该批模板卖给该施工单位，所以该合同有效。

4.4 合同的履行、变更、转让、撤销和终止

4.4.1 合同的履行

《民法典》规定，当事人应当按照约定全面履行自己的义务。当事人应当遵循诚信原则，根据合同的性质、目的和交易习惯履行通知、协助、保密等义务。当事人在履行合同过程中，应当避免浪费资源、污染环境和破坏生态。

合同生效后，当事人不得因姓名、名称的变更或者法定代表人、负责人、承办人的变动而不履行合同义务。

4.4.2 合同的变更

合同的变更是指合同依法成立后，在尚未履行或尚未完全履行时，当事人双方依法对合同的内容进行修订或调整所达成的协议。按《民法典》的规定，只要当事人协商一致，就可以变更合同。例如，对合同标的数量、质量标准、履行期限、履行地点和履行方式等进行变更。合同变更一般不涉及已履行的部分，而只对未履行的部分进行变更。因此，它不能在合同履行后进行，只能在完全履行合同之前进行。

例题 4-8

某建筑公司在施工中发现所使用的水泥混凝土配合比无法满足现场强度要求，于是将该情况报告给了建设单位，请求修改配合比。建设单位与施工单位负责人协商后认为可以将水泥混凝土的配合比进行调整。于是双方就改变水泥混凝土重新签订了一个协议，作为原合同的补充部分。

问题：
你认为该新协议有效吗？

(1) 合同的变更须经当事人双方协商一致

如果双方当事人就变更事项达成一致意见，则变更后的内容取代原合同的内容，当事人应当按照变更后的内容履行合同。如果一方当事人未经过对方同意就改变合同的内容，不仅变更的内容对另一方没有约束力，其做法还是一种违约行为，应当承担违约责任。

(2) 对合同变更内容约定不明确的推定

合同变更的内容必须明确约定。如果当事人对于合同变更的内容约定不明确，则将被推定为未变更。任何一方不得要求对方履行约定不明确的变更内容。

(3) 合同基础条件变化的处理

合同成立后，合同的基础条件发生了当事人在订立合同时无法预见的、不属于商业风险的重大变化，继续履行合同对于当事人一方明显不公平的，当事人可以与对方重新协商；在合理期限内协商不成的，当事人可以请求人民法院或者仲裁机构变更或者解除合同。

例题 4-8 分析

此协议无效。尽管该新协议是建设单位与施工单位协商一致达成的，但是没有设计单位的参与，违反了国务院颁布的《建设工程勘察设计管理条例》第二十八条规定而无效。所以，对于设计文件的修改，仅有建设单位与施工单位参与而达成的协议是无效的。

4.4.3 合同权利义务的转让

4.4.3.1 合同权利（债权）的转让

(1) 合同权利（债权）的转让范围

《民法典》规定，债权人可以将债权的全部或者部分转让给第三人，但是有下列情形之一的除外。

①根据债权性质不得转让。债权是在债的关系中权利主体具备的能够要求义务主体为一定行为或者不为一定行为的权利。债权和债务一起共同构成债的内容。如果债权随意转让给第三人，会使债权债务关系发生变化，违反当事人订立合同的目的，使当事人的合法利益得不到应有的保护。

②按照当事人约定不得转让。当事人订立合同时可以对债权的转让进行特别约定，禁止债权人将债权转让给第三人。这种约定只要是当事人真实意思的表示，同时不违反法律禁止性规定，即对当事人产生法律的效力。债权人如果将债权转让给他人，其行为将构成违约。

③依照法律规定不得转让。《民法典》规定，最高额抵押担保的债权确定前，部分债权转让的，最高额抵押权不得转让，但是当事人另有约定的除外。最高额抵押担保的债权确定前，抵押权人与抵押人可以通过协议变更债权确定的期间、债权范围以及最高债权额。但是，变更的内容不得对其他抵押权人产生不利影响。

当事人约定非金钱债权不得转让的，不得对抗善意第三人。当事人约定金钱债权不得转让的，不得对抗第三人。

> **例题 4-9**
>
> 某开发公司是一住宅小区的建设单位,某建筑公司是该项目的施工单位,某采石场是为建筑公司提供建筑石料的材料供应商。20×0 年 9 月 18 日,住宅小区竣工。按照施工合同约定,开发公司应该于 20×0 年 9 月 30 日向建筑公司支付工程款。而按照材料采购供应合同约定,建筑公司应该于同一天向采石场支付材料款。20×0 年 9 月 28 日,建筑公司负责人与采石场负责人协议并达成一致意见,由开发公司代替建筑公司向采石场支付材料款。建筑公司将该协议的内容通知了开发公司。20×0 年 9 月 30 日,采石场请求开发公司支付材料款,但是开发公司却以未经同意为由拒绝支付。
>
> **问题:**
> 你认为开发公司的拒绝应予予以支持吗?

(2) 合同权利的转让应通知债务人

《民法典》规定,债权人转让债权,未通知债务人的,该转让对债务人不发生效力。债权转让的通知不得撤销,但是经受让人同意的除外。

需要说明的是,债权人转让权利应当通知债务人,未经通知的转让行为对债务人不发生效力。这一方面是尊重债权人对其权利的行使,另一方面也防止债权人滥用权利损害债务人的利益。当债务人接到权利转让的通知后,权利转让即生效,原债权人被新的债权人替代,或者新债权人的加入使原债权人不再完全享有原债权。

(3) 债务人对让与人的抗辩

债务人接到债权转让通知后,债务人对让与人的抗辩,可以向受让人主张。抗辩权是指债权人行使债权时,债务人根据法定事由对抗债权人行使请求权的权利。债务人的抗辩权是其固有的一项权利,并不随权利的转让而消灭。在权利转让的情况下,债务人可以向新债权人行使该权利。受让人不得以任何理由拒绝债务人权利的行使。

(4) 从权利随同主权利转让

《民法典》规定,债权人转让权利的,受让人取得与债权有关的从权利,但该从权利专属于债权人自身的除外。

4.4.3.2 合同义务(债务)的转让

《民法典》规定,债务人将债务的全部或者部分转移给第三人的,应当经债权人同意。债务人或者第三人可以催告债权人在合理期限内予以同意,债权人未作表示的,视为不同意。

债务转移分为两种情况:一是债务的全部转移,在这种情况下,新的债务人完全取代了旧的债务人,新的债务人负责全面履行债务;另一种情况是债务的部分转移,即新的债务人加入原债务中,与原债务人一起向债权人履行义务。无论是转移全部债务还是部分债务,债务人都需要征得债权人同意。未经债权人同意,债务人转移债务的行为对债权人不发生效力。

4.4.3.3 合同中权利和义务的一并转让

《民法典》规定,当事人一方经对方同意,可以将自己在合同中的权利和义务一并转让给第三人。合同的权利和义务一并转让的,适用债权转让、债务转移的有关规定。

权利和义务一并转让，是指合同一方当事人将其权利和义务一并转移给第三人，由第三人全部承受这些权利和义务。权利义务一并转让的后果，导致原合同关系的消灭，第三人取代了转让方的地位，产生出一种新的合同关系。只有经对方当事人同意，才能将合同的权利和义务一并转让。如果未经对方同意，一方当事人擅自一并转让权利和义务的，其转让行为无效，对方有权就转让行为对自己造成的损害，追究转让方的违约责任。

例题 4-9 分析

不予以支持。《民法典》中规定："债权人转让债权，未通知债务人的，该转让对债务人不发生效力。债权转让的通知不得撤销，但是经受人同意的除外。"可见，债权转让的时候无须征得债务人的同意，只要通知债务人即可。该案例中，建筑公司已经将债权转让事宜通知了债务人开发公司，所以，该转让行为是有效的，开发公司必须支付材料款。

4.4.4 可撤销合同

所谓可撤销合同，指因疑似表示不真实，通过有撤销权的机构行使撤销权，使已经生效的意思表示归于无效的合同。

例题 4-10

20×9 年 6 月，某建筑施工企业从机械厂购买 3 台搅拌机，现场使用后，认为性能与施工企业原先购买的 2 台同厂家型号的搅拌机不同，有较大差异。施工企业质问购买搅拌机的采购员小方。小方称其购买时是根据原先施工企业购买的搅拌机铭牌上标明的型号，且后购买的 3 台搅拌机上的铭牌内容与原先购买的一致。施工单位与机械厂进行协商，机械厂认定其所有产品均为合格产品，无质量问题。于是施工企业于 20×9 年 9 月向法院提起上诉。经法院调查，施工企业购买的搅拌机均为合格产品；原先购买的 2 台系铭牌上标明的型号是错误的，属于机械厂的重大失误，而后购买的 3 台无任何问题。

问题：
请问法院会如何判此事？

（1）可撤销合同的种类
①因重大误解订立的合同。

《民法典》规定，基于重大误解实施的民事法律行为，行为人有权请求人民法院或者仲裁机构予以撤销。

所谓重大误解，是指误解者作出意思表示时，对涉及合同法律效果的重要事项存在着认识上的显著缺陷，其后果是使误解者的利益受较大的损失，或者达不到误解者订立合同的目的。这种情况的出现，并不是由于行为人受到对方的欺诈、胁迫或者对方乘人之危，而是由于行为人自己的大意、缺乏经验或者信息不通。

②在订立合同时显失公平的合同。

《民法典》规定，一方利用对方处于危困状态、缺乏判断能力等情形，致使民事法律行为成立时显失公平的，受损害方有权请求人民法院或者仲裁机构予以撤销。

所谓显失公平的合同,就是一方当事人在紧迫或者缺乏经验的情况下订立的使当事人之间享有的权利和承担的义务严重不对等的合同。如标的物的价值与价款悬殊,承担责任或风险显然不合理的合同,都可称为显失公平的合同。

③以欺诈、胁迫的手段或者乘人之危订立的合同。

《民法典》规定,一方以欺诈手段,使对方在违背真实意思的情况下实施的民事法律行为,受欺诈方有权请求人民法院或者仲裁机构予以撤销。第三人实施欺诈行为,使一方在违背真实意思的情况下实施的民事法律行为,对方知道或者应当知道该欺诈行为的,受欺诈方有权请求人民法院或者仲裁机构予以撤销。

④以胁迫的手段订立的合同。

《民法典》规定,一方或者第三人以胁迫手段,使对方在违背真实意思的情况下实施的民事法律行为,受胁迫方有权请求人民法院或者仲裁机构予以撤销。

(2) 合同撤销权的行使

《民法典》规定,有下列情形之一的,撤销权消灭:

①当事人自知道或者应当知道撤销事由之日起 1 年内、重大误解的当事人自知道或者应当知道撤销事由之日起 90 日内没有行使撤销权;

②当事人受胁迫,自胁迫行为终止之日起 1 年内没有行使撤销权;

③当事人知道撤销事由后明确表示或者以自己的行为表明放弃撤销权;

④当事人自民事法律行为发生之日起 5 年内没有行使撤销权的,撤销权消灭。

例题 4-10 分析

支持变更标的物的主张。

由于机械厂的原因,施工企业购买搅拌机型号的意向出现重大误解。因此,施工企业第二次购买合同享有撤销权或者变更权,其主张变更标的物的主张很可能获得支持。

(3) 被撤销合同的法律后果

《民法典》规定,无效的或者被撤销的民事法律行为自始没有法律约束力。民事法律行为部分无效,不影响其他部分效力的,其他部分仍然有效。

4.4.5 合同的终止

例题 4-11

兴达公司与山川厂于某年 12 月 30 日签订了一份财产租赁合同。合同规定兴达公司租用山川厂 5 台翻斗车拉运土方,租赁期为 1 年,租金必须按月付清,逾期未付,承租人承担滞纳金;超过 30 天仍不付清租金的,出租方有权解除合同。

次年 2 月 1 日兴达公司接车后,未付租金。山川厂两次书面通知兴达公司按约付租金,并言明逾期将依约解除合同。但兴达公司仍未付。同年 6 月 10 日,山川厂单方通知解除与兴达公司的合同,并提起诉讼,要求兴达公司赔偿其损失 12 000 元。

问题: 山川厂是否有权解除合同?

合同的终止,是指依法生效的合同,因具备法定的或当事人约定的情形,合同的债权、债务归于消灭，债权人不再享有合同的权利，债务人也不必再履行合同的义务。

《民法典》规定，有下列情形之一的，债权债务终止：①债务已经履行；②债务相互抵销；③债务人依法将标的物提存；④债权人免除债务；⑤债权债务同归于一人；⑥法律规定或者当事人约定终止的其他情形。合同解除的，该合同的权利义务关系终止。

4.4.5.1 合同解除的特征

合同的解除是指合同有效成立后，当具备法律规定的合同解除条件时，因当事人一方或双方的意思表示而使合同关系归于消灭的行为。

合同解除具有如下特征。

①合同的解除适用于合法有效的合同，而无效合同、可撤销合同不发生合同解除。

②合同解除须具备法律规定的条件。非依照法律规定，当事人不得随意解除合同。我国法律规定的合同解除条件主要有约定解除和法定解除。

③合同解除须有解除的行为。无论哪一方当事人享有解除合同的权利，其必须向对方提出解除合同的意思表示，才能达到合同解除的法律后果。

④合同解除使合同关系自始消灭或向将来消灭，可视为当事人之间未发生合同关系，或者合同尚存的权利义务不再履行。

例题 4-11 分析

山川厂有权解除合同。《民法典》规定，当事人协商一致，可以解除合同。本例中双方当事人在合同中约定，租金必须按月付清，逾期未付，承租人承担滞纳金，超过30天仍不付清租金的，出租方有权解除合同。兴达公司次年2月1日起接车后，未付租金，山川厂两次通知其给付租金，并言明逾期依约解除合同，兴达公司仍未付，至6月10日长达4个月时间，合同约定的解除条件已形成，故山川厂有权单方面解除合同。

4.4.5.2 合同解除的种类

例题 4-12

李小姐于20×0年3月和甲开发商签订了购房合同，购买位于某小区二期的商品房一套，并先期付款20万元，合同约定交房时间为20×1年5月1日。由于开发商经营不善，工程无后续资金投入而停止。20×1年5月10日，开发商经李小姐等购房者催促仍不能交房，并无继续开工的意思（无后续开发资金）。于是李小姐认为开发商违约。

问题：

本例应该如何解决？

（1）约定解除

当事人协商一致，可以解除合同。当事人可以约定一方解除合同的事由，解除合同的事由发生时，解除权人可以解除合同。

（2）法定解除

当具备了法律规定的可以解除合同的条件时，有解除权的合同当事人依法解除合同。《民法典》规定了五种法定解除合同的情形：

①因不可抗力致使不能实现合同目的；

②在履行期限届满之前，当事人一方明确表示或者以自己的行为表明不履行主要债务；

③当事人一方迟延履行主要债务，经催告后在合理期限内仍未履行；

④当事人一方迟延履行债务或者有其他违约行为致使不能实现合同目的；

⑤法律规定的其他情形。

法定解除使法律直接规定解除合同的条件，当条件具备时，解除权人可直接行使解除权；约定解除则是双方的法律行为，单方行为不能导致合同的解除。

4.4.5.3 解除合同的程序

《民法典》规定，当事人一方依法主张解除合同的，应当通知对方。合同自通知到达对方时解除；通知载明债务人在一定期限内不履行债务则合同自动解除，债务人在该期限内未履行债务的，合同自通知载明的期限届满时解除。对方对解除合同有异议的，任何一方当事人均可以请求人民法院或者仲裁机构确认解除行为的效力。

当事人一方未通知对方，直接以提起诉讼或者申请仲裁的方式依法主张解除合同，人民法院或者仲裁机构确认该主张的，合同自起诉状副本或者仲裁申请书副本送达对方时解除。

例题 4-12 分析

> 李小姐可以依法通知开发商解除合同，要求开发商返还先期付款 20 万元，并且可以同时要求赔偿损失。
>
> 因为，《民法典》规定，当事人一方迟延履行债务或者有其他违约行为致使不能实现合同目的，对方可以通知解除合同；合同解除后，尚未履行的，终止履行；已经履行的，根据履行情况和合同性质，当事人可以要求恢复原状或者采取其他补救措施，并有权要求赔偿损失。

4.4.5.4 施工合同的解除

例题 4-13

> 某开发公司与某施工企业签订了一小区的施工承包公司。在施工过程中，有群众举报该建设项目存在严重的偷工减料行为，后经权威部门鉴定确认该工程已完成的部分（约占整个项目的三分之一）为"豆腐渣"工程。开发公司以此为由单方面与该施工企业解除了合同。施工企业认为解除合同需要当事人双方协商一致方可解除，同时开发公司应支付已完成部分的工程款。
>
> 问题：
> 你认为施工企业的观点正确吗？

（1）发包人解除施工合同

《民法典》规定，承包人将建设工程转包、违法分包的，发包人可以解除合同。

（2）承包人解除施工合同

《民法典》规定，发包人提供的主要建筑材料、建筑构配件和设备不符合强制性标准或者不履行协助义务，致使承包人无法施工，经催告后在合理期限内仍未履行相应义务的，承包人可以解除合同。

（3）施工合同解除的法律后果

《民法典》规定，合同解除后，已经完成的建设工程质量合格的，发包人应当按照约定支付相应的工程价款；已经完成的建设工程质量不合格的，参照本法第七百九十三条（注：指施工合同无效）的规定处理。

例题4-13分析

不正确。首先合同的解除分为约定解除和法定解除。施工企业的偷工减料的行为属于违约行为而致使不能实现合同目的，根据《民法典》的相关规定，此种情况的合同解除属于法定解除，无须与对方协商。其次，施工企业的行为也导致了建筑质量的不合格，因此也无权要求开发公司支付相应的工程款。

4.5 建设工程施工合同的法定形式和内容

建设工程施工合同是建设工程合同中的重要部分，是指施工人（承包人）根据发包人的委托，完成建设工程项目的施工工作，发包人接受工作成果并支付报酬的合同。

4.5.1 建设工程施工合同的法定形式

《民法典》规定，当事人订立合同，可以采用书面形式、口头形式或者其他形式。书面形式是合同书、信件、电报、电传、传真等可以有形地表现所载内容的形式。以电子数据交换、电子邮件等方式能够有形地表现所载内容，并可以随时调取查用的数据电文，视为书面形式。书面形式合同的内容明确，有据可查，对防止和解决争议有积极意义。口头形式合同具有直接、简便、快速的特点，但缺乏凭证，一旦发生争议，难以取证，且不易分清责任。其他形式合同，可以根据当事人的行为或者特定情形推定合同的成立，也可以称为默示合同。

《民法典》明确规定，建设工程合同应当采用书面形式。

4.5.2 合同的内容

合同的内容，即合同当事人的权利、义务，除法律规定的以外，主要由合同的条款确定。合同的内容由当事人约定，一般包括以下条款：

①当事人的姓名或者名称和住所；
②标的，如有形财产、无形财产、劳务、工作成果等；
③数量，应选择适用共同接受的计量单位、计量方法和计量工具；
④质量，国家有强制性标准的，必须按照强制性标准执行，并可约定质量检验方法、质量责任期限与条件、对质量提出异议的条件与期限等；
⑤价款或者报酬，应规定清楚计算价款或者报酬的方法；
⑥履行期限、地点和方式；

⑦违约责任,可在合同中约定定金、违约金、赔偿金额以及赔偿金的计算方法等;
⑧解决争议的方法。
当事人在合同特别约定的条款,也作为合同的主要条款。

4.5.3 建设工程施工合同的内容

《民法典》规定,施工合同的内容一般包括工程范围、建设工期、中间交工工程的开工和竣工时间、工程质量、工程造价、技术资料交付时间、材料和设备供应责任、拨款和结算、竣工验收、质量保修范围和质量保证期、互相协作等条款。

(1) 工程范围

工程范围是指施工的界区,是指承包人进行施工的工作范围。

(2) 建设工期

建设工期是指承包人完成施工任务的期限。在实践中,有的发包人常常要求缩短工期,承包人则为了赶进度而在质量管理方面有所疏漏,往往导致严重的工程质量问题。因此,为了保证工程质量,双方当事人应当在施工合同中确定合理的建设工期。

(3) 中间交工工程的开工和竣工时间

中间交工工程是指施工过程中的阶段性工程。为了保证工程各阶段的交接,顺利完成工程建设,当事人应当明确中间交工工程的开工和竣工时间。

(4) 工程质量

工程质量条款是明确承包人施工要求,确定承包人责任的依据。承包人必须按照工程设计图纸和施工技术标准施工,不得擅自修改工程设计,不得偷工减料。发包人也不得明示或暗示承包人违反工程建设强制性标准,降低建设工程质量。

(5) 工程造价

工程造价是指进行工程建设所需的全部费用,包括人工费、材料费、施工机械使用费、措施费等。在实践中,有的发包人为了获得更多的利益,往往压低工程造价,而承包人为了盈利或不亏本,偷工减料、以次充好,结果导致工程质量不合格,甚至造成严重的工程质量事故。因此,为了保证工程质量,双方当事人应当合理确定工程造价。

(6) 技术资料交付时间

技术资料主要是指勘察、设计文件以及其他承包人据以施工所必需的基础资料。当事人应当在施工合同中明确技术资料的交付时间。

(7) 材料和设备供应责任

材料和设备供应责任,是指由哪一方当事人提供工程所需材料设备及其承担的责任。材料和设备可以由发包人负责提供,也可以由承包人负责采购。如果按照合同约定由发包人负责采购建筑材料、构配件和设备,发包人应当保证建筑材料、构配件和设备符合设计文件和合同要求。承包人则须按照工程设计要求、施工技术标准和合同约定,对建筑材料、构配件和设备进行验收。

(8) 拨款和结算

拨款是指工程款的拨付,结算是指施工人按照合同约定和已完工程量向发包人办理工程款的清算。拨款和结算条款是承包人请求发包人支付工程款和报酬的依据。

(9) 竣工验收

竣工验收条款一般应当包括验收范围与内容、验收标准与依据、验收人员组成、验收方式和日期等内容。

（10）质量保修范围和质量保证期

建设工程质量保修范围和质量保证期，应当按照《建设工程质量管理条例》的规定明确。

（11）互相协作条款

互相协作条款一般包括双方当事人在施工前的准备工作，如承包人及时向发包人提出开工通知书、施工进度报告书，对发包人的监督检查提供必要协助等。

4.5.4　建设工程施工合同发承包双方的主要义务

（1）发包人的主要义务

①不得违法发包。

《民法典》规定，发包人不得将应当由一个承包人完成的建设工程支解成若干部分发包给几个承包人。

②提供必要施工条件。

发包人未按照约定的时间和要求提供原材料、设备、场地、资金、技术资料的，承包人可以顺延工程日期，并有权要求赔偿停工、窝工等损失。

③及时检查隐蔽工程。

隐蔽工程在隐蔽以前，承包人应当通知发包人检查。发包人没有及时检查的，承包人可以顺延工程日期，并有权请求赔偿停工、窝工等损失。

④及时验收工程。

建设工程竣工后，发包人应当根据施工图纸及说明书、国家颁发的施工验收规范和质量检验标准及时进行验收。

⑤支付工程价款。

发包人应当按照合同约定的时间和方式等，向承包人支付工程价款。

（2）承包人的主要义务

①不得转包和违法分包工程。

承包人不得将其承包的全部建设工程转包给第三人；不得将其承包的全部建设工程支解以后以分包的名义转包给第三人；禁止承包人将工程分包给不具备相应资质条件的单位；禁止分包单位将其承包的工程再分包。

②自行完成建设工程主体结构施工。

建设工程主体结构的施工必须由承包人自行完成。承包人将建设工程主体结构的施工分包给第三人的，该分包合同无效。

③接受发包人有关检查。

发包人在不妨碍承包人正常作业的情况下，可以随时对作业进度、质量进行检查。隐蔽工程在隐蔽以前，承包人应当通知发包人检查。

④交付竣工验收合格的建设工程。

建设工程竣工验收合格后，方可交付使用；未经验收合格或验收不合格的，不得交付使用。

⑤建设工程质量不符合约定的无偿修理。

因施工人的原因致使建设工程质量不符合约定的，发包人有权要求施工人在合理期限内无偿修理或者返工、改建。经过修理或者返工、改建后，造成逾期交付的，施工人应当承担违约责任。

4.6 建设工程工期和支付价款

4.6.1 建设工程工期

《建设工程施工合同（示范文本）》（GF—2017—0201）规定，工期是指在合同协议书约定的承包人完成工程所需的期限，包括按照合同约定所作的期限变更。

例题 4-14

某电器公司与某建筑公司签订了《建筑工程施工合同》，对工程内容、工程价款、支付时间、工程质量、工期、违约责任等进行了具体约定。在施工过程中，电器公司对施工图纸先后做了 8 次修改，但未能按期交付图纸，致使工期有所拖延。竣工验收时，电器公司对部分工程质量提出了异议。经双方协商无果，电器公司向法院提出了诉讼，要求建筑公司承担因工期延误导致的违约责任。

问题：
（1）建筑公司是否应当对工期延误承担违约责任？
（2）建筑公司今后在施工合同中应当注意哪些问题？

（1）开工日期及开工通知

开工日期包括计划开工日期和实际开工日期。

经发包人同意后，监理人发出的开工通知应符合法律规定。监理人应在计划开工日期 7 天前向承包人发出开工通知，工期自开工通知中载明的开工日期起算。

《最高人民法院关于审理建设工程施工合同纠纷案件适用法律问题的解释（一）》（法释〔2020〕25 号）规定，当事人对建设工程开工日期有争议的，人民法院应当分别按照以下情形予以认定。

①开工日期为发包人或者监理人发出的开工通知载明的开工日期；开工通知发出后，尚不具备开工条件的，以开工条件具备的时间为开工日期；因承包人原因导致开工时间推迟的，以开工通知载明的时间为开工日期。

②承包人经发包人同意已经实际进场施工的，以实际进场施工时间为开工日期。

③发包人或者监理人未发出开工通知，亦无相关证据证明实际开工日期的，应当综合考虑开工报告、合同、施工许可证、竣工验收报告或者竣工验收备案表等载明的时间，并结合是否具备开工条件的事实，认定开工日期。

（2）工期顺延

因发包人原因未按计划开工日期开工的，发包人应该按实际开工日期顺延竣工日期，确保实际工期不低于合同约定的工期总日历天数。因发包人原因导致工期延误需要修订施工进度计划的，按照施工进度计划修订的约定执行。

因承包人原因造成工期延误的，可以在专用合同条款中约定逾期竣工违约金的计算方法和逾期竣工违约金的上限。承包人支付逾期竣工违约金后，不免除承包人继续完成工程及修补缺陷的义务。

（3）竣工日期

《建设工程施工合同（示范文本）》规定，竣工日期包括计划竣工日期和实际竣工日期。《最高人民法院关于审理建设工程施工合同纠纷案件适用法律问题的解释（一）》规定，当事人对建设工程实际竣工日期有争议的，人民法院应当分别按照以下情形予以认定：

①建设工程经竣工验收合格的，竣工验收合格之日为竣工日期；

②承包人已经提交竣工验收报告，发包人拖延验收的，以承包人提交验收报告之日为竣工日期；

③建设工程未经竣工验收，发包人擅自使用的，以转移占有建设工程之日为竣工日期。

例题4-14分析

（1）对于工期延误，该建筑公司不应当承担违约责任，但需要举证。建筑公司应当向法院将电器公司修改图纸的时间等相关证据予以举证，即证明工期延误非建筑公司的作为所致。

（2）该建筑公司在今后的施工合同签订与履行过程中，应当对可能出现的工期延误情况进行专门的预期性约定，或者在合同履行中对由于对方原因而导致合同延期的情况进行书面认定，以备将来发生诉讼时有据可查。

4.6.2 工程价款的支付

按照合同约定的时间、金额和支付条件支付工程价款，是发包人的主要合同义务，也是承包人的主要合同权利。

《民法典》第五百一十条规定，合同生效后，当事人就质量、价款或者报酬、履行地点等内容没有约定或者约定不明确的，可以协议补充；不能达成补充协议的，按照合同相关条款或者交易习惯确定。

《民法典》第五百一十一条规定，当事人就有关合同内容约定不明确，依据前条规定仍不能确定的，适用下列规定。

①质量要求不明确的，按照强制性国家标准履行；没有强制性国家标准的，按照推荐性国家标准履行；没有推荐性国家标准的，按照行业标准履行；没有国家标准、行业标准的，按照通常标准或者符合合同目的的特定标准履行。

②价款或者报酬不明确的，按照订立合同时履行地的市场价格履行；依法应当执行政府定价或者政府指导价的，依照规定履行。

③履行地点不明确，给付货币的，在接受货币一方所在地履行；交付不动产的，在不动产所在地履行；其他标的，在履行义务一方所在地履行。

④履行期限不明确的，债务人可以随时履行，债权人也可以随时请求履行，但是应当

给对方必要的准备时间。

⑤履行方式不明确的，按照有利于实现合同目的的方式履行。

⑥履行费用的负担不明确的，由履行义务一方负担；因债权人原因增加的履行费用，由债权人负担。

> **例题 4-15**
>
> 某开发商在与某建筑公司商谈建筑工程施工合同时，要求该建筑公司必须先行垫资施工。该建筑公司为了获得签约，答应了开发商的要求，但对垫资如何处理没有进行特别约定。当工程按期如约完工后，该建筑公司要求开发商除支付工程款外，还应将先前的工程垫资款按照借款处理，并支付相应的利息。
>
> **问题：**
>
> 该建筑公司要求开发商将工程垫资按借款处理并支付相应的利息是否可以得到法律的支持？

（1）合同价款的确定

招标工程的合同价款由发包人、承包人依据中标通知书中的中标价格在协议书内约定。非招标工程的合同价款由发包人、承包人依据工程预算书在协议书内约定。合同价款在协议书内约定后，任何一方不得擅自改变。

合同价款的确定方式有固定价格合同、可调价格合同、成本加酬金合同，双方可在专用条款内约定采用。

住房和城乡建设部 2013 年 12 月发布的《建筑工程施工发包与承包计价管理办法》规定，招标人与中标人应当根据中标价订立合同。不实行招标投标的工程由发承包双方协商订立合同。合同价款的有关事项由发承包双方约定，一般包括合同价款约定方式，预付工程款、工程进度款、工程竣工价款的支付和结算方式，以及合同价款的调整情形等。

发承包双方在确定合同价款时，应当考虑市场环境和生产要素价格变化对合同价款的影响。实行工程量清单计价的建筑工程，鼓励发承包双方采用单价方式确定合同价款。建设规模较小、技术难度较低、工期较短的建筑工程，发承包双方可以采用总价方式确定合同价款。紧急抢险、救灾以及施工技术特别复杂的建筑工程，发承包双方可以采用成本加酬金方式确定合同价款。

对于"黑白合同"的纠纷，《最高人民法院关于审理建设工程施工合同纠纷案件适用法律问题的解释（一）》规定："招标人和中标人另行签订的建设工程施工合同约定的工程范围、建设工期、工程质量、工程价款等实质性内容，与中标合同不一致，一方当事人请求按照中标合同确定权利义务的，人民法院应予支持。招标人和中标人在中标合同之外就明显高于市场价格购买承建房产、无偿建设住房配套设施、让利、向建设单位捐赠财物等另行签订合同，变相降低工程价款，一方当事人以该合同背离中标合同实质性内容为由请求确认无效的，人民法院应予支持。"

（2）工程价款的支付和竣工结算

《民法典》规定，验收合格的，发包人应当按照约定支付价款，并接收该建设工程。

2019 年 10 月颁布的《优化营商环境条例》规定，国家机关、事业单位不得违约拖欠市场主体的货物、工程、服务等账款,大型企业不得利用优势地位拖欠中小企业账款。

2020年7月公布的《保障中小企业款项支付条例》规定,机关、事业单位从中小企业采购货物、工程、服务,应当自货物、工程、服务交付之日起30日内支付款项;合同另有约定的,付款期限最长不得超过60日。合同约定采取履行进度结算、定期结算等结算方式的,付款期限应当自双方确认结算金额之日起算。

《建筑工程施工发包与承包计价管理办法》进一步规定,预付工程款按照合同价款或者年度工程计划额度的一定比例确定和支付,并在工程进度款中予以抵扣。承包方应当按照合同约定向发包方提交已完成工程量报告。发包方收到工程量报告后,应当按照合同约定及时核对并确认。发承包双方应当按照合同约定,定期或者按照进度分段进行工程款结算和支付。

工程完工后,应当按照下列规定进行竣工结算。

①承包方应当在工程完工后的约定期限内提交竣工结算文件。

②国有资金投资在建筑工程的发包方,应当委托具有相应资质的工程造价咨询企业对竣工结算文件进行审核,并在收到竣工结算文件后的约定期限内向承包方提供由工程造价咨询企业出具的竣工结算文件审核意见;逾期未答复的,按照合同约定处理,合同没有约定的,竣工结算文件视为已被认可。非国有资金投资的建筑工程发包方,应当在收到竣工结算文件后的约定期限内予以答复,逾期未答复的,按照合同约定处理,合同没有约定的,竣工结算文件视为已被认可;发包方对竣工结算文件有异议的,应当在答复期内向承包方提出,并可以在提出异议之日起的约定期限内与承包方协商;发包方在协商期内未与承包方协商或者经协商未能与承包方达成协议的,应当委托工程造价咨询企业进行竣工结算审核,并在协商期满后的约定期限内向承包方提供由工程造价咨询企业出具的竣工结算文件审核意见。

③承包方对发包方提供的工程造价咨询企业竣工结算审核意见有异议的,在接到该审核意见后1个月内,可以向有关工程造价管理机构或者有关行业组织申请调解,调解不成的,可以依法申请仲裁或者向人民法院提起诉讼。发承包双方在合同中对第①项、第②项的期限没有明确约定的,应当按照国家有关规定执行;国家没有规定的,可认为其约定期限均为28日。

工程竣工结算文件经发承包双方签字确认的,应当作为工程决算的依据,未经对方同意,另一方不得就已生效的竣工结算文件委托工程造价咨询企业重复审核。发包方应当按照竣工结算文件及时支付竣工结算款。

(3) 合同价款的调整

《建筑工程施工发包与承包计价管理办法》中规定,发承包双方应当在合同中约定,发生下列情形时合同价款的调整方法:

①法律、法规、规章或者国家有关政策变化影响合同价款的;
②工程造价管理机构发布价格调整信息的;
③经批准变更设计的;
④发包方更改审定批准的施工组织设计造成费用增加的;
⑤双方约定的其他因素。

(4) 解决工程价款结算争议的规定

①视为发包人认可承包人的单方结算价。

《最高人民法院关于审理建设工程施工合同纠纷案件适用法律问题的解释（一）》规定，当事人约定，发包人收到竣工结算文件后，在约定期限内不予答复，视为认可竣工结算文件，按照约定处理。承包人请求按照竣工结算文件工程价款，应予支持。

②对工程量有争议的工程款计算。

《最高人民法院关于审理建设工程施工合同纠纷案件适用法律问题的解释（一）》规定，当事人对工程量有争议的，按照施工过程中形成的签证等书面文件确认。承包人能够证明发包人同意其施工，但未能提供签证文件证明工程量发生的，可以按照当事人提供的其他证据确认实际发生的工程量。

当事人就同一建设工程订立的数份建设工程施工合同均无效，但建设工程质量合格，一方当事人请求参照实际履行的合同关于工程价款的约定折价补偿承包人的，人民法院应予支持。实际履行的合同难以确定，当事人请求参照最后签订的合同关于工程价款的约定折价补偿承包人的，人民法院应予支持。

当事人签订的建设工程施工合同与招标文件、投标文件、中标通知书载明的工程范围、建设工期、工程质量、工程价款不一致，一方当事人请求将招标文件、投标文件、中标通知书作为结算工程价款的依据的，人民法院应予支持。

③欠付工程款的利息支付。

发包人拖欠承包人工程款，不仅应当支付工程款本金，还应当支付工程款利息。

《最高人民法院关于审理建设工程施工合同纠纷案件适用法律问题的解释（一）》规定，当事人对欠付工程价款利息计付标准有约定的，按照约定处理；没有约定的，按照同期同类贷款利率或者同期贷款市场报价利率计息。

利息从应付工程价款之日计付。当事人对付款时间没有约定或者约定不明的，下列时间视为应付款时间：建设工程已实际交付的，为交付之日；建设工程没有交付的，为提交竣工结算文件之日；建设工程未交付，工程价款也未结算的，为当事人起诉之日。

④工程垫资的处理。

《保障中小企业款项支付条例》规定，政府投资项目所需资金应当按照国家有关规定确保落实到位，不得由施工单位垫资建设。

《最高人民法院关于审理建设工程施工合同纠纷案件适用法律问题的解释（一）》规定，当事人对垫资和垫资利息有约定，承包人请求按照约定返还垫资及其利息的，人民法院应予支持，但是约定的利息计算标准高于垫资时的同类贷款利率或者同期贷款市场报价利率的部分除外。

当事人对垫资没有约定的，按照工程欠款处理。当事人对垫资利息没有约定，承包人请求支付利息的，人民法院不予支持。

例题 4-15 分析

《最高人民法院关于审理建设工程施工合同纠纷案件适用法律问题的解释（一）》规定，"当事人对垫资和垫资利息有约定，承包人请求按照约定返还垫资及利息的，人民法院应予支持，但是约定的利息计算标准高于垫资时的同期同类贷款利率或者同期贷款市场报价利率的部分除外。当事人对垫资没有约定的，按照工程欠款处理。当事人对垫资利息没有约定，承包人请求支付利息的，人民法院不予支持。"依据上述规定，该建筑公司要求开发商支付工程垫资款的要求可以得到法律支持，但是对其按借款并支付相应利息的要求不符合司法解释的规定，不能得到法律的支持。

(5) 承包人工程价款的优先受偿权

例题 4-16

某建筑公司承包了某房地产开发公司开发的商品房建设工程，并签订了施工合同，就工程价款、竣工日期等进行了详细约定。该工程如期完成并经验收合格，但房地产开发公司尚欠建筑公司工程款 1 250 万元。建筑公司多次催要无果，便将房地产公司起诉至法院。在诉讼中，房地产开发公司以还欠另一家公司的债务为由，拒绝支付其尚欠的工程价款。

问题：
(1) 房地产开发公司不向建筑公司支付工程价款的理由是否成立？
(2) 建筑公司应当在什么时限内向法院提起诉讼？

《民法典》规定，发包人未按照约定支付价款的，承包人可以催告发包人在合理期限内支付价款。发包人逾期不支付的，除根据建设工程的性质不宜折价、拍卖外，承包人可以与发包人协议将该工程折价，也可以申请人民法院将该工程依法拍卖。建设工程的价款就该工程折价或者拍卖的价款优先受偿。

《最高人民法院关于审理建设工程施工合同纠纷案件适用法律问题的解释（一）》规定：

承包人根据《民法典》第八百零七条的规定享有的建设工程价款优先受偿权优于抵押权和其他债权。

装饰装修工程具备折价或者拍卖条件，装饰装修工程的承包人请求工程价款就该装饰装修工程折价或者拍卖的价款优先受偿的，人民法院应予支持。

建设工程质量合格，承包人请求其承建工程的价款就工程折价或者拍卖的价款优先受偿的，人民法院应予支持。未竣工的建设工程质量合格，承包人请求其承建工程的价款就其承建工程部分折价或者拍卖的价款优先受偿的，人民法院应予支持。

承包人建设工程价款优先受偿的范围依照国务院有关行政主管部门关于建设工程价款范围的规定确定。承包人就逾期支付建设工程价款的利息、违约金、损害赔偿金等主张优先受偿的，人民法院不予支持。承包人应当在合理期限内行使建设工程价款优先受偿权，但最长不得超过 18 个月，自发包人应当给付建设工程价款之日起算。发包人与承包人约定放弃或者限制建设工程价款优先受偿权，损害建筑工人利益，发包人根据该约定主张承包人不享有建设工程价款优先受偿权的，人民法院不予支持。

例题 4-16 分析

(1)《民法典》第八百零七条规定，发包人未按照约定支付价款的，承包人可以催告发包人在合理期限内支付价款。发包人逾期不支付的，除根据建设工程的性质不宜折价、拍卖外，承包人可以与发包人协议将该工程折价，也可以请求人民法院将该工程依法拍卖。建设工程的价款就该工程折价或者拍卖的价款优先受偿。《最高人民法院关于审理建设工程施工合同纠纷案件适用法律问题的解释（一）》第三十六条规定，承包人根据民法典第八百零七条规定享有的建设工程价款优先受偿权优于抵押权和其他债权。依据上述规定，房地产开发公司以欠另一公司债务而不向建筑公司支付工程价款的理由不能成立。

（2）《最高人民法院关于审理建设工程施工合同纠纷案件适用法律问题的解释（一）》第四十一条规定，承包人应当在合理期限内行使建设工程价款优先受偿权，但最长不得超过18个月，自发包人应当给付建设工程价款之日起算。据此，建筑公司应当自发包人应当给付建设工程价款之日起18个月内向人民法院提起诉讼。如果过了这个时限，该建筑公司将失去建设工程价款的优先受偿权。

4.7 违约责任及违约责任的免除

4.7.1 违约责任的概念和特征

违约责任，是指合同当事人因违反合同义务所承担的责任。《民法典》规定，当事人一方不履行合同义务或者履行合同义务不符合约定的，应当承担继续履行、采取补救措施或者赔偿损失等违约责任。

违约责任具有如下特征。
①违约责任的产生是以合同当事人不履行合同义务为条件的；
②违约责任具有相对性；
③违约责任具有补偿性，即旨在弥补或补偿因违约行为造成的损害后果；
④违约责任可以由合同当事人约定，但约定不符合法律要求的，将会被宣告无效或被撤销；
⑤违约责任是民事责任的一种形式。

4.7.2 当事人承担违约责任应具备的条件

《民法典》规定，当事人一方明确表示或者以自己的行为表明不履行合同义务的，对方可以在履行期限届满前请求其承担违约责任。

承担违约责任，首先是合同当事人发生了违约行为，即有违反合同义务的行为；其次，非违约方只需证明违约方的行为不符合合同约定，便可以要求其承担违约责任，而不需要证明其主观上是否具有过错；最后，违约方若想免于承担违约责任，必须举证证明其存在法定的或约定的免责事由，而法定免责事由主要限于不可抗力，约定的免责事由主要是合同中的免责条款。

4.7.3 承担违约责任的方式

合同当事人违反合同义务，承担违约责任的方式主要有继续履行合同、采取补救措施、停止违约行为、赔偿损失、支付违约金或定金等,下面详述两种常用的方式。

(1) 继续履行合同

《民法典》规定,当事人一方不履行合同义务或者履行合同义务不符合约定的,应当承担继续履行、采取补救措施或者赔偿损失等违约责任。

继续履行是一种违约后的补救方式,是否要求违约方继续履行是非违约方的一项权利。继续履行可以与违约金、定金、赔偿损失并用,但不能与解除合同的方式并用。

(2) 支付违约金或定金

例题 4-17

甲公司与乙公司签订了一份买卖合同,合同货物价款为40万元。合同约定:乙公司支付定金4万元;任何一方不履行合同,应该支付违约金6万元。现甲公司违约,乙公司向法院起诉,要求甲公司双倍返还定金,并支付违约金。

问题:
法院能否支持其诉求?

违约金有法定违约金和约定违约金两种:由法律规定的违约金为法定违约金;由当事人约定的违约金为约定违约金。

《民法典》规定,当事人可以约定一方违约时应当根据违约情况向对方支付一定数额的违约金,也可以约定因违约产生的损失赔偿额的计算方法。

约定的违约金低于造成的损失的,人民法院或者仲裁机构可以根据当事人的请求予以增加;约定的违约金过分高于造成的损失的,人民法院或者仲裁机构可以根据当事人的请求予以适当减少。

当事人可以约定一方向对方给付定金作为债权的担保。定金合同自实际交付定金时成立。定金的数额由当事人约定;但是,不得超过主合同标的额的20%,超过部分不产生定金的效力。实际交付的定金数额多于或者少于约定数额的,视为变更约定的定金数额。

债务人履行债务的,定金应当抵作价款或者收回。给付定金的一方不履行债务或者履行债务不符合约定,致使不能实现合同目的的,无权请求返还定金;收受定金的一方不履行债务或者履行债务不符合约定,致使不能实现合同目的的,应当双倍返还定金。

当事人既约定违约金,又约定定金的,一方违约时,对方可以选择适用违约金或者定金条款。定金不足以弥补一方违约造成的损失的,对方可以请求赔偿超过定金数额的损失。

例题 4-17 分析

乙公司只能要求双倍返还定金或者支付违约金。

根据《民法典》的规定,当事人既约定违约金,又约定定金的,一方违约时,对方只能选择适用违约金或者定金条款。所以,乙公司要求甲公司既双倍返还定金又支付违约金,法院是不予支持的。

4.7.4 合同违约责任的免责

例题 4-18

李小姐于 20×8 年 3 月和某楼盘的开发商签订了购房合同,购买位于该小区二期的商品房一套,合同约定交房时间为 20×9 年 5 月 1 日。到期后,开发商未能如期交房。于是李小姐起诉开发商违约,要求其承担违约责任。开发商辩称有下列不可抗力情形影响了工程进度,应该免责:首先,工程在建过程中,发现了勘察时没有发现的地质软层;其次,长期阴雨天气;最后,公司采购的原材料在运输过程中遇到火灾。

问题:

分析本例应该如何处理?

在合同履行过程中,如果出现法定的免责条件或合同约定的免责事由,违约方将免于承担违约责任。《民法典》仅承认不可抗力为法定的免责事由。

《民法典》规定,当事人一方因不可抗力不能履行合同的,根据不可抗力的影响,部分或者全部免除责任,但是法律另有规定的除外。因不可抗力不能履行合同的,应当及时通知对方,以减轻可能给对方造成的损失,并应当在合理期限内提供证明。

当事人迟延履行后发生不可抗力的,不免除其违约责任。

例题 4-18 分析

开发商应该承担违约责任。根据《民法典》规定,能够免除违约责任的不可抗力是指不能预见、不能避免且不能克服的客观情况。而本例中开发商的辩称理由是应当预见的风险因素,不属于不能预见、不能避免且不能克服的客观情况,故不能免除违约责任。

课后习题

一、单项选择题

1. 招标人于 20×9 年 4 月 1 日发布招标公告,20×9 年 4 月 20 日发布资格项目预审公告,20×9 年 5 月 10 发售招标文件,投标人于投标截止日 20×9 年 6 月 10 日及时递交了投标文件,20×9 年 7 月 20 日招标人发出中标通知书,则要约生效时间是(   )。

A. 20×9 年 4 月 1 日 B. 20×9 年 5 月 10 日
C. 20×9 年 6 月 10 日 D. 20×9 年 7 月 20 日

2. 某施工单位以电子邮件的方式向某设备供应商发出要约,该供应商给了三个电子邮件,并且没有特别指定,则此要约的生效时间是(   )。

A. 该要约进入任一电子邮件的首次时间
B. 该要约进入三个电子邮件的最后时间
C. 该供应商获悉该要约收到的时间
D. 该供应商理解该要约生效的时间

3. 承包商为了赶工期，向水泥厂紧急发函要求按市场价格订购 200 t 普通硅酸盐水泥（42.5 级），并要求 3 日内运抵施工现场。承包商的订购行为（　　）。

　　A. 属于要约邀请，随时可以撤销
　　B. 属于要约，在水泥运抵施工现场前可以撤回
　　C. 属于要约，在水泥运抵施工现场可以撤回
　　D. 属于要约，而且不可撤销

4. 某施工单位向一建筑机械厂发出要约，欲购买一台挖掘机，则下列情形中，会导致要约失效的是（　　）。

　　A. 建筑机械厂及时回函，对要约提出非实质性变更
　　B. 承诺期限届满，建筑机械厂作出承诺
　　C. 建筑机械厂发出承诺后，收到某施工单位撤回该要约的通知
　　D. 建筑机械厂发出承诺前，收到某施工单位撤回该要约的通知

5. 甲施工单位与乙水泥公司签订一份水泥采购合同，甲签字、盖章后邮寄给乙签字、盖章，则该合同成立的时间为（　　）。

　　A. 甲、乙达成合意时　　　　　　B. 甲签字、盖章时
　　C. 乙收到合同书时　　　　　　　D. 乙签字、盖章时

6. 水泥厂在承诺期有效期内，对施工单位订购水泥的要约做出了完全同意的答复，则该水泥买卖合同成立的时间为（　　）。

　　A. 水泥厂的答复文件到达施工单位时
　　B. 施工单位发出订购水泥的要约时
　　C. 水泥厂发出答复文件时
　　D. 施工单位订购水泥的要约到达水泥厂时

7. 施工单位向电梯生产公司订购两部 A 型电梯，并要求 5 日内交货。电梯生产公司回函表示如果延长 1 周可如约供货。根据《民法典》，电梯生产公司的回函属于（　　）。

　　A. 要约邀请　　B. 承诺　　C. 部分承诺　　D. 新要约

8. 小张今年 17 周岁，到城里打工一年挣得工资 2 万元。现小张回到家乡承包一小型砖厂，则关于该承包协议效力的说法，正确的是（　　）。

　　A. 因小张是限制民事行为能力人，该协议效力待定
　　B. 因小张不具备相应的民事行为能力，该协议无效
　　C. 因小张具备相应的民事行为能力，该协议有效
　　D. 因小张不具备相应的民事行为能力，该协议可撤销

9. 因欺诈、胁迫而订立的施工合同可能是无效合同，也可能是可撤销合同。认定其为无效合同的必要条件是（　　）。

　　A. 违背当事人的意志　　　　　　B. 乘人之危
　　C. 显失公平　　　　　　　　　　D. 损害国家利益

10. 甲患重病住院急需要用钱又借贷无门，乙表示愿意借给甲 20 000 元，但半年后须加倍偿还，否则以甲的房子代偿，甲表示同意。根据《民法典》，甲、乙之间的借款合同因（　　）。

　　A. 显失公平而无效　　　　　　　B. 欺诈而可撤销
　　C. 乘人之危而无效　　　　　　　D. 乘人之危可撤销

11. 承包商与业主签订的施工合同中约定由承包商先修建工程，然后按照工程量结算

工程款。如果承包商没有达到合同中约定的质量标准，则（   ）。

A. 业主可以行使同时履行抗辩权

B. 业主可以行使不安履行抗辩权

C. 业主可以行使先履行抗辩权，但不能追究承包商的违约责任

D. 业主可以行使先履行抗辩权，也可以同时追究承包商的违约责任

12. 某工程因9月10日工程所在地附近发生了地震灾害而迫使承包人停止施工。9月15日发包人与承包人共同检查工程的损害程度，并一致认为损害程度严重，需要拆除重建。9月17日发包人将依法单方解除合同的通知送达承包人，9月18日发包人接到承包人同意解除合同的回复。依据《民法典》的规定，该施工合同解除的时间应为（   ）。

A. 9月10日　　　B. 9月15日　　　C. 9月17日　　　D. 9月18日

13. 某施工单位从租赁公司租赁了一批工程模板。施工完毕，该施工单位以自己的名义将该批模板卖给其他公司。后租赁公司同意将该批模板卖给该施工单位。此时该施工单位出卖模板的合同为（   ）。

A. 可变更、可撤销合同　　　　　　B. 有效合同

C. 无效合同　　　　　　　　　　　D. 效力待定合同

14. 某施工项目材料采购合同约定违约金4万元，采购方并依约支付了6万元定金，供货方不履行交货方义务时，采购方有权主张的最高给付额为（   ）万元。

A. 16　　　　B. 10　　　　C. 12　　　　D. 4

15. 某施工单位与采石场签订了石料供应合同，在合同中约定了违约责任。为确保合同履行，施工单位交付了3万元定金。由于采石场未能按时交货，根据合同约定支付违约金4万元。则采石场最多应支付给施工单位（   ）万元。

A. 10　　　　B. 7　　　　C. 6　　　　D. 4

二、多项选择题

1. 建设单位与施工单位订立书面的施工合同，该书面合同可以采用（   ）方式。

A. 合同书　　　　　　　　　　B. 传真

C. 电子邮件　　　　　　　　　D. 互联网音频传输

E. 邮寄信函

2. 下列选项中，属于无效合同的有（   ）。

A. 供应商欺诈施工单位签订的采购合同

B. 村委会负责人为获得回扣与施工单位高价签订的买卖合同

C. 施工单位将工程转包给他人签订的转包合同

D. 分包商擅自将发包人供应的钢筋变卖签订的买卖合同

E. 施工单位与房地产开发商签订的垫资施工合同

3. 施工单位由于重大误解，在订立买卖合同时将想购买的A型钢材误写为买B型钢材，则施工单位（   ）。

A. 只能按购买A型钢材履行合同

B. 应按效力待定处理该合同

C. 可以要求变更为按购买B型钢材履行合同

D. 可以要求撤销该合同

E. 可以要求确认该合同无效

4. 施工合同可撤销的情形有（   ）。

A. 在订立施工合同时显失公平
B. 施工单位以欺诈手段订立，且损害了国家利益
C. 违反了《建筑法》的强制性规定
D. 订立合同时，建设单位存在重大误解
E. 损害社会公共利益

5. 甲公司向乙公司发出要约，出售一批建筑材料。要约发出后，甲公司因进货渠道发生困难而拟撤回要约。甲公司撤回要约的通知应当（　　）到达乙公司。
A. 在要约到达乙公司之前　　　　B. 与要约同时
C. 在乙公司发出承诺之前　　　　D. 在乙公司发出承诺的同时
E. 在乙公司发出承诺后

6. 甲施工单位与乙材料供应商签订一显失公平的钢材供应合同，甲施工单位因此而享有合同的撤销权。其撤销权消灭的情形有（　　）。
A. 甲施工单位自知道撤销事由之日起1年内没有行使撤销权
B. 甲施工单位知道撤销事由后明确表示放弃撤销权
C. 甲施工单位自知道撤销事由之日起半年内没有行使撤销权
D. 甲施工单位自订立合同之日起1年内没有行使撤销权
E. 甲施工单位知道撤销事由后以自己的行为放弃撤销权

7. 根据《民法典》的相关规定，下列施工合同履行过程中发生的情形，当事人可以解除合同的有（　　）。
A. 发生泥石流将拟建工厂选址覆盖
B. 由于报价失误，施工单位在订立合同后表示无力履行
C. 建设单位延期支付工程款，经催告后同意提供担保
D. 施工单位施工组织不力，导致工程工期延误，该项目已无投产价值
E. 施工单位未经建设单位同意，擅自更换了现场技术人员

8. 致使承包人单方面行使建设工程施工合同解除权的情形包括（　　）。
A. 发包人严重拖欠工程款
B. 发包人提供的建筑材料不符合国家强制性标准
C. 发包人坚决要求工程设计变更
D. 项目经理与总监理工程师积怨太深
E. 发包人要求承担的保修责任期限过长

9. 下列属于民事违约责任承担方式的有（　　）。
A. 赔偿损失　　　B. 继续履行　　　C. 支付违约金　　　D. 定金罚则
E. 赔礼道歉

10. 关于意思表示生效的说法，正确的有（　　）。
A. 无相对人的意思表示，表示完成时生效
B. 以对话方式作出的意思表示，到达相对人时生效
C. 以非对话方式作出的意思表示，相对人未指定特定系统的，该数据电文进入系统时生效
D. 以非对话方式作出的意思表示相对人知道其内容时生效
E. 以公告方式做出的意思表示，公告发布时生效

5　建设工程安全生产管理法规

知识目标

◇ 了解建筑工程安全生产管理的基本制度
◇ 熟悉建筑工程安全生产的监督管理体制
◇ 熟悉建筑工程安全生产劳动保护制度
◇ 掌握安全生产许可证的取得条件
◇ 掌握建筑工程安全生产管理基本制度的内容
◇ 掌握建筑活动主体的安全生产责任
◇ 掌握关于建筑工程事故处理的法律规定

技能目标

◇ 能够运用所学的基本知识正确处理工程安全生产当事人之间的关系
◇ 能够运用建筑安全生产相关知识处理实际工作中遇到的问题和纠纷
◇ 具有通过职业资格考试的能力

案例导入与分析

案例1　9·13武汉施工电梯坠落事故

案情简介　2012年9月13日13时26分,湖北省武汉市"××景园"在建住宅发生载人电梯从30层坠落事故,共有19人遇难。

事发当日下午1时许,工地上一载满粉刷工人的电梯,在上升过程中突然失控,直冲到34层顶层后,电梯钢绳突然断裂,厢体呈自由落体直接坠到地面,造成梯笼内的作业人员随笼坠落。

据介绍,事故发生的原因或有两个方面:一是升降机搭建架不牢,可能有螺丝松动;二是事故升降机严重超载。此外,电梯的登记使用牌显示的有效期限为2011年6月23日至2012年6月23日,电梯超期运行数月。登记牌上标注了该电梯核定人数是12人,而事故电梯实际乘载19人。

湖北省住建厅公布了导致19人死亡的工地升降机坠落事故相关责任单位,称此事件为重大安全事故,事故性质恶劣,伤亡惨重。

问题:
(1) 导致发生该事故的原因有哪些?
(2) 参与单位的安全责任主要包括哪些?

分析:
(1) 重大建筑施工事故发生的直接原因是:事故发生时,事故施工升降机导轨架第66和67节标准节连接处的4个连接螺栓只有左侧两个螺栓有效连接,而右侧(受力边)两个螺栓的螺母脱落,无法受力。在此工况下,事故升降机左侧吊笼超过备案额定承载人数(12人),承载19人和约245千克物件,上升到第66节标准节上部(33楼顶部)接近平台位置时,产生的倾翻力矩大于对重体、导轨架等固有的平衡力矩,造成事故施工升降机左侧吊笼顷刻倾翻,并连同67~70节标准节坠落地面。

(2) 参与单位的安全责任主要包括以下一些。

①安全生产主体责任不落实,未与分公司、监理部签订安全生产责任书,安全生产管理制度不健全,落实不到位;

②公司内部管理混乱,对分公司管理、指导不到位,未督促分公司建立健全安全生产管理制度;

③相关人员证书资质不符合要求(有证的不干活,干活的没有证);

④进场施工手续不完备,未履行相关手续;

⑤对项目施工和施工升降机安装使用安全生产检查和隐患排查流于形式,未能及时发现和督促整改事故施工升降机存在的重大安全隐患(升降机属于特种设备,超期3个月未申报检测,安装有问题,未进行日常有效检查和保养);

⑥特种设备未有有资质的操作人员操作;

2021年6月修订后颁布的《中华人民共和国安全生产法》(以下简称《安全生产法》)规定,安全生产工作坚持中国共产党的领导。安全生产工作应当以人为本,坚持人民至上、生命至上,把保护人民生命安全摆在首位,树牢安全发展理念,坚持安全第一、预防为主、综合治理的方针,从源头上防范化解重大安全风险。

安全生产工作实行管行业必须管安全、管业务必须管安全、管生产经营必须管安全,强化和落实生产经营单位主体责任与政府监管责任,建立生产经营单位负责、职工参与、政府监管、行业自律和社会监督的机制。

5.1 施工安全生产许可证制度

2014年7月修订后发布的《安全生产许可证条例》规定,国家对矿山企业、建筑施工企业和危险化学品、烟花爆竹、民用爆炸物品生产企业(以下统称企业)实行安全生产许可制度。企业未取得安全生产许可证的,不得从事生产活动。省、自治区、直辖市人民政府建设主管部门负责建筑施工企业安全生产许可证的颁发和管理,并接受国务院建设主管部门的指导和监督。

2015年1月修订后发布的《建筑施工企业安全生产许可证管理规定》规定,建筑施工企业,是指从事土木工程、建筑工程、线路管道和设备安装工程及装修工程的新建、扩建、改建和拆除等有关活动的企业。建筑施工企业未取得安全生产许可证的，不得从事建筑施工活动。

《住房和城乡建设部办公厅关于建筑施工企业安全生产许可证等证书电子化的意见》（建办质函〔2019〕375号）规定，各省级住房和城乡建设主管部门可根据工作需要，对相关证书实行电子化管理作出明确规定，其他地区住房和城乡建设主管部门对依法核发的电子证书应予认可。

例题 5-1

某建筑安装公司承担一住宅工程施工。该公司原依法取得安全生产许可证，但在开工5个月后有效期满。因正值施工高峰期，该公司忙于组织施工，未能按规定办理延期手续。当地政府监管机构发现后，立即责令其停止施工，限期补办延期手续。但该公司为了赶工期，既没有停止施工，到期后也未办理延期手续。

问题：
(1) 本例中的建筑安装公司有哪些违法行为？
(2) 违法者应当承担哪些法律责任？

5.1.1 申请领取安全生产许可证的条件

《建筑施工企业安全生产许可证管理规定》中关于建筑施工企业取得安全生产许可证应当具备的安全生产条件有以下几个：

①建立、健全安全生产责任制，制定完备的安全生产规章制度和操作规程；
②保证本单位安全生产条件所需资金的投入；
③设置安全生产管理机构，按照国家有关规定配备专职安全生产管理人员；
④主要负责人、项目负责人、专职安全生产管理人员经住房城乡建设主管部门或者其他有关部门考核合格；
⑤特种作业人员经有关业务主管部门考核合格，取得特种作业操作资格证书；
⑥管理人员和作业人员每年至少进行1次安全生产教育培训并考核合格；
⑦依法参加工伤保险，依法为施工现场从事危险作业的人员办理意外伤害保险，为从业人员交纳保险费；
⑧施工现场的办公、生活区及作业场所和安全防护用具、机械设备、施工机具及配件符合有关安全生产法律、法规、标准和规程的要求；
⑨有职业危害防治措施，并为从业人员配备符合国家标准或者行业标准的安全防护用具和安全防护服装；
⑩有对危险性较大的分部分项工程及施工现场易发生重大事故的部位、环节的预防、监控措施的应急预案；
⑪有生产安全事故应急救援预案、应急救援组织或应急救援人员，配备必要的应急救援器材、设备；
⑫法律、法规规定的其他条件。

建筑施工企业未取得安全生产许可证的，不得从事建筑施工活动。

5.1.2 安全生产许可证的有效期和政府监管的规定

（1）安全生产许可证的申请

《安全生产许可证条例》规定，省、自治区、直辖市人民政府建设主管部门负责建筑施工企业安全生产许可证的颁发和管理，并接受国务院建设主管部门的指导和监督。

《建筑施工企业安全生产许可证管理规定》进一步明确，建筑施工企业申请安全生产许可证时，应当向住房城乡建设主管部门提供下列材料：

①建筑施工企业安全生产许可证申请表；

②企业法人营业执照；

③申请安全生产许可证应当具备的安全生产条件相关的文件、材料。

建筑施工企业申请安全生产许可证，应当对申请材料实质内容的真实性负责，不得隐瞒有关情况或者提供虚假材料。

（2）安全生产许可证的有效期

按照《安全生产许可证条例》的规定，安全生产许可证的有效期为3年。安全生产许可证有效期满需要延期的，企业应当于期满前3个月向原安全生产许可证颁发管理机关办理延期手续。企业在安全生产许可证有效期内，严格遵守有关安全生产的法律法规，未发生死亡事故的，安全生产许可证有效期届满时，经原安全生产许可证颁发管理机关同意，不再审查，安全生产许可证有效期延期3年。

《建筑施工企业安全生产许可证管理规定》进一步明确，建筑施工企业变更名称、地址、法定代表人等，应当在变更后10日内，到原安全生产许可证颁发管理机关办理安全生产许可证变更手续。建筑施工企业破产、倒闭、撤销的，应当将安全生产许可证交回原安全生产许可证颁发管理机关予以注销。建筑施工企业遗失安全生产许可证，应当立即向原安全生产许可证颁发管理机关报告，并在公众媒体上声明作废后，方可申请补办。

《住房和城乡建设部关于取消部分部门规章和规范性文件设定的证明事项的决定》（建法规〔2019〕6号）规定，建筑施工企业安全生产许可证遗失补办，由申请人告知资质许可机关，由资质许可机关在官网发布信息。

例题5-1分析

（1）本例中的建筑安装公司有两项违法行为：一是安全生产许可证有效期满，未依法办理延期手续并继续从事施工活动；二是在政府监管机构责令停止施工、限期补办延期手续后，仍逾期不补办延期手续，并继续从事施工活动。《安全生产许可证条例》第九条规定："安全生产许可证的有效期为3年。安全生产许可证有效期满需要延期的，企业应当于期满前3个月向原安全生产许可证颁发管理机关办理延期手续。"

（2）对于该建筑安装公司的违法行为，应当依法作出相应处罚。《安全生产许可证条例》第二十条规定："违反本条例规定，安全生产许可证有效期满未办理延期手续，继续进行生产的，责令停止生产，限期补办延期手续，没收违法所得，并处5万元以上10万元以下的罚款；逾期仍不办理延期手续，继续进行生产的，依照本条例第十九条的规定处罚。"第十九条规定："违反本条例规定，未取得安全生产许可证擅自进行生产的，责令停止生产，没收违法所得，并处10万元以上50万元以下的罚款；造成重大事故或者其他严重后果的，构成犯罪的，依法追究刑事责任。"

（3）政府监管

按照《建筑施工企业安全生产许可证管理规定》的规定，住房城乡建设主管部门在审核发放施工许可证时，应当对已经确定的建筑施工企业是否有安全生产许可证进行审查，对没有取得安全生产许可证的，不得颁发施工许可证。安全生产许可证颁发管理机关发现企业不再具备安全生产条件的，应当暂扣或者吊销安全生产许可证。建筑施工企业不得转让、冒用安全生产许可证或者使用伪造的安全生产许可证。

安全生产许可证颁发管理机构或者其上级行政机关发现有下列情形之一的，可以撤销已经颁发的安全生产许可证：

①安全生产许可证颁发管理机关工作人员滥用职权、玩忽职守颁发安全生产许可证的；

②超越法定职权颁发安全生产许可证的；

③违法法定程序颁发安全生产许可证的；

④对不具备安全生产条件的建筑施工企业颁发安全生产许可证的；

⑤依法可以撤销已经颁发的安全生产许可证的其他情形。

依照以上规定撤销安全生产许可证，建筑施工企业的合法权益受到损害的，住房城乡建设主管部门应当依法给予赔偿。

5.1.3 违法行为应承担的法律责任

例题 5-2

20×2年9月，某建筑安装公司（简称"建安公司"）与某设备租赁公司（简称"租赁公司"）签订一份租赁合同，由租赁公司向建安公司提供QTZ80A塔式起重机（简称塔吊）一台，并约定了租赁期限、租金标准及支付办法。此外，在合同中还约定：设备在运输、装拆过程中因违章作业所造成的事故由建安公司负责，其间发生的机械损伤由建安公司赔偿；设备在使用过程中，建安公司不得违章指挥，不得强令司机违章作业，并对上述行为产生的后果负全责；租赁公司应派随机司机2名，工资由建安公司负责；设备的运输、安装均由建安公司负责，建安公司必须具备或委托具备塔吊装拆专项资质的单位进行装拆活动，人员必须持证上岗；双方对各自派出的人员负责，各自对违章作业引发的后果或损失负责。

签约后，租赁公司派出了刘某和穆某两名塔吊司机。建安公司将该设备实际用于承建的某市住宅工程工地。20×2年12月20日，刘某因其他工作离开工地，他推荐同行业另一名塔吊司机顾某接替其工作，但未通知租赁公司。

20×3年7月3日，监理公司在安全检查时发现该塔吊的垂直偏差已超出规范的允许范围，即发出监理工程师通知单，要求立即停止使用该塔吊。建安公司准备次日上午派人到工地对该塔吊进行纠偏。20×3年7月3日上午9时许，在纠偏人员尚未到达工地的情况下，顾某与工地另一名塔吊司机唐某擅自违规对该塔吊进行垂直纠偏，导致该塔吊整体倾覆在工地的10号楼房顶上，造成1名工人死亡、3名工人轻伤以及塔吊报废的事故。

问题：

（1）这起事故中应当如何认定责任？

（2）事故责任者应当承担哪些法律责任？

安全生产许可证违法行为应承担的主要法律责任如下。

（1）未取得安全生产许可证擅自从事施工活动应承担的法律责任

《安全生产许可证条例》规定，未取得安全生产许可证擅自进行生产的，责令停止生产，没收违法所得，并处10万元以上50万元以下的罚款；造成重大事故或者其他严重后果，构成犯罪的，依法追究刑事责任。

（2）安全生产许可证有效期满未办理延期手续继续从事施工活动应承担的法律责任

《安全生产许可证条例》规定，安全生产许可证有效期满未办理延期手续，继续进行生产的，责令停止生产，限期补办延期手续，没收违法所得，并处5万元以上10万元以下的罚款；逾期仍不办理延期手续，继续进行生产的，依照未取得安全生产许可证擅自进行生产的规定处罚。

（3）转让安全生产许可证等应承担的法律责任

《安全生产许可证条例》规定，转让安全生产许可证的，没收违法所得，处10万元以上50万元以下的罚款，并吊销其安全生产许可证；构成犯罪的，依法追究刑事责任；接受转让的，依照未取得安全生产许可证擅自进行生产的规定处罚。冒用安全生产许可证或者使用伪造的安全生产许可证的，依照未取得安全生产许可证擅自进行生产的规定处罚。

（4）以不正当手段取得安全生产许可证应承担的法律责任

《建筑施工企业安全生产许可证管理规定》中规定，建筑施工企业隐瞒有关情况或者提供虚假材料申请安全生产许可证的，不予受理或者不予颁发安全生产许可证，并给予警告，1年内不得申请安全生产许可证。

建筑施工企业以欺骗、贿赂等不正当手段取得安全生产许可证的，撤销安全生产许可证，3年内不得再次申请安全生产许可证；构成犯罪的，依法追究刑事责任。

（5）暂扣安全生产许可证并限期整改的规定

《建筑施工企业安全生产许可证管理规定》中规定，取得安全生产许可证的建筑施工企业，发生重大安全事故的，暂扣安全生产许可证并限期整改。

建筑施工企业不再具备安全生产条件的，暂扣安全生产许可证并限期整改；情节严重的，吊销安全生产许可证。

例题 5-2 分析

（1）经有关部门调查核实，该建筑公司没有建筑施工安全生产许可证，而是从20×2年开始与某机械施工公司达成协议，由机械施工公司提供建筑施工安全生产许可证。据此，市建设工程安全质量监督总站在20×3年7月事故通报中确认，该塔吊由建安公司自行完成安装，建安公司对随机作业人员安全教育不力、管理不严，建安公司对事故负主要责任；某机械施工公司转让安全生产许可证的违规操作，要对事故承担次要责任。

（2）根据《安全生产许可证条例》第十九条规定："未取得安全生产许可证擅自进行生产的，责令停止生产，没收违法所得，并处10万元以上50万元以下的罚款；造成重大事故或者其他严重后果，构成犯罪的，依法追究刑事责任。"第二十一条规定："转让安全生产许可证的，没收违法所得，处10万元以上50万元以下的罚款，并吊销其安全生产许可证；构成犯罪的，依法追究刑事责任。"市政府主管部门分别对建安公司、某机械施工公司进行了相应的处罚。

5.2 施工安全生产责任和安全生产教育培训制度

《建筑法》规定，建筑工程安全生产管理必须坚持安全第一、预防为主的方针，建立健全安全生产的责任制度和群防群治制度。建筑施工企业应当建立健全劳动安全生产教育培训制度，加强对职工安全生产的教育培训；未经安全生产教育培训的人员，不得上岗作业。

2003年11月公布的《建设工程安全生产管理条例》进一步规定，施工单位应当建立健全安全生产责任制度和安全生产教育培训制度，制定安全生产规章制度和操作规程，保证本单位安全生产条件所需资金的投入，对所承担的建设工程进行定期和专项安全检查，并做好安全检查记录。

5.2.1 施工单位的安全生产责任

《安全生产法》规定，生产经营单位必须遵守《安全生产法》和其他有关安全生产的法律、法规，加强安全生产管理，建立健全全员安全生产责任制和安全生产规章制度，加大对安全生产资金、物资、技术、人员的投入保障力度，改善安全生产条件，加强安全生产标准化、信息化建设，构建安全风险分级管控和隐患排查治理双重预防机制，健全风险防范化解机制，提高安全生产水平，确保安全生产。

5.2.1.1 施工单位的安全生产管理职责

《安全生产法》规定，生产经营单位的全员安全生产责任制应当明确各岗位的责任人员、责任范围和考核标准等内容。生产经营单位应当建立相应的机制，加强对全员安全生产责任制落实情况的监督考核，保证全员安全生产责任制的落实。

《建筑法》还规定，建筑施工企业必须依法加强对建筑安全生产的管理，执行安全生产责任制度，采取有效措施，防止伤亡和其他安全生产事故的发生。

（1）施工单位主要负责人对安全生产工作全面负责

《安全生产法》规定，生产经营单位的主要负责人是本单位安全生产第一责任人，对本单位的安全生产工作全面负责。其他负责人对职责范围内的安全生产工作负责。

生产经营单位的主要负责人对本单位安全生产工作负有下列职责：

①建立健全并落实本单位全员安全生产责任制，加强安全生产标准化建设；
②组织制定并实施本单位安全生产规章制度和操作规程；
③组织制定并实施本单位安全生产教育和培训计划；
④保证本单位安全生产投入的有效实施；
⑤组织建立并落实安全风险分级管控和隐患排查治理双重预防工作机制，督促、检查本单位的安全生产工作，及时消除生产安全事故隐患；
⑥组织制定并实施本单位的生产安全事故应急救援预案；
⑦及时、如实报告生产安全事故。

生产经营单位可以设置专职安全生产分管负责人，协助本单位主要负责人履行安全生产管理职责。

《国务院办公厅关于加强安全生产监管执法的通知》（国办发〔2015〕20号）进一步

规定，国有大中型企业和规模以上企业要建立安全生产委员会，主任由董事长或总经理担任，董事长、党委书记、总经理对安全生产工作均负有领导责任，企业领导班子成员和管理人员实行安全生产"一岗双责"。

2014年6月住房和城乡建设部发布的《建筑施工企业主要负责人、项目负责人和专职安全生产管理人员安全生产管理规定》规定，主要负责人应当与项目负责人签订安全生产责任书，确定项目安全生产考核目标、奖惩措施，以及企业为项目提供的安全管理和技术保障措施。工程项目实行总承包的，总承包企业应当与分包企业签订安全生产协议，明确双方的安全生产责任。

住房和城乡建设部发布的《建筑施工企业主要负责人、项目负责人和专职安全生产管理人员安全生产管理规定实施意见》（建质〔2015〕206号）规定，企业主要负责人包括法定代表人、总经理（总裁）、分管安全生产的副总经理（副总裁）、分管生产经营的副总经理（副总裁）、技术负责人、安全总监等。

（2）施工单位安全生产管理机构和专职安全生产管理人员的职责

《安全生产法》规定，矿山、金属冶炼、建筑施工、运输单位和危险物品的生产、经营、储存、装卸单位，应当设置安全生产管理机构或者配备专职安全生产管理人员。生产经营单位的安全生产管理机构以及安全生产管理人员履行下列职责：

①组织或者参与拟订本单位安全生产规章制度、操作规程和生产安全事故应急救援预案；

②组织或者参与本单位安全生产教育和培训，如实记录安全生产教育和培训情况；

③组织开展危险源辨识和评估，督促落实本单位重大危险源的安全管理措施；

④组织或者参与本单位应急救援演练；

⑤检查本单位的安全生产状况，及时排查生产安全事故隐患，提出改进安全生产管理的建议；

⑥制止和纠正违章指挥、强令冒险作业、违反操作规程的行为；

⑦督促落实本单位安全生产整改措施。

生产经营单位进行涉及安全生产的经营决策，应当听取安全生产管理机构以及安全生产管理人员的意见。生产经营单位不得因安全生产管理人员依法履行职责而降低其工资、福利等待遇或者解除与其订立的劳动合同。

生产经营单位的安全生产管理人员应当根据本单位的生产经营特点，对安全生产状况进行经常性检查；对检查中发现的安全问题，应当立即处理；不能处理的，应当及时报告本单位有关负责人，有关负责人应当及时处理。检查及处理情况应当如实记录在案。生产经营单位的安全生产管理人员在检查中发现重大事故隐患，依照以上规定向本单位有关负责人报告，有关负责人不及时处理的，安全生产管理人员可以向负有安全生产监督管理职责的主管部门报告，接到报告的部门应当依法及时处理。

《建设工程安全生产管理条例》还规定，专职安全生产管理人员负责对安全生产进行现场监督检查。发现安全事故隐患，应当及时向项目负责人和安全生产管理机构报告；对违章指挥、违章操作的，应当立即制止。

住房和城乡建设部颁布《建筑施工企业安全生产管理机构设置及专职安全生产管理人员配备办法》（建质〔2008〕91号）规定，建筑施工企业应当依法设置安全生产管理机构，在企业主要负责人的领导下开展本企业的安全生产管理工作。建筑施工企业安全生产管理机构具有以下职责：
①宣传和贯彻国家有关安全生产法律法规和标准；
②编制并适时更新安全生产管理制度并监督实施；
③组织或参与企业生产安全事故应急救援预案的编制及演练；
④组织开展安全教育培训与交流；
⑤协调配备项目专职安全生产管理人员；
⑥制订企业安全生产检查计划并组织实施；
⑦监督在建项目安全生产费用的使用；
⑧参与危险性较大工程安全专项施工方案专家论证会；
⑨通报在建项目违规违章查处情况；
⑩组织开展安全生产评优评先表彰工作；
⑪建立企业在建项目安全生产管理档案；
⑫考核评价分包企业安全生产业绩及项目安全生产管理情况；
⑬参加生产安全事故的调查和处理工作；
⑭企业明确的其他安全生产管理职责。

建筑施工企业安全生产管理机构专职安全生产管理人员在施工现场检查过程中具有以下职责：
①查阅在建项目安全生产有关资料、核实有关情况；
②检查危险性较大工程安全专项施工方案落实情况；
③监督项目专职安全生产管理人员履责情况；
④监督作业人员安全防护用品的配备及使用情况；
⑤对发现的安全生产违章违规行为或安全隐患，有权当场予以纠正或作出处理决定；
⑥对不符合安全生产条件的设施、设备、器材，有权当场作出查封的处理决定；
⑦对施工现场存在的重大安全隐患有权越级报告或直接向建设主管部门报告；
⑧企业明确的其他安全生产管理职责。

建筑施工企业应当实行建设工程项目专职安全生产管理人员委派制度。建设工程项目的专职安全生产管理人员应当定期将项目安全生产管理情况报告企业安全生产管理机构。

项目专职安全生产管理人员具有以下主要职责：
①负责施工现场安全生产日常检查并做好检查记录；
②现场监督危险性较大工程安全专项施工方案实施情况；
③对作业人员违规违章行为有权予以纠正或查处；
④对施工现场存在的安全隐患有权责令立即整改；
⑤对于发现的重大安全隐患，有权向企业安全生产管理机构报告；
⑥依法报告生产安全事故情况。

（3）建设工程项目安全生产领导小组的职责

建筑施工企业应当在建设工程项目组建安全生产领导小组。建设工程实行施工总承包的，安全生产领导小组由总承包企业、专业承包企业和劳务分包企业项目经理、技术负责人和专职安全生产管理人员组成。

安全生产领导小组的主要职责有以下几项：
①贯彻落实国家有关安全生产法律法规和标准；

②组织制定项目安全生产管理制度并监督实施；
③编制项目生产安全事故应急救援预案并组织演练；
④保证项目安全生产费用的有效使用；
⑤组织编制危险性较大工程安全专项施工方案；
⑥开展项目安全教育培训；
⑦组织实施项目安全检查和隐患排查；
⑧建立项目安全生产管理档案；
⑨及时、如实报告安全生产事故。

例题 5-3

某建筑工程公司效益不好，公司领导决定进行改革，减负增效。经研究后决定将公司安全部撤销，安全管理人员8人中，4人下岗，4人转岗，原安全部承担的工作转由工会中的两人负责。由于公司领导撤销安全部门，整个公司的安全工作仅仅由两名负责工会工作的人兼任，该公司上下对安全生产工作普遍不重视，安全生产管理混乱，经常发生人员伤亡事故。

问题：该公司领导的做法是否正确？

（4）专职安全生产管理人员的配备要求

建筑施工企业安全生产管理机构专职安全生产管理人员的配备应满足下列要求，并应根据经营规模、设备管理和生产需要予以增加。

①建筑施工总承包资质序列企业：特级资质不少于6人；一级资质不少于4人；二级和二级以下资质企业不少于3人。

②建筑施工专业承包资质序列企业：一级资质不少于3人；二级和二级以下资质企业不少于2人。

③建筑施工劳务分包资质序列企业：不少于2人。

④建筑施工企业的分公司、区域公司等较大的分支机构应依据实际生产情况配备不少于2人的专职安全生产管理人员。

总承包单位配备项目专职安全生产管理人员应当满足下列要求。

①建筑工程、装修工程按照建筑面积配备：1万平方米以下的工程不少于1人；1万~5万平方米的工程不少于2人；5万平方米及以上的工程不少于3人，且按专业配备专职安全生产管理人员。

②土木工程、线路管道、设备安装工程按照工程合同价配备：5 000万元以下的工程不少于1人；5 000万~1亿元的工程不少于2人；1亿元及以上的工程不少于3人，且按专业配备专职安全生产管理人员。

分包单位配备项目专职安全生产管理人员应当满足下列要求。

①专业承包单位应当配置至少1人，并根据所承担的分部分项工程的工程量和施工危险程度增加。

②劳务分包单位施工人员在50人以下的，应当配备1名专职安全生产管理人员；50人~200人的，应当配备2名专职安全生产管理人员；200人及以上的，应当配备3名及以上专职安全生产管理人员，并根据所承担的分部分项工程的施工危险实际情况增加，不得少于工程施工人员总人数的5‰。

采用新技术、新工艺、新材料或致害因素多、施工作业难度大的工程项目，项目专职安全生产管理人员的数量应当根据施工实际情况，在以上规定的配备标准上增加。

施工作业班组可以设置兼职安全巡查员，对本班组的作业场所进行安全监督检查。建筑施工作业应当定期对兼职安全巡查员进行安全教育培训。

> **例题5-3分析**
>
> 实际上建筑施工单位本来就是事故多发、危险性较大、生产安全问题比较突出的领域，更应当将安全生产放在首要位置，否则难免出现安全问题甚至发生事故。《安全生产法》第二十四条第一款明确规定，矿山、金属冶炼、建筑施工、运输单位和危险物品的生产、经营、储存、装卸单位，应当设置安全生产管理机构或者配备专职安全生产管理人员。这样的规定，对于提高生产经营单位对安全生产的重视程度、健全生产经营单位安全生产管理机构和管理人员，具有重要意义。在案例中，建筑公司领导撤销安全生产管理机构，违反《安全生产法》的上述规定，是错误的，应当承担相应的法律责任。

5.2.1.2 施工单位负责人施工现场带班制度

《国务院关于进一步加强企业安全生产工作的通知》（国发〔2010〕23号）规定，强化生产过程管理的领导责任。企业主要负责人和领导班子成员要轮流现场带班。

住房和城乡建设部颁布的《建筑施工企业负责人及项目负责人施工现场带班暂行办法》（建质〔2011〕111号）进一步规定，企业负责人带班检查是指由建筑施工企业负责人带队实施对工程项目质量安全生产状况及项目负责人带班生产情况的检查。建筑施工企业负责人，是指企业的法定代表人、总经理、主管质量安全和生产工作的副总经理、总工程师和副总工程师。

建筑施工企业负责人要定期带班检查，每月检查时间不少于其工作日的25%。建筑施工企业负责人带班检查时，应认真做好检查记录，并分别在企业和工程项目存档备查。工程项目在进行超过一定规模的危险性较大的分部分项工程施工时，建筑施工企业负责人应到施工现场进行带班检查。对于有分公司（非独立法人）的企业集团，集团负责人因故不能到现场的，可书面委托工程所在地的分公司负责人对施工现场进行带班检查。工程项目出现险情或发现重大隐患时，建筑施工企业负责人应到施工现场带班检查，督促工程项目进行整改，及时消除险情和隐患。

5.2.1.3 生产安全事故隐患排查治理制度

《安全生产法》规定，生产经营单位应当建立安全风险分级管控制度，按照安全风险分级采取相应的管控措施。

生产经营单位应当建立健全并落实生产安全事故隐患排查治理制度，采取技术、管理措施，及时发现并消除事故隐患。事故隐患排查治理情况应当如实记录，并通过职工大会或者职工代表大会、信息公示栏等方式向从业人员通报。其中，重大事故隐患排查治理情况应当及时向负有安全生产监督管理职责的部门和职工大会或者职工代表大会报告。

生产经营单位应当关注从业人员的身体状况、心理状况和行为习惯，加强对从业人员的心理疏导、精神慰藉，严格落实岗位安全生产责任，防范从业人员行为异常导致的事故发生。

5 建设工程安全生产管理法规

《国务院关于进一步加强企业安全生产工作的通知》（国发〔2010〕23号）规定，对重大安全隐患治理实行逐级挂牌督办、公告制度。

住房和城乡建设部颁布的《房屋市政工程生产安全重大隐患排查治理挂牌督办暂行办法》（建质〔2011〕158号）进一步规定，重大隐患是指在房屋建筑和市政工程施工过程中，存在的危害程度较大、可能导致群死群伤或造成重大经济损失的生产安全隐患。建筑施工企业是房屋市政工程生产安全重大隐患排查治理的责任主体，应当建立健全重大隐患排查治理工作制度，并落实到每一个工程项目。企业及工程项目的主要负责人对重大隐患排查治理工作全面负责。建筑施工企业应当定期组织安全生产管理人员、工程技术人员和其他相关人员排查每一个工程项目的重大隐患，特别是对深基坑、高支模、地铁隧道等技术难度大、风险大的重要工程应重点定期排查。对排查出的重大隐患，应及时实施治理消除，并将相关情况进行登记存档。

建筑施工企业应及时将工程项目重大隐患排查治理的有关情况向建设单位报告。建设单位应积极协调勘察、设计、施工、监理、监测等单位，并在资金、人员等方面积极配合做好重大隐患排查治理工作。

住房城乡建设主管部门接到工程项目重大隐患举报，应立即组织核实，属实的由工程所在地住房城乡建设主管部门及时向承建工程的建筑施工企业下达《房屋市政工程生产安全重大隐患治理挂牌督办通知书》，并公开有关信息，接受社会监督。

承建工程的建筑施工企业接到《房屋市政工程生产安全重大隐患治理挂牌督办通知书》后，应立即组织治理。确认重大隐患消除后，向工程所在地住房城乡建设主管部门报送治理报告，并提请解除督办。工程所在地住房城乡建设主管部门收到建筑施工企业提出的重大隐患解除督办申请后，应当立即进行现场审查。审查合格的，依照规定解除督办。审查不合格的，继续实施挂牌督办。

5.2.2 施工项目负责人的安全生产责任

例题 5-4

20×2年6月5日，上海某发展总公司下属市政公司A（无建筑施工资质）以及某区建筑公司B（资质二级）承接的某仓储厂房工程工地上，施工人员根据项目部的安排，在外脚手架上进行模板工程的拆除作业。17时15分，几名工人在外脚手架上拆除3号房仓库圈梁和天沟模板支撑时，由于圈梁及天沟混凝土浇捣时间间隔过短，混凝土强度未达到施工规范规定，导致长60.48 m、高0.6 m、宽0.25 m的混凝土圈梁及天沟突然向外侧倾倒，从4.75米高的外墙上坍塌落下，将部分脚手架和其中的数名作业人员压在梁下。事故发生后，虽经现场负责人、职工以及医院多方极力抢救，但仍然造成了2死2伤的重大伤亡事故。

问题：
事故发生的直接原因、间接原因、主要原因有哪些？

《建设工程安全生产管理条例》规定，施工单位的项目负责人应当由取得相应职业资格的人员担任，对建设工程项目的安全施工负责，落实安全生产责任制度、安全生产规章制度和操作规程，确保安全生产费用的有效使用，并根据工程的特点组织制定安全施工措施，消除安全事故隐患，及时、如实报告生产安全事故。

（1）施工项目负责人的职业资格和安全生产责任

《建造师执业资格制度暂行规定》（人发〔2002〕111号）规定，建造师经注册后，有权以建造师名义担任建设工程项目施工的项目经理及从事其他施工活动的管理。

《建筑施工企业主要负责人、项目负责人和专职安全生产管理人员安全生产管理规定》明文规定，项目负责人对本项目安全生产管理全面负责，应当建立项目安全生产管理体系，明确项目管理人员安全职责，落实安全生产管理制度，确保项目安全生产费用有效使用。项目负责人应当按规定实施项目安全生产管理，监控危险性较大分部分项工程，及时排查处理施工现场安全事故隐患，隐患排查处理情况应当记入项目安全管理档案；发生事故时，应当按规定及时报告并开展现场救援。工程项目实行总承包的，总承包企业项目负责人应当定期考核分包企业安全生产管理情况。

（2）施工单位项目负责人施工现场带班制度

《建筑施工企业负责人及项目负责人施工现场带班暂行办法》规定，项目负责人是工程项目质量安全管理的第一责任人，应对工程项目落实带班制度负责。项目负责人带班生产是指项目负责人在施工现场组织协调工程项目的质量安全生产活动。

项目负责人在同一时期只能承担一个工程项目的管理工作。项目负责人带班生产时，要全面掌握工程项目质量安全生产状况，加强对重点部位、关键环节的控制，及时消除隐患。要认真做好带班生产记录并签字存档备查。项目负责人每月带班生产时间不得少于本月施工时间的80%。因其他事务需离开是施工现场时，应向工程项目的建设单位请假，经批准后方可离开，离开期间应委托项目相关负责人负责其外出时的日常工作。

《住房城乡建设部办公厅关于进一步加强危险性较大的分部分项工程安全管理的通知》（建办质〔2017〕39号）规定，施工单位项目经理是危大工程安全管控第一责任人，必须在危大工程施工期间现场带班，超过一定规模的危大工程施工时，施工单位负责人应当带班检查。

例题 5-4 分析

（1）造成该事故的直接原因。

①施工单位未按施工规范和施工图纸进行施工；

②仓库圈梁及天沟拆除模板的时间过早，导致拆模混凝土强度过低，明显违反有关施工规范的规定；

③砂浆强度偏低，混凝土保护厚度不均。

（2）造成该事故的间接原因。

①公司未按规定完整办理建设工程所需的手续，逃避有关部门的审批，违规、违法设计和施工；

②施工现场管理混乱，无安全管理人员，无作业规程，无施工组织设计，无安全防护措施，更无安全技术交底，以致未能及时发现和制止重大事故隐患。

（3）造成该事故的主要原因。

施工单位违反施工操作程序，施工质量低劣；公司不按规定办理审批手续；违法设计、施工。

5.2.3 施工总承包单位和分包单位的安全生产责任

例题 5-5

某高层办公楼，总建筑面积 137 500 m²，地下 3 层，地上 25 层。业主与施工总承包单位签订了施工总承包合同，并委托了工程监理单位。

建设单位将深基坑的支护和土方工程开挖委托给了专业设计单位，施工总承包完成桩基工程后，自行决定将基坑的支护和土方开挖工程分包给了一家专业分包单位施工，专业设计单位根据业主提供的勘察报告完成了基坑支护设计后，即将设计文件直接给了专业分包单位，专业分包单位在收到设计文件后编制了基坑支护工程和降水工程专项施工组织方案，施工组织方案由施工总承包单位项目经理签字后即由专业分包单位组织施工，专业分包单位在开工前进行了三级安全教育。

专业分包单位在施工过程中，由负责质量管理工作的施工人员兼任现场安全生产监督工作。土方开挖到接近基坑设计标高（自然地坪下 8.5 m）时，总监理工程师发现基坑四周地表出现裂缝，即向施工总承包单位发出书面通知，要求停止施工，并要求立即撤离现场施工人员，查明原因后再恢复施工，但总承包单位认为地表裂缝属正常现象没有理睬。不久基坑发生严重坍塌，并造成 4 名施工人员被掩埋，经抢救 3 人死亡，1 人重伤。

事故发生后，专业分包单位立即向有关安全生产监督管理部门上报了事故情况，经事故调查组调查，造成坍塌事故的主要原因是地质勘察资料中未标明地下存在古河道，基坑支护设计中未能考虑这一因素。事故中直接经济损失 80 万元，于是专业分包单位要求设计单位赔偿事故损失 80 万元。

问题：

（1）请指出上述整个事件中有哪些做法不妥，并写出正确的做法。

（2）这起事故的主要责任人是谁？请说明理由。

《安全生产法》规定，两个以上生产经营单位在同一作业区域内进行生产经营活动，可能危及对方生产安全的，应当签订安全生产管理协议，明确各自的安全生产管理职责和应当采取的安全措施，并指定专职安全生产管理人员进行安全检查与协调。

矿山、金属冶炼建设项目和用于生产、储存、装卸危险物品的建设项目的施工单位应当加强对施工项目的安全管理，不得倒卖、出租、出借、挂靠或者以其他形式非法转让施工资质，不得将其承包的全部建设工程转包给第三人或者将其承包的全部建设工程支解以后以分包的名义分别转包给第三人，不得将工程分包给不具备相应资质条件的单位。

（1）总承包单位应当承担的法定安全生产责任

《建筑法》规定，施工现场安全由建筑施工企业负责。实行施工总承包的，由总承包单位负责。

①分包合同应当明确总分包双方的安全生产责任。

《建设工程安全生产管理条例》规定，总承包单位依法将建设工程分包给其他单位的，分包合同中应当明确各自的安全生产方面的权利、义务。

施工总承包单位与分包单位的安全生产责任，可分为法定责任和约定责任。所谓法定责任，即法律法规中明确规定的总承包单位、分包单位各自的安全生产责任；所谓约定责任，即总承包单位与分包单位通过协商，在分包合同中约定各自应当承担的安全生产责任。但要注意，约定责任不能与法定责任相抵触。

②统一组织编制建设工程生产安全事故应急救援预案。

《建设工程安全生产管理条例》规定，施工单位应当根据建设工程施工的特点、范围，对施工现场易发生重大事故的部位、环节进行监控，制定施工现场生产安全事故应急救援预案。实行施工总承包的，由总承包单位统一组织编制建设工程生产安全事故应急救援预案，工程总承包单位和分包单位按照应急救援预案，各自建立应急救援组织或者配备应急救援人员，配备救援器材、设备，并定期组织演练。

③负责上报施工生产安全事故。

《建设工程安全生产管理条例》规定，实行施工总承包的建设工程，由总承包单位负责上报事故。

④承担连带责任。

《建设工程安全生产管理条例》规定，总承包单位和分包单位对分包工程的安全生产承担连带责任。

《建设工程安全生产管理条例》既强化了总承包、分包单位的安全生产责任意识，也有利于保护受损害者的合法权益。

例题 5-5 分析

（1）整个事件中存在的不妥之处和正确做法如下。

①施工总承包单位自行决定将基坑支护和土方开挖工程分包给了一家专业分包单位施工是不妥的，工程分包应报监理单位经建设单位同意后方可进行；

②专业设计单位完成基坑支护设计后，直接将设计文件给了专业分包单位的做法是不妥的，设计文件的交接应经建设单位交付给施工单位；

③专业分包单位编制的基坑工程和降水工程专项施工组织方案，经施工总承包单位项目经理签字后即组织施工的做法是不妥的，专业分包单位编制了基坑支护工程和降水工程专项施工组织方案后，应经总监理工程师审批后方可实施。

④事故发生后专业分包单位直接向有关安全生产监督管理部门上报事故的做法是不妥的，应经过总承包单位上报事故；

⑤专业分包单位要求设计单位赔偿事故损失是不妥的，专业分包单位和设计单位之间不存在合同关系，不能直接向设计单位索赔，专业分包单位可通过总包单位向建设单位索赔，建设单位再向设计单位索赔。

（2）在总监理工程师发出书面通知要求停止施工的情况下，施工总承包单位继续施工，直接导致事故的发生，所以本起事故的主要责任应由施工总承包单位承担。

(2) 分包单位应当承担的法定安全生产责任

例题 5-6

施工总承包单位将地下连续墙工程分包给具有相应资质的专业公司，未报建设单位审批；依合同约定将装饰装修工程分别发包给具有相应资质的 3 家装饰装修公司。上述分包合同均由施工总承包单位与分包单位签订，且均在安全管理协议中约定分包单位工程安全事故责任全部由分包单位承担。

问题：
请问本例中分包合同约定责任的承担是否符合规定？

《建筑法》规定，分包单位向总承包单位负责，服从总承包单位对施工现场的安全生产管理。《建设工程安全生产管理条例》进一步规定，分包单位应当服从总承包单位的安全生产管理，分包单位不服从管理导致生产安全事故的，由分包单位承担主要责任。

在工地上，往往有若干分包单位同时在施工，如果缺乏统一的组织管理，很容易发生安全事故。因此，分包单位要服从总承包单位对施工现场的安全生产规章制度、岗位操作要求等安全生产管理。否则，一旦发生施工安全生产事故，分包单位要承担主要责任。

例题 5-6 分析

总包单位与分包单位签订的分包合同中约定安全事故责任全部由分包单位承担是不符合规定的。根据《建设工程安全生产管理条例》的规定，总承包单位与分包单位应对分包工程的安全生产承担连带责任。

5.2.4 施工作业人员安全生产的权利和义务

《安全生产法》规定，生产经营单位的从业人员有依法获得安全生产保障的权利，并应当依法履行安全生产方面的义务。生产经营单位与从业人员订立的劳动合同，应当载明有关保障从业人员劳动安全、防止职业危害的事项，以及依法为从业人员办理工伤保险的事项，生产经营单位不得以任何形式与从业人员订立协议，免除或者减轻其对从业人员因生产安全事故伤亡依法应承担的责任。

《建筑法》规定，建筑施工企业和作业人员在施工过程中，应当遵守有关安全生产的法律、法规和建筑行业安全规章、规程，不得违章指挥或者违章作业。作业人员有权对影响人身健康的作业程序和作业条件提出改进意见，有权获得安全生产所需的防护用品。作业人员对危及生命安全和人身健康的行为有权提出批评、检举和控告。

例题 5-7

某单位建一幢两层办公用房，因工程规模较小，故找到当地一家小施工队建设。两层屋面即将封顶的时候，一名工人肩扛钢筋进入该两层屋面，不慎触到临近高压线从二楼坠楼。承包商将伤者送到医院救治 3 天，便不再支付医疗费用。伤者要求建设单位解决医疗费遭到拒绝，承包商不允许工人到建设单位闹事，工人因此到当地建设主管部门上诉。

问题：
建设单位和承包方是否要承担责任？

（1）施工作业人员应当享有的安全生产权利

按照《建筑法》《安全生产法》《建设工程安全生产管理条例》等法律、行政法规的规定，施工作业人员主要享有如下的安全生产权利。

①施工安全生产的知情权和建议权。

《安全生产法》规定，生产经营单位的从业人员有权了解其作业场所和工作岗位存在的危险因素、防范措施及事故应急措施，有权对本单位的安全生产工作提出建议。

《建筑法》规定，作业人员有权对影响人身健康的作业程序和作业条件提出改进意见。《建设工程安全生产管理条例》进一步规定，施工单位应当向作业人员提供安全防护用具和安全防护服装，并书面告知危险岗位的操作规程和违章操作的危害。

②施工安全防护用品的获得权。

《安全生产法》规定，生产经营单位必须为从业人员提供符合国家标准或者行业标准的劳动防护用品，并监督、教育从业人员按照使用规则佩戴、使用。

《建筑法》规定，作业人员有权获得安全生产所需的防护用品。《建设工程安全生产管理条例》进一步规定，施工单位应当向作业人员提供安全防护用具和安全防护服装。

③批评、检举、控告权及拒绝违章指挥权。

《建筑法》规定，作业人员对危及生命安全和人身健康的行为有权提出批评、检举和控告。《建设工程安全生产管理条例》进一步规定，作业人员有权对施工现场的作业条件、作业程序和作业方式中存在的安全问题提出批评、检举和控告，有权拒绝违章指挥和强令冒险作业。

《安全生产法》还规定，生产经营单位不得因从业人员对本单位安全生产工作提出批评、检举、控告或者拒绝违章指挥、强令冒险作业而降低其工资、福利等待遇或者解除与其订立的劳动合同。

④紧急避险权。

《安全生产法》规定，从业人员发现直接危及人身安全的紧急情况时，有权停止作业或者在采取可能的应急措施后撤离作业场所。生产经营单位不得因从业人员在上述紧急情况下停止作业或者采取紧急撤离措施而降低其工资、福利等待遇或者解除与其订立的劳动合同。《建设工程安全生产管理条例》也规定，在施工中发生危及人身安全的紧急情况时，作业人员有权立即停止作业或者在采取必要的应急措施后撤离危险区域。

⑤获得工伤保险和意外伤害保险赔偿的权利。

《建筑法》规定，建筑施工企业应当依法为职工参加工伤保险缴纳工伤保险费。鼓励企业为从事危险作业的职工办理意外伤害保险，支付保险费。

除依法享有工伤保险的各项权利外，从事危险作业的施工人员还可以依法享有意外伤害保险的权利。

⑥救治和请求民事赔偿权。

《安全生产法》规定，生产经营单位发生生产安全事故后，应当及时采取措施救治有关人员。因生产安全事故受到损害的从业人员，除依法享有工伤保险外，依照有关民事法律有获得赔偿的权利的，有权提出赔偿要求。

⑦依靠工会维权和被派遣劳动者的权利。

《安全生产法》规定，生产经营单位的工会依法组织职工参加本单位安全生产工作的民主管理和民主监督，维护职工在安全生产方面的合法权益。生产经营单位制定或者修改有关安全生产的规章制度，应当听取工会的意见。

工会对生产经营单位违反安全生产法律、法规，侵犯从业人员合法权益的行为，有权要求纠正；发现生产经营单位违章指挥、强令冒险作业或者发现事故隐患时，有权提出解决的建议，生产经营单位应当及时研究答复；发现危及从业人员生命安全的情况时，有权向生产经营单位建议组织从业人员撤离危险场所，生产经营单位必须立即作出处理。工会有权依法参加事故调查，向有关部门提出处理意见，并要求追究有关人员的责任。

生产经营单位使用被派遣劳动者的，被派遣劳动者享有《安全生产法》规定的从业人员的权利。

例题 5-7 分析

（1）建设单位新建楼房临近高压线，应通知承包商注意并加强管理，必要时还应采取一定的强制措施。而建设单位没有告知，有不可推卸的责任，工人要求解决医疗费完全合理。

（2）作业工人因不知情而发生事故，承包商也有连带责任。承包商给受伤工人一定的赔付也属正当要求。

（3）受伤工人找到当地建设主管部门投诉，请求解决问题是合法的维权行为。

（2）施工作业人员应当履行的安全生产义务

例题 5-8

在某高层建筑的外墙装饰施工工地，某施工单位为赶在雨季来临前完成施工，又从其他工地调配来一批工人，未经安全培训教育就安排这批工人到有关岗位开始作业。2名工人被安排从高处作业吊篮到6层从事外墙装饰作业。他们在作业完成后图省事，直接从高处作业吊篮的悬吊平台向6层窗口爬出，结果失足从10多米高空坠落，造成1死1重伤的故事。

问题：
本例中，施工单位有何违法行为？

按照《建筑法》《安全生产法》《建设工程安全生产管理条例》等法律、行政法规的规定，施工作业人员主要应当履行如下安全生产义务。

①守法遵章和正确使用安全防护用具等的义务。

《安全生产法》规定，从业人员在作业过程中，应当严格落实岗位安全责任，遵守本单位的安全生产规章制度和操作规程，服从管理，正确佩戴和使用劳动防护用品。

《建筑法》规定，建筑施工企业和作业人员在施工过程中，应当遵守有关安全生产的法律、法规和建筑行业安全规章、规程，不得违章指挥或者违章作业。《建设工程安全生产管理条例》进一步规定，作业人员应当遵守安全施工的强制性标准、规章制度和操作规程，正确使用安全防护用具、机械设备等。

②接受安全生产教育培训的义务。

《安全生产法》规定，从业人员应当接受安全生产教育和培训，掌握本职工作所需的安全生产知识，提高安全生产技能，增强事故预防和应急处理能力。《建设工程安全生产管理条例》也规定，作业人员进入新的岗位或者新的施工现场前，应当接受安全生产教育培训。未经教育培训或者教育培训考核不合格的人员，不得上岗作业。《国务院安委会关于进一步加强安全培训工作的决定》（安委〔2012〕10号）进一步规定，严格落实"三项岗位"人员持证上岗和从业人员先培训后上岗制度，健全安全培训档案。劳务派遣单位要加强劳务派遣工基本安全知识培训，劳务使用单位要确保劳务派遣工与本企业职工接受同等安全培训。

③施工安全事故隐患报告的义务。

《安全生产法》规定，从业人员发现事故隐患或者其他不安全因素，应当立即向现场安全生产管理人员或者本单位负责人报告；接到报告的人员应当及时予以处理。

④被派遣劳动者的义务。

《安全生产法》规定，生产经营单位使用被派遣劳动者的，被派遣劳动者应当履行《安全生产法》规定的相关义务。

例题5-8分析

《安全生产法》第二十八条规定："生产经营单位应当对从业人员进行安全生产教育和培训，保证从业人员具备必要的安全生产知识，熟悉有关的安全生产规章制度和安全操作规程，掌握本岗位的安全操作技能。未经安全生产教育和培训合格的从业人员，不得上岗作业。"

《建设工程安全生产管理条例》第三十七条进一步规定："作业人员进入新的岗位或者新的施工现场前，应当接受安全生产教育培训。未经教育培训或者教育培训考核不合格的人员，不得上岗作业。"

本例中，施工单位违法未对新进场的工人进行有针对性的安全教育培训，使2名作业人员违反了"操作人员必须从地面进出悬吊平台。在未采取安全保护措施的情况下，禁止从窗口、楼顶等其他位置进出悬吊平台"的安全操作规程，造成了伤亡事故的发生。

5.2.5 施工单位安全生产教育培训的规定

《建筑法》规定，建筑施工企业应当建立健全劳动安全生产教育培训制度，加强对职工安全生产的教育培训；未经安全生产教育培训的人员，不得上岗作业。《安全生产法》还规定，生产经营单位应当教育和督促从业人员严格执行本单位的安全生产规章制度和安全操作规程；并向从业人员如实告知作业场所和工作岗位存在的危险因素、防范措施以及事故应急措施。生产经营单位应当安排用于配备劳动防护用品、进行安全生产培训的经费。

《国务院安委会关于进一步加强安全培训工作的决定》指出，建立以企业投入为主、社会资金积极资助的安全培训投入机制。企业要在职工培训经费和安全费用中足额列支安全培训经费，实施技术改造和项目引进时要专门安排培训资金。

（1）施工单位"安管人员"和特种作业人员的培训考核

①"安管人员"的考核。

《安全生产法》规定，生产经营单位的主要负责人和安全生产管理人员必须具备与本单位所从事的生产经营活动相应的安全生产知识和管理能力。建筑施工、运输单位的主要负责人和安全生产管理人员，应当由主管的负有安全生产监督管理职责的部门对其安全生产知识和管理能力考核合格。考核不得收费。

《建设工程安全生产管理条例》则规定，施工单位的主要负责人、项目负责人、专职安全生产管理人员应当经建设行政主管部门或者其他部门考核合格后方可任职。

《建筑施工企业主要负责人、项目负责人和专职安全生产管理人员安全生产管理规定》还规定，企业主要负责人、项目负责人和专职安全生产管理人员合称为"安管人员"。"安管人员"应当通过其受聘企业，向企业工商注册地的省、自治区、直辖市人民政府住房城乡建设主管部门申请安全生产考核，并取得安全生产考核合格证书。安全生产考核合格证书有效期为3年，证书在全国范围内有效。

建筑施工企业应当建立安全生产教育培训制度，制订年度培训计划，每年对"安管人员"进行培训和考核，考核不合格的，不得上岗。

《建筑施工企业主要负责人、项目负责人和专职安全生产管理人员安全生产管理规定实施意见》中规定，专职安全生产管理人员分为机械、土建、综合三类。机械类专职安全生产管理人员可以从事起重机械、土石方机械、桩工机械等安全生产管理工作。土建类专职安全生产管理人员可以从事除起重机械、土石方机械、桩工机械等安全生产管理工作以外的安全生产管理工作。综合类专职安全生产管理人员可以从事全部安全生产管理工作。

②特种作业人员的培训考核。

《国务院关于坚持科学发展安全发展促进安全生产形势持续稳定好转的意见》（国发〔2011〕40号）规定，企业主要负责人、安全管理人员、特种作业人员一律经严格考核、持证上岗。《国务院安委会关于进一步加强安全培训工作的决定》进一步指出，严格落实"三项岗位"人员持证上岗制度。企业新任用或者招录"三项岗位"人员，要组织其参加安全培训，经考试合格持证后上岗。对发生人员死亡事故负有责任的企业主要负责人、实际控制人和安全管理人员，要重新参加安全培训考试。

"三项岗位"人员中的企业主要负责人、安全管理人员已涵盖在三类管理人员之中。对于特种作业人员，因其从事直接对本人或他人及其周围设置安全有着重大危险因素的作业，必须经专门的安全作业培训，并取得特种作业操作资格证书后，方可上岗作业。

例题 5-9

某公司在某大厦工地施工，杂工陈某发现潜水泵开动后漏电开关动作，便要求电工把潜水泵电源线不经漏电开关接上电源，起初电工不肯，但在陈某的多次要求下照办。潜水泵再次启动后，陈某拿一条钢筋欲挑起潜水泵检查是否沉入泥里，当陈某挑起潜水泵时，即触电倒地，经抢救无效死亡。

问题：
（1）分析事故发生的原因。
（2）应吸取哪些教训？

按照《建设工程安全生产管理条例》的规定，垂直运输机械作业人员、安装拆卸工、爆破作业人员、起重信号工、登高架设作业人员等特种作业人员，必须按照国家有关规定经过专门的安全作业培训，并取得特种作业操作资格证书后，方可上岗作业。住房和城乡建设部 2008 年 4 月颁布的《建筑施工特种作业人员管理规定》进一步规定，建筑施工特种作业包括：建筑电工；建筑架子工；建筑起重信号司索工；建筑起重机械司机；建筑起重机械安装拆卸工；高处作业吊篮安装拆卸工；经省级以上人民政府建设主管部门认定的其他特种作业。

例题 5-9 分析

（1）事故原因分析：

①杂工陈某由于不懂电气安全知识，在电工劝阻的情况下仍要求将潜水泵电源线直接接到电源，同时，在明知漏电的情况下用钢筋挑起潜水泵，违章作业，是造成事故的直接原因。

②电工在陈某的多次要求下违章接线，明知故犯，留下严重的事故隐患，是事故发生的重要原因。

（2）事故主要教训：

①必须让职工知道地自己的工作过程中以及工作的范围内有哪些危险、有害因素，危险程度以及安全防护措施。陈某知道漏电开关动作了，影响他的工作，但显然不知道漏电会危及他的人身安全，不知道在漏电的情况下用钢筋挑动潜水泵会丧命。

②必须明确规定并落实特种作业人员的安全生产责任制。特种作业危险因素多，危险程度大，不仅危及操作者本人的生命安全，还可能危及其他人员。本例中，电工有一定的安全知识，开始时不肯违章接线，但经不住同事的多次要求，明知故犯，违章作业，留下严重的事故隐患，没有负起应有的安全责任。

③应该建立事故隐患的报告和处理制度。漏电开关动作，表明隐患存在，操作工报告电工处理是应该的，但他不应该要求电工将电源线不经漏电开关接到电源上。电工知道漏电，应该检查原因，消除隐患，绝不能贪图方便。

（2）施工单位全员的安全生产教育培训

《安全生产法》规定，生产经营单位应当对从业人员进行安全生产教育和培训，保证从业人员具备必要的安全生产知识，熟悉有关的安全生产规章制度和安全操作规程，掌握本岗位的安全操作技能，了解事故应急处理措施，知悉自身在安全生产方面的权利和义务。未经安全生产教育和培训合格的从业人员，不得上岗作业。

生产经营单位使用被派遣劳动者的，应当将被派遣劳动者纳入本单位从业人员统一管理，对派遣劳动者进行岗位安全操作和安全操作技能的教育和培训。劳务派遣单位应当对被派遣劳动者进行必要的安全生产教育和培训。

生产经营单位应当建立安全生产教育和培训档案，如实记录安全生产教育和培训的时间、内容、参加人员以及考核结果等情况。

《建设工程安全生产管理条例》规定，施工单位应当对管理人员和作业人员每年至少进行一次安全生产教育培训，其教育培训情况记入个人工作档案。安全生产教育培训考核不合格的人员，不得上岗。《国务院关于坚持科学发展安全发展促进安全生产形势持续稳定好转的意见》规定，企业用工要严格依照劳动合同法与职工签订劳动合同，职工必须全部经培训合格后上岗。

（3）进入新岗位或者新施工现场前的安全生产教育培训

由于新岗位、新工地往往各有特殊性，施工单位须对新录用或转场的职工进行安全教育培训，包括施工安全生产法律法规、施工工地危险源识别、安全技术操作规程、机械设备电气及高处作业安全知识、防火防毒防尘防爆知识、紧急情况安全处理与安全疏散知识、安全防护用品知识以及发生事故时自救排险、抢救伤员、保护现场和及时报告等。

《建设工程安全生产管理条例》规定，作业人员进入新的岗位或者新的施工现场前，应当接受安全生产教育培训。未经教育或者教育培训考核不合格的人员，不得上岗作业。《国务院安委会关于进一步加强安全培训工作的决定》指出，严格落实企业职工先培训后上岗制度。建筑企业要对新职工进行至少32学时的安全培训，每年进行至少20学时的再培训。同时指出，要强化现场安全培训。高危企业要严格班前安全培训制度，有针对性地讲述岗位安全生产与应急救援知识、安全隐患和注意事项等，使班前安全培训成为安全生产第一道防线。要大力推广"手指口述"等安全确认法，帮助员工通过心想、眼看、手指、口述，确保按规程作业。要加强班组长培训，提高班组长现场安全管理水平和现场安全风险管控能力。

（4）采用新技术、新工艺、新设备、新材料前的安全生产教育培训

《安全生产法》规定，生产经营单位采用新工艺、新技术、新材料或者使用新设备，必须了解、掌握其安全技术特性，采取有效的安全防护措施，并对从业人员进行专门的安全生产教育和培训。

《建设工程安全生产管理条例》规定，施工单位在采用新技术、新工艺、新设备、新材料时，应当对作业人员进行相应的安全生产教育培训。

《国务院安委会关于进一步加强安全培训工作的决定》指出，企业调整职工岗位或者采用新工艺、新技术、新设备、新材料的，要进行专门的安全培训。

随着我国工程建设和科学技术的迅速发展，越来越多的新技术、新工艺、新设备、新材料被广泛应用于施工生产活动中，大大促进了施工生产效率和工程质量的提高，同时也对施工作业人员的素质提出了更高要求。如果施工单位对所采用的新技术、新工艺、新设备、新材料的了解与认识不足，或是没有采取有效的安全防护措施，没有对施工作业人员进行专门的安全生产教育培训，就很可能会导致事故的发生。

（5）安全教育培训方式

《国务院关于坚持科学发展安全发展促进安全生产形势持续稳定好转的意见》规定，施工单位应当根据实际需要，对不同岗位、不同工种的人员进行因人施教。安全教育培训可采取多种形式，包括安全形势报告会、事故案例分析会、安全法制教育、安全技术交流、安全竞赛、师傅带徒弟等。

《国务院安委会关于进一步加强安全培训工作的决定》进一步指出，完善和落实师傅带徒弟制度。高危企业新职工安全培训合格后，要在经验丰富的工人师傅带领下，实习至少2个月后方可独立上岗。工人师傅一般应当具备中级工以上技能等级，3年以上相应工作经历，成绩突出，善于"传、帮、带"，没有发生过"三违"行为等条件。要组织签订师徒协议，建立师傅带徒弟激励约束机制。支持大中型企业和欠发达地区建立安全培训机构，重点建设一批具有仿真、实操特色的示范培训机构。加强远程安全培训。开发国家安

全培训网和有关行业网络学习平台,实现优质资源共享。实行网络培训学时学分制,将学时和学分结果与继续教育、再培训挂钩,拓展远程培训形式。

5.3 施工现场安全防护制度

《中共中央 国务院关于推进安全生产领域改革发展的意见》(中发〔2016〕32号)中指出,企业要定期开展风险评估和危害辨识。针对高危工艺、设备、物品、场所和岗位,建立分级管控制度,制定落实安全操作规程。树立"隐患就是事故"的观念,建立健全隐患排查治理制度、重大隐患治理情况向负有安全生产监督管理职责的部门和企业职代会"双报告"制度,实行自查、自改、自报闭环管理。严格执行安全生产和职业健康"三同时"制度。大力推进企业安全生产标准化建设,实现安全管理、操作行为、设备设施和作业环境的标准化。

例题 5-10

某商务中心为高层建筑,总建筑面积约15万平方米,地下2层,地上22层。业主与施工单位签订了施工总承包合同,并委托监理单位进行工程监理。开工前,施工单位进行了三级安全教育。在地下桩基施工中,由于是深基坑工程,项目经理部按照设计文件和施工技术标准编制了基坑支护及降水工程专项施工方案,经项目经理签字后组织施工。同时,项目经理安排负责质量检查的人员兼任安全工作。当土方开挖至坑底设计标高时,监理工程师发现基坑四周地表出现大量裂纹,坑边部分土石有滑落现象,即向现场作业人员发出口头通知,要求停止施工,撤离相关作业人员。但施工作业人员担心拖延施工进度,对监理通知不予理睬,继续施工。随后,基坑发生大面积垮塌,基坑下6名作业人员被埋,造成3人死亡、2人重伤、1人轻伤。事故发生后,经查施工单位未办理工伤保险。

问题:
本例中,施工单位有哪些违法行为?

5.3.1 编制安全技术措施、专项施工方案和安全技术交底的规定

《建筑法》规定,建筑施工企业在编制施工组织设计时,应当根据建筑工程的特点制定相应的安全技术措施;对专业性较强的工程项目,应当编制专项施工组织设计,并采取安全技术措施。

(1)编制安全技术措施、临时用电方案和安全专项施工方案

《建设工程安全生产管理条例》规定,施工单位应当在施工组织设计中编制安全技术措施和施工现场临时用电方案,对下列达到一定规模的危险性较大的分部分项工程编制专项施工方案,并附具安全验算结果,经施工单位技术负责人、总监理工程师签字后实施,由专职安全生产管理人员进行现场监督:①基坑支护与降水工程;②土方开挖工程;③模板工程;④起重吊装工程;⑤脚手架工程;⑥拆除、爆破工程;⑦国务院建设行政主管部门或者其他有关部门规定的其他危险性较大的工程。对以上所列工程中涉及深基坑、地下

暗挖工程、高大模板工程的专项施工方案，施工单位还应当组织专家进行论证、审查。

所谓危险性较大的分部分项工程（以下简称"危大工程"），是指房屋建筑和市政基础设施工程在施工过程中，容易导致人员群死群伤或者造成重大经济损失的分部分项工程。

①危大工程安全专项施工方案的编制。

2019年3月住房和城乡建设部修订后颁布的《危险性较大的分部分项工程安全管理规定》明文规定，施工单位应当在危大工程施工前组织工程技术人员编制专项施工方案。实行施工总承包的，专项施工方案应当由施工总承包单位组织编制。危大工程实行分包的，专项施工方案可以由相关专业分包单位组织编制。

专项施工方案应当由施工单位技术负责人审核签字、加盖单位公章，并由总监理工程师审查签字、加盖执业印章后方可实施。危大工程实行分包并由分包单位编制专项施工方案的，专项施工方案应当由总承包单位技术负责人及分包单位技术负责人共同审核签字并加盖单位公章。

对于超过一定规模的危大工程，施工单位应当组织召开专家论证会对专项施工方案进行论证。实行施工总承包的，由施工总承包单位组织召开专家论证会。专家论证前专项施工方案应当通过施工单位审核和总监理工程师审查。

专家论证会后，应当形成论证报告，对专项施工方案提出通过、修改后通过或者不通过的一致意见。专家对论证报告负责并签字确认。专项施工方案经论证不通过的，施工单位修改后应当按照《危险性较大的分部分项工程安全管理规定》的要求重新组织专家论证。

②危大工程安全专项施工方案的实施。

施工单位应当在施工现场显著位置公告危大工程名称、施工时间和具体责任人员，并在危险区域设置安全警示标志。

施工单位应当严格按照专项施工方案组织施工，不得擅自修改专项施工方案。因规划调整、设计变更等原因确需调整的，修改后的专项施工方案应当按照《危险性较大的分部分项工程安全管理规定》重新审核和论证。涉及资金或者工期调整的，建设单位应当按照约定予以调整。

施工单位应当对危大工程施工作业人员进行登记，项目负责人应当在施工现场履职。项目专职安全生产管理人员应当对专项施工方案实施情况进行现场监督，对未按照专项施工方案施工的，应当要求立即整改，并及时报告项目负责人，项目负责人应当及时组织限期整改。施工单位应当按照规定对危大工程进行施工监测和安全巡视，发现危及人身安全的紧急情况，应当立即组织作业人员撤离危险区域。

监理单位应当结合危大工程专项施工方案编制监理实施细则，并对危大工程施工实施专项巡视检查。监理单位发现施工单位未按照专项施工方案施工的，应当要求其进行整改；情节严重的，应当要求其暂停施工，并及时报告建设单位。施工单位拒不整改或者不停止施工的，监理单位应当及时报告建设单位以及工程所在地住房和城乡建设主管部门。

对于按照规定需要进行第三方监测的危大工程，建设单位应当委托具有相应勘察资质的单位进行监测。监测单位应当编制监测方案。监测方案由监测单位技术负责人审核签字并加盖单位公章，报送监理单位后方可实施。监测单位应当按照监测方案开展监测，及时向建设单位报送监测成果，并对监测成果负责；发现异常时，及时向建设、设计、施工、监理单位报告，建设单位应当立即组织相关单位采取处置措施。

对于按照规定需要验收的危大工程，施工单位、监理单位应当组织相关人员进行验收。验收合格的，经施工单位项目技术负责人及总监理工程师签字确认后，方可进入下一道工序。危大工程验收合格后，施工单位应当在施工现场明显位置设置验收标识牌，公示验收时间及责任人员。

危大工程发生险情或者事故时，施工单位应当立即采取应急处置措施，并报告工程所在地住房和城乡建设主管部门。建设、勘察、设计、监理等单位应当配合施工单位开展应急抢险工作。危大工程应急抢险结束后，建设单位应当组织勘察、设计、施工、监理等单位制定工程恢复方案，并对应急抢险工作进行后评估。

施工、监理单位应当建立危大工程安全管理档案。施工单位应当将专项施工方案及审核、专家论证、交底、现场检查、验收及整改等相关资料纳入档案管理。监理单位应当将监理实施细则、专项施工方案审查、专项巡视检查、验收及整改等相关资料纳入档案管理。

例题5-10 分析

本例中，施工单位存在如下违法问题：

（1）专项施工方案审批程序错误。按照《建设工程安全生产管理条例》第二十六条的规定，施工单位对达到一定规模的危险性较大的分部分项工程编制专项施工方案后，须经施工单位技术负责人、总监理工程师签字后实施。而本例中的基坑支护和降水工程专项施工方案仅由项目经理签字后即组织施工，是违法的。

（2）安全生产管理环节严重缺失。《建设工程安全生产管理条例》第二十三条规定，施工单位应当设立安全生产管理机构，配备专职安全生产管理人员。第二十六条还规定，对分部分项工程专项施工方案的实施，"由专职安全生产管理人员进行现场监督"。本例中，项目经理部安排质量检查人员兼任安全管理人员，明显违反了上述规定。

（3）施工作业人员安全生产自我保护意识不强。《建设工程安全生产管理条例》第三十二条规定："作业人员有权对施工现场的作业条件、作业程序和作业方式中存在的安全问题提出批评、检举和控告，有权拒绝违章指挥和强令冒险作业。在施工中发生危及人身安全的紧急情况时，作业人员有权立即停止作业或者采取必要的应急措施后撤离危险区域。"本例中，施工作业人员迫于施工进度压力冒险作业，也是造成安全事故的重要原因。

（4）施工单位未办理工伤保险。《建筑法》规定，建筑施工企业应当依法为职工参加工伤保险缴纳工伤保险费。鼓励企业为从事危险作业的职工办理意外伤害保险，支付保险费。工伤保险是强制性保险，必须依法办理。

（2）安全施工技术交底

例题5-11

20×2年7月20日，一大学分校在建工地，一座正在安装中的塔吊突然坍塌，3名工人从近20米高的塔臂上摔下，其中1人重伤，2人不治身亡。经调查发现，塔吊安装部位应当使用28毫米的高强螺栓，而实际使用的却是22毫米的非标螺丝，平衡臂无法承受安装荷载导致弯曲变形，3名正在作业的工人来不及躲避从20米高处坠落。

> 问题：
> 对于高空作业人员，项目部应该有哪些必要的安全防护措施？

《建设工程安全生产管理条例》规定，建设工程施工前，施工单位负责项目管理的技术人员应当对有关安全施工的技术要求向施工作业班组、作业人员进行详细说明，并由双方签字确认。

《危险性较大的分部分项工程安全管理规定》规定，专项施工方案实施前，编制人员或者项目技术负责人应当向施工现场管理人员进行方案交底。施工现场管理人员应当向作业人员进行安全技术交底，并由双方和项目专职安全生产管理人员共同签字确认。

安全技术交底，通常包括施工工种安全技术交底、分部分项工程施工安全技术交底、大型特殊工程单项安全技术交底、设备安装工程技术交底以及采用新工艺、新技术、新材料施工的安全技术交底等。

例题 5-11 分析

> 对于高空且属于特殊工种的作业人员，项目部应该在上岗前进行安全教育，且由安全员和技术员进行安全和技术交底。操作过程中，要由质检员和监理工程师等检查施工质量和安全措施落实情况，同时还必须有必要的安全防护措施。

5.3.2 施工现场安全防护、安全费用和特种设备安全管理的规定

例题 5-12

> 某商住楼位于市滨江大道东段，建筑面积 14 700 m²，8 层框混结构，基础采用人工挖孔桩工 106 根。该工程的土方开挖、安放孔桩钢筋笼即浇筑混凝土工程，由某建筑公司以包工不包料形式转包给个人何某之后，何某又转包给民工温某施工。
>
> 在该工地的上部距地面 7 m 左右处，有一条 10 KV 架空线路经东西方向穿过。20×1 年 5 月 17 日开始土方回填，至 5 月底完成土方回填时，架空线路距离地面净空只剩 5.6 m，其间施工单位曾多次要求建设单位尽快迁移，但始终未得以解决，而施工单位就一直违章在高压架空线下方不采取任何措施冒险作业。当 2011 年 8 月 3 日承包人温某正违章指挥 12 名民工，将 6 m 长的钢筋笼放入桩孔时，顶部钢筋距高压线过近而产生电弧，导致 11 名民工被击倒，造成 3 人死亡、3 人受伤的重大事故。
>
> 问题：
> 试分析该事故的主要原因、事故的性质及主要责任。

5.3.2.1 施工现场安全防护

《建筑法》第三十九条规定："建筑施工企业应当在施工现场采取维护安全、防范危险、预防火灾等措施；有条件，应当对施工现场实行封闭管理。""施工现场对毗邻的建筑物、构筑物和特殊作业环境可能造成损害的，建筑施工企业应当采取安全防护措施。"

《国务院办公厅关于促进建筑业持续健康发展的意见》（国办发〔2017〕19 号）规

定，全面落实安全生产责任，加强施工现场安全防护，特别要强化对深基坑、高支模、起重机械等危险性较大的分部分项工程的管理，以及对不良地质地区重大工程项目的风险评估或论证。

例题 5-12 分析

事故原因分析

1）技术方面

由于高压线路的周围空间存在强电场，附近的导体成为带电体，因此明文规定禁止在高压架空线下方作业，在一侧作业时应保持一定安全距离，防止发生触电事故。

该施工现场桩孔钢筋笼长 6 m，上面高压线路距地面仅剩 5.6 m，在无任何防护措施的情况下又不能保证安全距离，因此必然发生触电事故。

2）管理方面

（1）建筑市场管理失控，私自转包，无资质承包，从而造成管理混乱，违章指挥，最终导致发生事故。

（2）建设单位不重视施工环境的安全条件。高压架空线下方不允许施工，然而建设单位未尽到职责办理线路迁移，从而发生触电事故。

事故结论与教训

（1）事故主要原因。

本次事故是由于违法分包给无资质个人施工，致使现场管理混乱，违章指挥，在不具备安全条件下冒险施工导致的触电事故。

（2）事故性质。

本次事故属责任事故。建设单位违法发包、无资质个人承包、现场高压架空线不迁移就施工、违章指挥、冒险作业等都是严重的不负责任行为，最终发生事故。

（3）主要责任。

①个人承包人现场违章指挥，是造成事故的直接责任者。

②建设单位和某建筑公司违反《建筑法》规定，不按程序发包和将工程发包给无资质的个人，造成现场混乱。建筑公司不加管理，建设单位不认真解决事故隐患，是这次事故的主要责任者，建设单位负责人和某建筑公司法人代表应负责任。

例题 5-13

20×9 年 8 月，某建筑公司按合同约定对其施工并已完成的路面进行维修，路面经铲挖后形成凹凸和小沟，路边堆有沙石料，但在施工路面和路两头均未设置任何提示过往行人及车辆注意安全的警示标志。20×9 年 8 月 16 日，张某骑摩托车经过此路段时，因不明路况，摩托车碰到路面上的施工材料而翻倒，造成 10 级伤残。张某受伤后多次要求该建筑公司赔偿，但该建筑公司认为张某受伤与己方无关。张某遂将建筑公司起诉至人民法院。

问题：

（1）本例中的建筑公司是否存在违法施工行为？

（2）该建筑公司是否应承担赔偿的民事法律责任？

5　建设工程安全生产管理法规

（1）危险部位设置安全警示标志

《建设工程安全生产管理条例》规定，施工单位应当在施工现场入口处、施工起重机械、临时用电设施、脚手架、出入通道口、楼梯口、电梯井口、孔洞口、桥梁口、隧道口、基坑边沿、爆破物及有害危险气体和液体存放处等危险部位，设置明显的安全警示标志。安全警示标志必须符合国家标准。

所谓危险部位，是指存在着危险因素，容易造成施工作业人员或者其他人员伤亡的地点。虽然工地现场的情况千差万别，不同施工现场的危险源不尽相同，但施工现场入口处、施工起重机械、临时用电设施、脚手架、出入通道口、楼梯口、电梯井口、孔洞口、桥梁口、隧道口、基坑边沿、爆破物及有害危险气体和液体存放处等，通常都是容易出现生产安全事故的危险部位。

安全警示标志，则是提醒人们注意的各种标牌、文字、符号以及灯光等，一般由安全色、几何图形和图形符号构成。安全警示标志须符合国家标准《安全标志及其使用导则》（GB 2894—2008）的有关规定。

例题 5-13 分析

（1）《建设工程安全生产管理条例》第二十八规定："施工单位应当在施工现场入口处、施工起重机械、临时用电设施、脚手架、出入通道口、楼梯口、电梯井口、孔洞口、桥梁口、隧道口、基坑边沿、爆破物及有害危险气体和液体存放处等危险部位，设置明显的安全警示标志。安全警示标志必须符合国家标准。"本例中的某建筑公司在施工时未设置任何提示过往行人及车辆注意安全的警示标志，明显违反了上述规定。

（2）某建筑公司在进行路面维修时，致使路面凹凸不平，并未设置明显警示标志和采取安全措施，造成原告伤残。《民法典》第一千二百五十八条规定："在公共场所或者道路上挖掘、修缮安装地下设施等造成他人损害，施工人不能证明已经设置明显标志和采取安全措施的，应当承担侵权责任。"建筑公司作为施工方应当承担民事赔偿责任。

（2）不同施工阶段和暂停施工应采取的安全施工措施

《建设工程安全生产管理条例》规定，施工单位应当根据不同施工阶段和周围环境及季节、气候的变化，在施工现场采取相应的安全施工措施。施工现场暂时停止施工的，施工单位应当做好现场防护，所需费用由责任方承担，或者按照合同约定执行。

由于施工作业的风险性较大，在地下施工、高处施工等不同的施工阶段要采取相应安全措施，并应根据周围环境和季节、气候变化，加强季节性防护措施。例如，夏季要防暑降温，在特殊高温的天气下要调整施工时间、改变施工方式等；冬季要防寒防冻，防止煤气中毒，还应专门制定保证施工安全的安全技术措施；夜间施工应有足够的照明，在深坑、陡坡等危险地段应增设红灯标志；雨期和冬期施工时，应对道路采取防护措施；傍山沿河地区应采取防滑坡、防泥石流、防汛措施；大风、大雨期间应暂停施工等。

（3）施工现场临时设施的安全卫生要求

《安全生产法》规定，生产经营场所和员工宿舍应当设有符合紧急疏散要求、标志明显、保持畅通的出口、疏散通道。禁止占用、锁闭、封堵生产经营场所或者员工宿舍的出口、疏散通道。

《建设工程安全生产管理条例》规定，施工单位应当将施工现场的办公、生活区与作业区分开设置，并保持安全距离；办公、生活区的选址应当符合安全性要求。职工的膳食、饮水、休息场所等应当符合卫生标准。施工单位不得在尚未竣工的建筑物内设置员工集体宿舍。施工现场临时搭建的建筑物应当符合安全使用要求。施工现场使用的装配式活动房屋应当具有产品合格证。

2021年4月经修订后公布的《中华人民共和国食品安全法》（以下简称《食品安全法》）规定，学校、托幼机构、养老机构、建筑工地等集中用餐单位的食堂应当严格遵守法律、法规和食品安全标准；从供餐单位订餐的，应当从取得食品生产经营许可的企业订购，并按照要求对订购的食品进行查验。

（4）对施工现场周边的安全防护措施

例题 5-14

某建筑公司在城市市区承担一商厦工程施工，在施工现场周边设置了2m高的围挡，但因施工日久失管，有几处已破损形成孔洞。某日，有2个男孩从破洞处钻入工地现场玩耍，不小心被堆放的钢筋等材料碰伤，引起了孩子家长与该建筑公司的赔偿纠纷。

问题：
本例中的建筑公司是否存在违法行为？

《建设工程安全生产管理条例》规定，施工单位对因建设工程施工可能造成损害的毗邻建筑物、构筑物和地下管线等，应当采取专项防护措施。在城市市区内的建设工程，施工单位应当对现场实行封闭围挡。

施工单位对施工现场实行封闭围挡，包括两个方面的内容：一是对在建的建筑物、构筑物使用密目式安全网封闭，这样既能保护作业人员的安全，防止高处坠物伤人，消除施工过程中的不安全因素，防止将不安全因素扩散到场外，又能减少扬尘外泄；二是对施工现场实行封闭式管理，无关人员不能随意进入。采取这些措施，既解决了"扰民"和"民扰"两个问题，也起到了保护环境、美化市容和文明施工的作用。因此，施工现场实行封闭式管理是很有必要的。

施工现场的作业条件差，不安全因素多，在作业过程中既容易伤害到作业人员，也容易伤害到施工现场以外的人员。施工现场围挡应沿工地四周连线设置，并根据地质、气候、围挡材料进行设计与计算，确保围挡的安全性，做到坚固、稳定、整洁、美观。施工现场位于一般路段的围挡应高于1.8 m，在市区主要路段的围挡应高于2.5 m。

例题 5-14 分析

《建设工程安全生产管理条例》第三十条第三款规定："在城市市区内的建设工程，施工单位应当对施工现场实行封闭围挡。"本例中的某建筑公司虽然对施工现场设置了围挡，但由于疏于管理和维护，围挡出现多处孔洞，未能真正形成封闭，违反了上述规定。

（5）危险作业的施工现场安全管理

《安全生产法》规定，生产经营单位进行爆破、吊装、动火、临时用电以及国务院应急管理部门会同国务院有关部门规定的其他危险作业，应当安排专门人员进行现场安全管理，确保操作规程的遵守和安全措施的落实。

2013年12月经修订后颁布的《危险化学品安全管理条例》还规定，进行可能危及危险化学品管道安全的施工作业,施工单位应当在开工的7日前书面通知管道所属单位,并与管道所属单位共同制定应急预案,采取相应的安全防护措施。管道所属单位应当指派专门人员到现场进行管道安全保护指导。

爆破、吊装等作业具有较大危险性,很容易发生事故;危险化学品,是指具有毒害、腐蚀、爆炸、燃烧、助燃等性质,对人体、设施、环境具有危害的剧毒化学品和其他化学品。因此,施工作业人员必须严格按照操作规程进行操作,施工单位也应当会同有关单位采取必要的防范措施,安排专门人员进行作业现场的安全管理。

住房和城乡建设部安全生产管理委员会办公室《关于印发起重机械、基坑工程等五项危险性较大的分部分项工程施工安全要点的通知》(建安办函〔2017〕12号)规定,基坑工程施工安全要点包括以下内容。

①基坑工程必须按照规定编制、审核专项施工方案,超过一定规模的深基坑工程要组织专家论证。基坑支护必须进行专项设计。

②基坑工程施工企业必须具有相应的资质和安全生产许可证,严禁无资质、超范围从事基坑工程施工。

③基坑施工前,应当向现场管理人员和作业人员进行安全技术交底。

④基坑施工要严格按照专项施工方案组织实施,相关管理人员必须在现场进行监督,发现不按照专项施工方案施工的,应当要求立即整改。

⑤基坑施工必须采取有效措施,保护基坑主要影响区范围内的建(构)筑物和地下管线安全。

⑥基坑周边施工材料、设施或车辆荷载严禁超过设计要求的地面荷载限值。

⑦基坑周边应按要求采取临边防护措施,设置作业人员上下专用通道。

⑧基坑施工必须采取基坑内外地表水和地下水控制措施,防止出现积水和漏水漏沙。汛期施工,应当对施工现场排水系统进行检查和维护,保证排水畅通。

⑨基坑施工必须做到先支护后开挖,严禁超挖,及时回填。支护结构未达到拆除条件时严禁拆除。

⑩基坑工程必须按照规定实施施工监测和第三方监测,指定专人对基坑周边进行巡视,出现危险征兆时应当立即报警。

脚手架施工安全要点包括以下内容。

①脚手架工程必须按照规定编制、审核专项施工方案,超过一定规模的要组织专家论证。

②脚手架搭设、拆除单位必须具有相应的资质和安全生产许可证,严禁无资质从事脚手架搭设、拆除作业。

③脚手架搭设、拆除人员必须取得建筑施工特种作业人员操作资格证书。

④脚手架搭设、拆除前,应当向现场管理人员和作业人员进行安全技术交底。

⑤脚手架材料进场使用前,必须按规定进行验收,未经验收或验收不合格的严禁使用。

⑥脚手架搭设、拆除要严格按照专项施工方案组织实施,相关管理人员必须在现场进行监督,发现不按照专项施工方案施工的,应当要求立即整改。

⑦脚手架外侧以及悬挑式脚手架、附着升降脚手架底层应当封闭严密。

⑧脚手架必须按专项施工方案设置剪刀撑和连墙件。落地式脚手架搭设场地必须平整

坚实。严禁在脚手架上超载堆放材料,严禁将模板支架、缆风绳、泵送混凝土和砂浆的输送管等固定在架体上。

⑨脚手架搭设必须分阶段组织验收,验收合格的,方可投入使用。

⑩脚手架拆除必须由上而下逐层进行,严禁上下同时作业。连墙件应当随脚手架逐层拆除,严禁先将连墙件整层或数层拆除后再拆脚手架。

模板支架施工安全要点包括以下内容。

①模板支架工程必须按照规定编制、审核专项施工方案,超过一定规模的要组织专家论证。

②模板支架搭设、拆除单位必须具有相应的资质和安全生产许可证,严禁无资质从事模板支架搭设、拆除作业。

③模板支架搭设、拆除人员必须取得建筑施工特种作业人员操作资格证书。

④模板支架搭设、拆除前,应当向现场管理人员和作业人员进行安全技术交底。

⑤模板支架材料进场验收前,必须按规定进行验收,未经验收或验收不合格的严禁使用。

⑥模板支架搭设、拆除要严格按照专项施工方案组织实施,相关管理人员必须在现场进行监督,发现不按照专项施工方案施工的,应当要求立即整改。

⑦模板支架搭设场地必须平整坚实。必须按专项施工方案设置纵横向水平杆、扫地杆和剪刀撑;立杆顶部自由端高度、顶托螺杆伸出长度严禁超出专项施工方案要求。

⑧模板支架搭设完毕应当组织验收,验收合格的,方可铺设模板。

⑨混凝土浇筑时,必须按照专项施工方案规定的顺序进行,应当指定专人对模板支架进行监测,发现架体存在坍塌风险时应当立即组织作业人员撤离现场。

⑩混凝土强度必须达到规范要求,并经监理单位确认后方可拆除模板支架。模板支架拆除应从上而下逐层进行。

(6) 安全防护设备、机械设备等的安全管理

例题 5-15

某市中心办公写字楼工程,建筑面积 25 000 m²,高 16 层,建筑高度为 49 m,框架-剪力墙结构。现场垂直运输采用了人货两用的外用电梯。工程主体进行到 13 层,电梯司机下午接班后,见电梯暂时无人使用便擅自离岗回宿舍休息,但电梯没有拉闸上锁。此时有几名工人想乘电梯到作业面,因找不到司机,其中一名机械工便私自开动了电梯,当吊笼运行至 13 层后发生冒顶,出轨坠落,造成 5 人死亡,1 人重伤。事后经调查,该外用电梯安装前没有编制专项施工方案,安装后也没有进行验收。由于电梯在安装时,没有安装上限位的碰铁,造成吊笼越层运行无安全限位保障,电梯安全钩安装不正确,吊笼发生脱轨时保险装置失效。

问题:

(1) 导致这起事故发生的主要原因是什么?

(2)《建设工程安全生产管理条例》对施工单位使用施工起重机械的验收是如何规定的?

5 建设工程安全生产管理法规

《安全生产法》规定，生产经营单位必须对安全设备进行经常性维护、保养，并定期检测，保证正常运转。维护、保养、检测应当作好记录，并由有关人员签字。

生产经营单位不得关闭、破坏直接关系生产安全的监控、报警、防护、救生设备、设施，或者篡改、隐瞒、销毁其相关数据、信息。

《建设工程安全生产管理条例》规定，施工单位采购、租赁的安全防护用具、机械设备、施工机具及配件，应当具有生产（制造）许可证、产品合格证，并在进入施工现场前进行查验。施工现场的安全防护用具、机械设备、施工机具及配件必须由专人管理，定期进行检查、维修和保养，建立相应的资料档案，并按照国家有关规定及时报废。

《市场监管总局办公厅 住房和城乡建设部办公厅 应急管理部办公厅关于进一步加强安全帽等特种劳动防护用品监督管理工作的通知》（市监质监〔2019〕35 号）规定，安全帽、安全带及防护绝缘鞋、防护手套、自吸过滤式防毒面具等特种劳动防护用品是维护公共安全和生产安全的重要防线，是守护劳动者生命安全和职业健康的重要保障。各级住房和城乡建设、应急管理部门要督促建筑施工企业、相关工矿企业等特种劳动防护用品使用单位采购持有营业执照和出厂检验合格报告的生产厂家生产的产品；要求使用单位严格控制进场验收程序，建立特种劳动防护用品收货验收制度，并留存生产企业的产品合格证和检验检测报告，所配发的劳动防护用品安全防护性能要符合国家或行业标准，禁止质量不合格、资料不齐全或假冒伪劣产品进入现场。

各级住房和城乡建设部门、应急管理部门要督促使用单位按照国家规定，免费发放和管理特种劳动防护用品，并建立验货、保管、发放、使用、更换、报废等管理制度，及时形成管理档案；对存有疑义或发现与检测报告不符的，要将该批产品清理出现场，重新购置质量达标的产品并进行见证取样送检。要落实施工总承包单位的管理责任，鼓励实行统一采购配发的管理制度。

例题 5-15 分析

（1）导致这起事故发生的主要原因有：
①电梯司机离岗时对梯笼没有拉闸上锁，非专业司机在不懂安全操作知识的前提下，擅自开动电梯。
②电梯安装后没有进行验收，在安全装置不齐全备的情况下违规使用。
（2）《建设工程安全生产管理条例》规定：
①施工单位在使用施工起重机械前，应当组织有关单位进行验收，也可以委托具有相应资质的检验检测机构进行验收，使用承租的机械设备和施工机具及配件的，由总承包单位、分包单位、出租单位和安装单位共同进行验收。验收合格的方可使用。
②《特种设备安全监察条例》规定的施工起重机械，在验收前应当经有相应资质的检验检测机构监督检验合格。
③施工单位应当自施工起重机械验收合格之日起 30 日内，向建设行政主管部门或其他有关部门登记。登记标志应当置于或者附于该设备的显著位置。

（7）生物安全风险防控

2020 年 10 月颁布的《中华人民共和国生物安全法》规定，有关单位和个人应当配合做好生物安全风险防控和应急处置等工作。任何单位和个人不得编造、散布虚假的生物安全信息。县级以上人民政府有关部门应当依法开展生物安全监督检查工作，被检查单位和个人应当配合，如实说明情况，提供资料，不得拒绝、阻挠。

任何单位和个人发现传染病、动植物疫病的，应当及时向医疗机构、有关专业机构或者部门报告。依法应当报告的，任何单位和个人不得瞒报、谎报、缓报、漏报，不得授意他人瞒报、谎报、缓报，不得阻碍他人报告。

重大新发突发传染病，是指我国境内首次出现或者已经宣布消灭再次发生，或者突然发生，造成或者可能造成公众健康和生命安全严重损害，引起社会恐慌，影响社会稳定的传染病。

重大新发突发动物疫情，是指我国境内首次发生或者已经宣布消灭的动物疫病再次发生，或者发病率、死亡率较高的潜伏动物疫病突然发生并迅速传播，给养殖业生产安全造成严重威胁、危害，以及可能对公众健康和生命安全造成危害的情形。

5.3.2.2 施工单位安全生产费用的提取和使用管理

施工单位安全生产费用（以下简称"安全费用"），是指施工单位按照规定标准提取，在成本中列支，专门用于完善和改进企业或者施工项目安全生产条件的资金。安全费用按照"企业提取、政府监管、确保需要、规范使用"的原则进行管理。

《安全生产法》规定，生产经营单位应当具备的安全生产条件所必需的资金投入，由生产经营单位的决策机构、主要负责人或者个人经营的投资人予以保证，并对由于安全生产所必需的资金投入不足导致的后果承担责任。有关生产经营单位应当按照规定提取和使用安全生产费用，专门用于改善安全生产条件。安全生产费用在成本中据实列支。《建设工程安全生产管理条例》进一步规定，施工单位对列入建设工程概算的安全作业环境及安全施工措施所需费用，应当用于施工安全防护用具及设施的采购和更新、安全施工措施的落实、安全生产条件的改善，不得挪为他用。

（1）施工单位安全费用的提取管理

财政部、原国家安全生产监督管理总局发布的《企业安全生产费用提取和使用管理办法》（财资〔2022〕136号）规定，建设工程施工企业以建筑安装工程造价为依据，于月末按工程进度计算提取企业安全生产费用。提取标准如下：①矿山工程3.5%；②铁路工程、房屋建筑工程、城市轨道交通工程3%；③水利水电工程、电力工程2.5%；④冶炼工程、机电安装工程、化工石油工程、通信工程2%；⑤市政公用工程、港口与航道工程、公路工程1.5%。建设工程施工企业编制投标报价应当包含并单列企业安全生产费用，竞标时不得删减。总包单位应当将安全费用按比例直接支付分包单位并监督使用，分包单位不再重复提取。

企业在上述标准的基础上，根据安全生产的实际需要，可适当提高安全费用提取标准。原建设部发布的《建筑工程安全防护、文明施工措施费用及使用管理规定》（建办〔2005〕89号）规定，建筑工程安全防护、文明施工措施费用是由《建筑安装工程费用项目组成》中措施费所含的文明施工费、环境保护费、临时设施费、安全施工费组成。

建设单位、设计单位在编制工程概（预）算时，应当依据工程所在地工程造价管理机构测定的相应费率，合理确定工程安全防护、文明施工措施费。依法进行工程招投标的项目，招标方或具有资质的中介机构编制招标文件时，应当按照有关规定并结合工程实际单独列出安全防护、文明施工措施项目清单。投标方应当根据现行标准规范，结合工程特点、工期进度和作业环境要求，在施工组织设计文件中制定相应的安全防护、文明施工措施，并按照招标文件要求结合自身的施工技术水平、管理水平对工程安全防护、文明施工措施项目单独报价。投标方安全防护、文明施工措施的报价，不得低于依据工程所在地工程造价管理机构测定费率计算所需费用总额的 90%。

建设单位与施工单位应当在施工合同中明确安全防护、文明施工措施项目总费用，以及费用预付、支付计划，使用要求、调整方式等条款。建设单位与施工单位在施工合同中对安全防护、文明施工措施费用预付、支付计划未作约定或约定不明的，合同工期在一年以内的，建设单位预付安全防护、文明施工措施项目费用不得低于该费用总额的 50%；合同工期在一年以上的（含一年），预付安全防护、文明施工措施费用不得低于该费用总额的 30%，其余费用应当按照施工进度支付。

住房和城乡建设部、财政部修订后发布的《建筑安装工程费用项目组成》（建标〔2013〕44 号）规定，安全文明施工费包括：①环境保护费：是指施工现场为达到环保部门要求所需要的各项费用。②文明施工费：是指施工现场文明施工所需要的各项费用。③安全施工费：是指施工现场安全施工所需要的各项费用。④临时设施费：是指施工企业为进行建设工程施工所必须搭设的生活和生产用的临时建筑物、构筑物和其他临时设施费用，包括临时设施的搭设、维修、拆除、清理费或摊销费等。

（2）施工单位安全费用的使用管理

《企业安全生产费用提取和使用管理办法》规定，建设工程施工企业安全费用应当按照以下范围使用：①完善、改造和维护安全防护设施设备支出（不含"三同时"要求初期投入的安全设施），包括施工现场临时用电系统、洞口、临边、机械设备、高处作业防护、交叉作业防护、防火、防爆、防尘、防毒、防雷、防台风、防地质灾害、地下工程有害气体监测、通风、临时安全防护等设施设备支出；②配备、维护、保养应急救援器材、设备支出和应急演练支出；③开展重大危险源和事故隐患评估、监控和整改支出；④安全生产检查、评价（不包括新建、改建、扩建项目安全评价）、咨询和标准化建设支出；⑤配备和更新现场作业人员安全防护用品支出；⑥安全生产宣传、教育、培训支出；⑦安全生产适用的新技术、新标准、新工艺、新装备的推广应用支出；⑧安全设施及特种设备检测检验支出；⑨其他与安全生产直接相关的支出。

企业应当建立健全内部安全费用管理制度，明确安全费用提取和使用的程序、职责及权限，按规定提取和使用安全费用。企业应当加强安全费用管理，编制年度安全费用提取和使用计划，纳入企业财务预算。企业年度安全费用使用计划和上一年安全费用的提取、使用情况按照管理权限报同级财政部门、安全生产监督管理部门和行业主管部门备案。企业安全费用的会计处理，应当符合国家统一的会计制度的规定。企业提取的安全费用属于企业自提自用资金，其他单位和部门不得采取收取、代管等形式对其进行集中管理和使用，国家法律、法规另有规定的除外。

《建筑工程安全防护、文明施工措施费用及使用管理规定》规定，实行工程总承包的，总承包单位依法将建筑工程分包给其他单位的，总承包单位与分包单位应当在分包合同中明确安全防护、文明施工措施费用由总承包单位统一管理。安全防护、文明施工措施由分包单位实施的，由分包单位提出专项安全防护措施及施工方案，经总承包单位批准后及时支付所需费用。

工程监理单位应当对施工单位落实安全防护、文明施工措施情况进行现场监理。对施工单位已经落实的安全防护、文明施工措施，总监理工程师或者造价工程师应当及时审查并签认所发生的费用。监理单位发现施工单位未落实施工组织设计及专项施工方案中安全防护和文明施工措施的，有权责令其立即整改；施工单位拒不整改或未按期限要求完成整改的，工程监理单位应当及时向建设单位和建设行政主管部门报告，必要时责令其暂停施工。

施工单位应当确保安全防护、文明施工措施费专款专用，在财务管理中单独列出安全防护、文明施工措施项目费用清单备查。施工单位安全生产管理机构和专职安全生产管理人员负责对建筑工程安全防护、文明施工措施的组织实施进行现场监督检查，并有权向建设主管部门反映情况。

工程总承包单位对建筑工程安全防护、文明施工措施费用的使用负总责。总承包单位应当按照规定及合同约定及时向分包单位支付安全防护、文明施工措施费用。总承包单位不按规定和合同约定支付费用，造成分包单位不能及时落实安全防护措施导致发生事故的，由总承包单位负主要责任。

5.3.2.3 特种设备安全管理

2013年6月公布的《中华人民共和国特种设备安全法》（以下简称《特种设备安全法》）规定，特种设备，是指对人身和财产安全有较大危险性的锅炉、压力容器（含气瓶）、压力管道、电梯、起重机械、客运索道、大型游乐设施、场（厂）内专用机动车辆，以及法律、行政法规规定适用《特种设备安全法》的其他特种设备。

特种设备安全工作应当坚持安全第一、预防为主、节能环保、综合治理的原则。特种设备生产、经营、使用单位及其主要负责人对其生产、经营、使用的特种设备安全负责。特种设备生产、经营、使用单位应当按照国家有关规定配备特种设备安全管理人员、检测人员和作业人员，并对其进行必要的安全教育和技能培训。

（1）特种设备的安装、改造和修理

特种设备安装、改造、修理的施工单位应当在施工前将拟进行的特种设备安装、改造、修理的情况书面告知直辖市或者设区的市级人民政府负责特种设备安全监督管理的部门。

特种设备安装、改造、修理竣工后，安装、改造、修理的施工单位应当在验收后30日内将相关技术资料和文件移交特种设备使用单位。特种设备使用单位应当将其存入该特种设备的安全技术档案。

锅炉、压力容器、压力管道元件等特种设备的制造过程和锅炉、压力容器、压力管道、电梯、起重机械、客运索道、大型游乐设施的安装、改造、重大修理过程，应当经特种设备检验机构按照安全技术规范的要求进行监督检验；未经监督检验或者监督检验不合格的，不得出厂或者交付使用。

（2）特种设备的使用

特种设备使用单位应当使用取得许可生产并经检验合格的特种设备。禁止使用国家明令淘汰和已经报废的特种设备。

特种设备使用单位应当在特种设备投入使用前或者投入使用后30日内，向负责特种设备安全监督管理的部门办理使用登记，取得使用登记证书。登记标志应当置于该特种设备的显著位置。特种设备使用单位应当建立岗位责任、隐患治理、应急救援等安全管理制度，制定操作规程，保证特种设备安全运行。

特种设备使用单位应当建立特种设备安全技术档案。安全技术档案应当包括以下内容：①特种设备的设计文件、产品质量合格证明、安装及使用维护保养说明、监督检验证明等相关技术资料和文件；②特种设备的定期检验和定期自行检查记录；③特种设备的日常使用状况记录；④特种设备及其附属仪器仪表的维护保养记录；⑤特种设备的运行故障和事故记录。

特种设备的使用应当具有规定的安全距离、安全防护措施。与特种设备安全相关的建筑物、附属设施，应当符合有关法律、行政法规的规定。特种设备使用单位应当对其使用的特种设备进行经常性维护保养和定期自行检查，并作出记录。特种设备使用单位应当对其使用的特种设备的安全附件、安全保护装置进行定期校验、检修，并作出记录。

特种设备使用单位应当按照安全技术规范的要求，在检验合格有效期届满前1个月向特种设备检验机构提出检验要求。特种设备检验机构接到检验要求后，应当按照安全技术规范的要求及时进行安全性能检验。特种设备使用单位应当将定期检验标志置于该特种设备的显著位置。未经定期检验或者检验不合格的特种设备，不得继续使用。

特种设备安全管理人员应当对特种设备使用状况进行经常性检查，发现问题应当立即处理；情况紧急时，可以决定停止使用特种设备并及时报告本单位有关负责人。特种设备作业人员在作业过程中发现事故隐患或者其他不安全因素，应当立即向特种设备安全管理人员和单位有关负责人报告；特种设备运行不正常时，特种设备作业人员应当按照操作规程采取有效措施保证安全。特种设备出现故障或者发生异常情况，特种设备使用单位应当对其进行全面检查，消除事故隐患，方可继续使用。

特种设备进行改造、修理，按照规定需要变更使用登记的，应当办理变更登记，方可继续使用。特种设备存在严重事故隐患，无改造、修理价值，或者达到安全技术规范规定的其他报废条件的，特种设备使用单位应当依法履行报废义务，采取必要措施消除该特种设备的使用功能，并向原登记的负责特种设备安全监督管理的部门办理使用登记证书注销手续。以上规定报废条件以外的特种设备，达到设计使用年限可以继续使用的，应当按照安全技术规范的要求通过检验或者安全评估，并办理使用登记证书变更，方可继续使用。允许继续使用的，应当采取加强检验、检测和维护保养等措施，确保使用安全。

（3）施工起重机械的安拆和使用管理

《建设工程安全生产管理条例》规定，施工单位在使用施工起重机械和整体提升脚手架、模板等自升式架设设施前，应当组织有关单位进行验收，也可以委托具有相应资质的检验检测机构进行验收；使用承租的机械设备和施工机具及配件的，由施工总承包单位、分包单位、出租单位和安装单位共同进行验收，验收合格的方可使用。

《关于印发起重机械、基坑工程等五项危险性较大的分部分项工程施工安全要点的通知》规定，起重机械安装拆卸作业安全要点包括：①起重机械安装拆卸作业必须按照规定编制、审核专项施工方案，超过一定规模的要组织专家论证。②起重机械安装拆卸单位必须具有相应的资质和安全生产许可证，严禁无资质、超范围从事起重机械安装拆卸作业。③起重机械安装拆卸人员、起重机械司机、信号司索工必须取得建筑施工特种作业人员操作资格证书。④起重机械安装拆卸作业前，安装拆卸单位应当按照要求办理安装拆卸告知手续。⑤起重机械安装拆卸作业前，应当向现场管理人员和作业人员进行安全技术交底。⑥起重机械安装拆卸作业要严格按照专项施工方案组织实施，相关管理人员必须在现场监督，发现不按照专项施工方案施工的，应当要求立即整改。⑦起重机械的顶升、附着作业必须由具有相应资质的安装单位严格按照专项施工方案实施。⑧遇大风、大雾、大雨、大雪等恶劣天气，严禁起重机械安装、拆卸和顶升作业。⑨塔式起重机顶升前，应将回转下支座与顶升套架可靠连接，并应进行配平。顶升过程中，应确保平衡，不得进行起升、回转、变幅等操作。顶升结束后，应将标准节与回转下支座可靠连接。⑩起重机械加节后需进行附着的，应按照先装附着装置、后顶升加节的顺序进行。附着装置必须符合标准规范要求。拆卸作业时应先降节，后拆除附着装置。⑪辅助起重机械的起重性能必须满足吊装要求，安全装置必须齐全有效，吊索具必须安全可靠，场地必须符合作业要求。⑫起重机械安装完毕及附着作业后，应当按规定进行自检、检验和验收，验收合格后方可投入使用。

起重机械使用安全要点包括：①起重机械使用单位必须建立机械设备管理制度，并配备专职设备管理人员。②起重机械安装验收合格后应当办理使用登记，在机械设备活动范围内设置明显的安全警示标志。③起重机械司机、信号司索工必须取得建筑施工特种作业人员操作资格证书。④起重机械使用前，应当向作业人员进行安全技术交底。⑤起重机械操作人员必须严格遵守起重机械安全操作规程和标准规范要求，严禁违章指挥、违规作业。⑥遇大风、大雾、大雨、大雪等恶劣天气，不得使用起重机械。⑦起重机械应当按规定进行维修、维护和保养，设备管理人员应当按规定对机械设备进行检查，发现隐患及时整改。⑧起重机械的安全装置、连接螺栓必须齐全有效，结构件不得开焊和开裂，连接件不得严重磨损和塑性变形，零部件不得达到报废标准。⑨两台以上塔式起重机在同一现场交叉作业时，应当制定塔式起重机防碰撞措施。任意两台塔式起重机之间的最小架设距离应符合规范要求。⑩塔式起重机使用时，起重臂和吊物下方严禁有人员停留。物件吊运时，严禁从人员上方通过。

5.3.2.4 施工现场消防安全职责和应采取的消防安全措施

施工现场的火灾时有发生，因此，施工单位必须建立健全消防安全责任制，加强消防安全教育培训，严格消防安全管理，确保施工现场消防安全。

> **例题 5-16**
>
> 某建筑工程，地下1层，地上16层。总建筑面积28 000 m²，首层建筑面积2 400 m²，建筑红线内占地面积6 000 m²。该工程位于闹市中心，现场场地狭小。
>
> 施工单位为了降低成本，现场只布置了一条3 m宽的施工道路兼作消防通道。现场平面呈长方形，在其斜对角布置了两个消火栓，两者之间相距86 m，其中一个距拟建建筑物3 m，另一个距边3 m。
>
> 问题：
> (1) 该工程设置的消防通道是否合理？请说明理由。
> (2) 该工程设置的临时消火栓是否合理？请说明理由。

(1) 施工单位消防安全责任人和消防安全职责

《国务院关于加强和改进消防工作的意见》（国发〔2011〕46号）规定，机关、团体、企业事业单位法定代表人是本单位消防安全第一责任人。各单位要依法履行职责，保障必要的消防投入，切实提高检查消除火灾隐患、组织扑救初起火灾、组织人员疏散逃生和消防宣传教育培训的能力。

2021年4月修订后颁布的《中华人民共和国消防法》（以下简称《消防法》）规定，机关、团体、企业、事业等单位应当履行下列消防安全职责：①落实消防安全责任制，制定本单位的消防安全制度、消防安全操作规程，制定灭火和应急疏散预案；②按照国家标准、行业标准配置消防设施、器材，设置消防安全标志，并定期组织检验、维修，确保完好有效；③对建筑消防设施每年至少进行一次全面检测，确保完好、有效，检测记录应当完整、准确，存档备查；④保障疏散通道、安全出口、消防车通道畅通，保证防火防烟分区、防火间距符合消防技术标准；⑤组织防火检查，及时消除火灾隐患；⑥组织进行有针对性的消防演练；⑦法律、法规规定的其他消防安全职责。单位的主要负责人是本单位的消防安全责任人。

重点工程的施工现场多定为消防安全重点单位，按照《消防法》的规定，除应当履行所有单位都应当履行的职责外，还应当履行下列消防安全职责：①确定消防安全管理人，组织实施本单位的消防安全管理工作；②建立消防档案，确定消防安全重点部位，设置防火标志，实行严格管理；③实行每日防火巡查，并建立巡查记录；④对职工进行岗前消防安全培训，定期组织消防安全培训和消防演练。

《建设工程安全生产管理条例》还规定，施工单位应当在施工现场建立消防安全责任制度，确定消防安全责任人，制定用火、用电、使用易燃易爆材料等各项消防安全管理制度和操作规程，设置消防通道、消防水源，配备消防设施和灭火器材，并在施工现场入口处设置明显标志。

国务院办公厅发布的《消防安全责任制实施办法》（国办发〔2017〕87号）进一步规定，机关、团体、企业、事业等单位应当落实消防安全主体责任，履行下列职责：①明确各级、各岗位消防安全责任人及其职责，制定本单位的消防安全制度、消防安全操作规程、灭火和应急疏散预案。定期组织开展灭火和应急疏散演练，进行消防工作检查考核，保证各项规章制度落实。②保证防火检查巡查、消防设施器材维护保养、建筑消防设施检测、火灾隐患整改、专职或志愿消防队和微型消防站建设等消防工作所需资金的投入。生产经营单位安全费用应当保证适当比例用于消防工作。③按照相关标准配备消防设施、器材，设置消防安全标志，定期检验维修，对建筑消防设施每年至少进行一次全面检测，确保完好有效。设有消防控制室的，实行24小时值班制度，每班不少于2人，并持证上岗。④保障疏散通道、安全出口、消防车通道畅通，保证防火防烟分区、防火间距符合消防技术标准。人员密集场所的门窗不得设置影响逃生和灭火救援的障碍物。保证建筑构件、建筑材料和室内装修装饰材料等符合消防技术标准。⑤定期开展防火检查、巡查，及时消除火灾隐患。⑥根据需要建立专职或志愿消防队、微型消防站，加强队伍建设，定期组织训练演练，加强消防装备配备和灭火药剂储备，建立与公安消防队联勤联动机制，提高扑救初起火灾能力。⑦消防法律、法规、规章以及政策文件规定的其他职责。

建设工程的建设、设计、施工和监理等单位应当遵守消防法律、法规、规章和工程建设消防技术标准，在工程设计使用年限内对工程的消防设计、施工质量承担终身责任。

（2）施工现场的消防安全要求

《国务院关于加强和改进消防工作的意见》规定，公共建筑在营业、使用期间不得进行外保温材料施工作业，居住建筑进行节能改造作业期间应撤离居住人员，并设消防安全巡逻人员，严格分离用火用焊作业与保温施工作业，严禁在施工建筑内安排人员住宿。新建、改建、扩建工程的外保温材料一律不得使用易燃材料，严格限制使用可燃材料。建筑室内装饰装修材料必须符合国家、行业标准和消防安全要求。

公安部、住房和城乡建设部颁布的《关于进一步加强建设工程施工现场消防安全工作的通知》（公消〔2009〕131号）中规定，施工单位应当在施工组织设计中编制消防安全技术措施和专项施工方案，并由专职安全管理人员进行现场监督。

施工现场要设置消防通道并确保畅通。建筑工地要满足消防车通行、停靠和作业要求。在建的建筑内应设置标明楼梯间和出入口的临时醒目标志，视实际情况安装楼梯间和出入口的临时照明，及时清理建筑垃圾和障碍物，规范材料堆放，保证发生火灾时，现场施工人员疏散和消防人员扑救快捷畅通。

施工现场要按有关规定设置消防水源。应当在建设工程平地阶段按照总平面设计设置室外消火栓系统，并保持充足的管网压力和流量。根据在建工程施工进度，同步安装室内消火栓系统或设置临时消火栓，配备水枪水带，消防干管设置水泵接合器，满足施工现场火灾扑救的消防供水要求。施工现场应当配备必要的消防设施和灭火器材。施工现场的重点防火部位和在建的高层建筑的各个楼层，应在明显和方便取用的地方配置适当数量的手提式灭火器、消防沙袋等消防器材。

使用明火必须实行严格的消防安全管理，禁止在具有火灾、爆炸危险的场所使用明火；需要进行明火作业的，动火部门和人员应当按照用火管理制度办理审批手续，落实现场监护人，在确认无火灾、爆炸危险后方可动火施工；动火施工人员应当遵守消防安全规定，并落实相应的消防安全措施；易燃易爆危险物品和场所应有具体防火防爆措施；电焊、气焊、电工等特殊工种人员必须持证上岗；将容易发生火灾、一旦发生火灾后果严重的部位确定为重点防火部位，实行严格管理。

施工现场的办公、生活区与作业区应当分开设置，并保持安全距离；施工单位不得在尚未竣工的建筑物内设置员工集体宿舍。

（3）施工单位消防安全自我评估和防火检查

《国务院关于加强和改进消防工作的意见》指出，要建立消防安全自我评估机制，消防安全重点单位每季度、其他单位每半年自行或委托有资质的机构对本单位进行一次消防安全检查评估，做到安全自查、隐患自除、责任自负。

公安部、住房和城乡建设部《关于进一步加强建设工程施工现场消防安全工作的通知》规定，施工单位应及时纠正违章操作行为，及时发现火灾隐患并采取防范、整改措施。国家、省级等重点工程的施工现场应当进行每日防火巡查，其他施工现场也应根据需要组织防火巡查。

施工单位防火检查的内容应当包括：火灾隐患的整改情况以及防范措施的落实情况，疏散通道、消防车通道、消防水源情况，灭火器材配置及有效情况，用火、用电有无违章情况，重点工种人员及其他施工人员消防知识掌握情况，消防安全重点部位管理情况，易燃易爆危险物品和场所防火防爆措施落实情况，防火巡查落实情况等。

（4）建设工程消防施工的质量和安全责任

《消防法》规定，建设工程的消防设计、施工必须符合国家工程建设消防技术标准。建设、设计、施工、工程监理等单位依法对建设工程的消防设计、施工质量负责。

特殊建设工程未经消防设计审查或者审查不合格的，建设单位、施工单位不得施工；

其他建设工程，建设单位未提供满足施工需要的消防设计图纸及技术资料的，有关部门不得发放施工许可证或者批准开工报告。

因施工等特殊情况需要使用明火作业的，应当按照规定事先办理审批手续，采取相应的消防安全措施；作业人员应当遵守消防安全规定。进行电焊、气焊等具有火灾危险作业的人员和自动消防系统的操作人员，必须持证上岗，并遵守消防安全操作规程。

（5）施工单位的消防安全教育培训和消防演练

《国务院关于加强和改进消防工作的意见》指出，要加强对单位消防安全责任人、消防安全管理人、消防控制室操作人员和消防设计、施工、监理人员及保安、电（气）焊工、消防技术服务机构从业人员的消防安全培训。

2009年5月发布的《社会消防安全教育培训规定》规定，在建工程的施工单位应当开展下列消防安全教育工作：①建设工程施工前应当对施工人员进行消防安全教育；②在建设工地醒目位置、施工人员集中住宿场所设置消防安全宣传栏，悬挂消防安全挂图和消防安全警示标识；③对明火作业人员进行经常性的消防安全教育；④组织灭火和应急疏散演练。

《关于进一步加强建设工程施工现场消防安全工作的通知》规定，施工人员上岗前的安全培训应当包括以下消防内容：有关消防法规、消防安全制度和保障消防安全的操作规程，本岗位的火灾危险性和防火措施，有关消防设施的性能、灭火器材的使用方法，报火警、扑救初起火灾以及自救逃生的知识和技能等，保障施工现场人员具有相应的消防常识和逃生自救能力。

施工单位应当根据国家有关消防法规和建设工程安全生产法规的规定，建立施工现场消防组织，制定灭火和应急疏散预案，并至少每半年组织一次演练，提高施工人员及时报警、扑灭初期火灾和自救逃生的能力。

例题 5-16 分析

（1）该工程设置的消防通道不合理。施工现场应设置专门的消防通道，而不能与施工道路公用，且路面宽度应不小于3.5 m。

（2）该工程设置的临时消火栓不合理。室外临时消火栓应沿消防通道均匀布置，且数量依据消火栓给水系统用水量确定。距离拟建建筑物不宜小于5 m，但不大于25 m，距离路边不宜大于2 m。在此范围内的市政消火栓可计入室外消火栓的数量。

5.3.3 工伤保险和意外伤害保险的规定

《建筑法》规定，建筑施工企业应当依法为职工参加工伤保险缴纳工伤保险费。鼓励企业为从事危险作业的职工办理意外伤害保险，支付保险费。

《安全生产法》则规定，国家鼓励生产经营单位投保安全生产责任保险；属于国家规定的高危行业、领域的生产经营单位，应当投保安全生产责任保险。具体范围和实施办法由国务院应急管理部门会同国务院财政部门、国务院保险监督管理机构和相关行业主管部门制定。

2010年12月修订后颁布的《工伤保险条例》规定，中华人民共和国境内的企业、事业单位、社会团体、民办非企业单位、基金会、律师事务所、会计师事务所等组织和有雇工的个体工商户，均应当依照《工伤保险条例》规定参加工伤保险，为本单位全部职工或者雇工缴纳工伤保险费。

中华人民共和国境内的企业、事业单位、社会团体、民办非企业单位、基金会、律师事务所、会计师事务所等组织的职工和个体工商户的雇工，均有依照《工伤保险条例》的规定享受工伤保险待遇的权利。

5.3.3.1 工伤保险基金

工伤保险基金由用人单位缴纳的工伤保险费、工伤保险基金的利息和依法纳入工伤保险基金的其他资金构成。工伤保险费根据以支定收、收支平衡的原则，确定费率。国家根据不同行业的工伤风险确定行业的差别费率，并根据工伤保险费使用、工伤发生率等情况在每个行业内确定若干费率档次。

用人单位应当按时缴纳工伤保险费。职工个人不缴纳工伤保险费。用人单位缴纳工伤保险费的数额为本单位职工工资总额乘以单位缴费费率之积。跨地区、生产流动性较大的行业，可以采取相对集中的方式异地参加统筹地区的工伤保险。

工伤保险基金存入社会保障基金财政专户，用于《工伤保险条例》规定的工伤保险待遇，劳动能力鉴定，工伤预防的宣传、培训等费用，以及法律、法规规定的用于工伤保险的其他费用的支付。任何单位或者个人不得将工伤保险基金用于投资运营、兴建或者改建办公场所、发放奖金，或者挪作其他用途。

5.3.3.2 工伤认定

（1）工伤认定情形

职工有下列情形之一的，应当认定为工伤：

①在工作时间和工作场所内，因工伤原因受到事故伤害的；

②工作时间前后在工作场所内，从事与工作有关的预备性或者收尾性工作受到事故伤害的；

③在工作时间和工作场所内，因履行工作职责受到暴力等意外伤害的；

④患职业病的；

⑤因工外出期间，由于工作原因受到伤害或者发生事故下落不明的；

⑥在上下班途中，受到非本人主要责任的交通事故或者城市轨道交通、客运轮渡、火车事故伤害的；

⑦法律、行政法规规定应当认定为工伤的其他情形。

职工有下列情形之一的，视同工伤：

①在工作时间和工作岗位，突发疾病死亡或者在48小时之内经抢救无效死亡的；

②在抢险救灾等维护国家利益、公共利益活动中受到伤害的；

③职工原在军队服役，因战、因公负伤致残，已取得革命伤残军人证，到用人单位后旧伤复发的。

职工有以上第①项、第②项情况的，按照《工伤保险条例》的有关规定享受工伤保险待遇；职工有以上第③项情形的，按照《工伤保险条例》的有关规定享受除一次性伤残补助金以外的工伤保险待遇。

职工符合以上的规定，但是有下列情形之一的，不得认定为工伤或者视同工伤：①故意犯罪的；②醉酒或者吸毒的；③自残或者自杀的。

（2）工伤认定相关规定

职工发生事故伤害或者按照《职业病防治法》的规定被诊断、鉴定为职业病，所在单位应当自事故伤害发生之日或者被诊断、鉴定为职业病之日起 30 日内，向统筹地区社会保险行政部门提出工伤认定申请。遇有特殊情况，经报社会保险行政部门同意，申请时限可以适当延长。用人单位未按以上规定提出工伤认定申请的，工伤职工或者其近亲属、工会组织在事故伤害发生之日或者被诊断、鉴定为职业病之日起 1 年内，可以直接向用人单位所在地统筹地区社会保险行政部门提出工伤认定申请。用人单位未在以上规定的时限内提交工伤认定申请，在此期间发生符合《工伤保险条例》规定的工伤待遇等有关费用由该用人单位负担。

2018 年 12 月修订后公布的《中华人民共和国职业病防治法》（以下简称《职业病防治法》）规定，职业病，是指企业、事业单位和个体经济组织等用人单位的劳动者在职业活动中，因接触粉尘、放射性物质和其他有毒、有害因素而引起的疾病。

2019 年 2 月经国家卫生健康委员会修订后发布的《职业健康检查管理办法》规定，按照劳动者接触的职业病危害因素，职业健康检查分为以下六类：①接触粉尘类；②接触化学因素类；③接触物理因素类；④接触生物因素类；⑤接触放射因素类；⑥其他类（特殊作业等）。

2021 年 1 月国家卫生健康委员会发布的《职业病诊断与鉴定管理办法》规定，用人单位应当依法履行职业病诊断、鉴定的相关义务：①及时安排职业病病人、疑似职业病病人进行诊治；②如实提供职业病诊断、鉴定所需的资料；③承担职业病诊断、鉴定的费用和疑似职业病病人在诊断、医学观察期间的费用；④报告职业病和疑似职业病；⑤《职业病防治法》规定的其他相关义务。

《工伤保险条例》规定，提出工伤认定申请应当提交下列材料：①工伤认定申请表；②与用人单位存在劳动关系（包括事实劳动关系）的证明材料；③医疗诊断证明或者职业病诊断证明书（或者职业病诊断鉴定书）。工伤认定申请表应当包括事故发生的时间、地点、原因以及职工伤害程度等基本情况。工伤认定申请人提供材料不完整的，社会保险行政部门应当一次性书面告知工伤认定申请人需要补正的全部材料。申请人按照书面告知要求补正材料后，社会保险行政部门应当受理。

社会保险行政部门受理工伤认定申请后，根据审核需要可以对事故伤害进行调查核实，用人单位、职工、工会组织、医疗机构以及有关部门应当予以协助。职业病诊断和诊断争议的鉴定，依照职业病防治法的有关规定执行。对依法取得职业病诊断证明书或者职业病诊断鉴定书的，社会保险行政部门不再进行调查核实。职工或者其近亲属认为是工伤，用人单位不认为是工伤的，由用人单位承担举证责任。

社会保险行政部门应当自受理工伤认定申请之日起 60 日内作出工伤认定的决定，并书面通知申请工伤认定的职工或者其近亲属和该职工所在单位。社会保险行政部门对受理的事实清楚、权利义务明确的工伤认定申请，应当在 15 日内作出工伤认定的决定。作出工伤认定决定需要以司法机关或者有关行政主管部门的结论为依据的，在司法机关或者有关行政主管部门尚未作出结论期间，作出工伤认定决定的时限中止。社会保险行政部门工作人员与工伤认定申请人有利害关系的，应当回避。

（3）劳动能力鉴定

职工发生工伤，经治疗伤情相对稳定后存在残疾、影响劳动能力的，应当进行劳动能力鉴定。劳动能力鉴定是指劳动功能障碍程度和生活自理障碍程度的等级鉴定。劳动功能障碍分为十个伤残等级，最重的为一级，最轻的为十级。生活自理障碍分为三个等级：生活完全不能自理、生活大部分不能自理和生活部分不能自理。

劳动能力鉴定由用人单位、工伤职工或者其近亲属向设区的市级劳动能力鉴定委员会提出申请，并提供工伤认定决定和职工工伤医疗的有关资料。

省、自治区、直辖市劳动能力鉴定委员会和设区的市级劳动能力鉴定委员会分别由省、自治区、直辖市和设区的市级社会保险行政部门、卫生行政部门、工会组织、经办机构代表以及用人单位代表组成。劳动能力鉴定委员会建立医疗卫生专家库。列入专家库的医疗卫生专业技术人员应当具备下列条件：①具有医疗卫生高级专业技术职务任职资格；②掌握劳动能力鉴定的相关知识；③具有良好的职业品德。

设区的市级劳动能力鉴定委员会收到劳动能力鉴定申请后，应当从其建立的医疗卫生专家库中随机抽取3名或者5名相关专家组成专家组，由专家组提出鉴定意见。设区的市级劳动能力鉴定委员会应当自收到劳动能力鉴定申请之日起60日内作出劳动能力鉴定结论，必要时，作出劳动能力鉴定结论的期限可以延长30日。劳动能力鉴定结论应当及时送达申请鉴定的单位和个人。

申请鉴定的单位或者个人对设区的市级劳动能力鉴定委员会作出的鉴定结论不服的，可以在收到该鉴定结论之日起15日内向省、自治区、直辖市劳动能力鉴定委员会提出再次鉴定申请。省、自治区、直辖市劳动能力鉴定委员会作出的劳动能力鉴定结论为最终结论。

自劳动能力鉴定结论作出之日起1年后，工伤职工或者其近亲属、所在单位或者经办机构认为伤残情况发生变化的，可以申请劳动能力复查鉴定。

（4）工伤保险待遇

职工因工作遭受事故伤害或者患职业病进行治疗，享受工伤医疗待遇。

①工伤的治疗。职工治疗工伤应当在签订服务协议的医疗机构就医，情况紧急时可以先到就近的医疗机构急救。治疗工伤所需费用符合工伤保险诊疗项目目录、工伤保险药品目录、工伤保险住院服务标准的，从工伤保险基金支付。职工住院治疗工伤的伙食补助费，以及经医疗机构出具证明，报经办机构同意，工伤职工到统筹地区以外就医所需的交通、食宿费用从工伤保险基金支付，基金支付的具体标准由统筹地区人民政府规定。工伤职工到签订服务协议的医疗机构进行工伤康复的费用，符合规定的，从工伤保险基金支付。工伤职工治疗非工伤引发的疾病，不享受工伤医疗待遇，按照基本医疗保险办法处理。

社会保险行政部门作出认定为工伤的决定后发生行政复议、行政诉讼的，行政复议和行政诉讼期间不停止支付工伤职工治疗工伤的医疗费用。

工伤职工因日常生活或者就业需要，经劳动能力鉴定委员会确认，可以安装假肢、矫形器、假眼、假牙和配置轮椅等辅助器具，所需费用按照国家规定的标准从工伤保险基金支付。

②工伤医疗的停工留薪期。职工因工作遭受事故伤害或者患职业病需要暂停工作接受工伤医疗的，在停工留薪期内，原工资福利待遇不变，由所在单位按月支付。停工留薪期一般不超过12个月。伤情严重或者情况特殊，经设区的市级劳动能力鉴定委员会确认，可以适当延长，但延长不得超过12个月。

工伤职工评定伤残等级后，停发原待遇，按照有关规定享受伤残待遇。工伤职工在停工留薪期满后仍需治疗的，继续享受工伤医疗待遇。

(5) 针对建筑行业特点的工伤保险制度

人力资源和社会保障部、住房和城乡建设部、安全监管总局、全国总工会联合发布的《关于进一步做好建筑业工伤保险工作的意见》（人社部发〔2014〕103号）提出，针对建筑行业的特点，建筑施工企业对相对固定的职工，应按用人单位参加工伤保险；对不能按用人单位参保、建筑项目使用的建筑业职工特别是农民工，按项目参加工伤保险。

按用人单位参保的建筑施工企业应以工资总额为基数依法缴纳工伤保险费。以建设项目为单位参保的，可以按照项目工程总造价的一定比例计算缴纳工伤保险费。要充分运用工伤保险浮动费率机制，根据各建筑企业工伤事故发生率、工伤保险基金使用等情况适时适当调整费率，促进企业加强安全生产，预防和减少工伤事故。

建设单位要在工程概算中将工伤保险费用单独列支，作为不可竞争费，不参与竞标，并在项目开工前由施工总承包单位一次性代缴本项目工伤保险费，覆盖项目使用的所有职工，包括专业承包单位、劳务分包单位使用的农民工。

施工总承包单位应当在工程项目施工期内督促专业承包单位、劳务分包单位建立职工花名册、考勤记录、工资发放表等台账，对项目施工期内全部施工人员实行动态实名制管理。施工人员发生工伤后，以劳动合同为基础确认劳动关系。对未签订劳动合同的，由人力资源社会保障部门参照工资支付凭证或记录、工作证、招工登记表、考勤记录及其他劳动者证言等证据，确认事实劳动关系。

职工发生工伤事故，应当由其所在用人单位在30日内提出工伤认定申请，施工总承包单位应当密切配合并提供参保证明等相关材料。用人单位未在规定时限内提出工伤认定申请的，职工本人或其近亲属、工会组织可以在1年内提出工伤认定申请，经社会保险行政部门调查确认工伤的，在此期间发生的工伤待遇等有关费用由其所在用人单位负担。对于事实清楚、权利义务关系明确的工伤认定申请，应当自受理工伤认定申请之日起15日内作出工伤认定决定。

对认定为工伤的建筑业职工，各级社会保险经办机构和用人单位应依法按时足额支付各项工伤保险待遇。对在参保项目施工期间发生工伤、项目竣工时尚未完成工伤认定或劳动能力鉴定的建筑业职工，其所在用人单位要继续保证其医疗救治和停工期间的法定待遇，待完成工伤认定及劳动能力鉴定后，依法享受参保职工的各项工伤保险待遇；其中应由用人单位支付的待遇，工伤职工所在用人单位要按时分期足额支付，也可根据其意愿一次性支付。针对建筑业工资收入分配的特点，对相关工伤保险待遇中难以本人工资作为计发基数的，可以参照统筹地区上年度职工平均工资作为计发基数。

未参加工伤保险的建设项目，职工发生工伤事故，依法由职工所在用人单位支付工伤保险待遇，施工总承包单位、建设单位承担连带责任；用人单位和承担连带责任的施工总承包单位、建设单位不支付的，由工伤保险基金先行支付，用人单位和承担连带责任的施工总承包单位、建设单位应当偿还；不偿还的，由社会保险经办机构依法追偿。

建设单位、施工总承包单位或具有用工主体资格的分包单位将工程（业务）发包给不具备用工主体资格的组织或个人，该组织或个人招用的劳动者发生工伤的，发包单位与不具备用工主体资格的组织或个人承担连带赔偿责任。

施工总承包单位应当按照项目所在地人力资源社会保障部门统一规定的式样，制作项目参加工伤保险情况公示牌，在施工现场显著位置予以公示，并安排有关工伤预防及工伤保险政策讲解的培训课程，保障广大建筑业职工特别是农民工的知情权，增强其依法维权意识。开展工伤预防试点的地区可以从工伤保险基金提取一定比例的费用用于工伤预防。

5.3.4 建筑意外伤害保险的规定

《建筑法》规定，鼓励企业为从事危险作业的职工办理意外伤害保险，支付保险费。《建设工程安全生产管理条例》还规定，施工单位应当为施工现场从事危险作业的人员办理意外伤害保险。意外伤害保险费由施工单位支付。实行施工总承包的，由总承包单位支付意外伤害保险费。意外伤害保险期限自建设工程开工之日起至竣工验收合格止。

《国务院安委会关于进一步加强安全培训工作的决定》（安委〔2012〕10号）进一步要求，研究探索由开展安全生产责任险、建筑意外伤害险的保险机构安排一定资金，用于事故预防与安全培训工作。

（1）建筑意外伤害保险的范围、保险期限和最低保险金额

《建设部关于加强建筑意外伤害保险工作的指导意见》（建质〔2003〕107号）指出，建筑施工企业应当为施工现场从事施工作业和管理的人员，在施工活动过程中发生的人身意外伤亡事故提供保障，办理建筑意外伤害保险、支付保险费。范围应当覆盖工程项目。已在企业所在地参加工伤保险的人员，从事现场施工时仍可参加建筑意外伤害保险。

保险期限应涵盖工程项目开工之日到工程竣工验收合格日。提前竣工的，保险责任自行终止。因延长工期的，应当办理保险顺延手续。

各地建设行政主管部门要结合本地区实际情况，确定合理的最低保险金额。最低保险金额要能够保障施工伤亡人员得到有效的经济补偿。施工企业办理建筑意外伤害保险时，投保的保险金额不得低于此标准。

（2）建筑意外伤害保险的保险费和费率

保险费应当列入建筑安装工程费用。保险费由施工企业支付，施工企业不得向职工摊派。施工企业和保险公司双方应本着平等协商的原则，根据各类风险因素商定建筑意外伤害保险费率，提倡差别费率和浮动费率。差别费率可与工程规模、类型、工程项目风险程度和施工现场环境等因素挂钩。浮动费率可与施工企业安全生产业绩、安全生产管理状况等因素挂钩。对重视安全生产管理、安全业绩好的企业可采用下浮费率；对安全生产业绩差、安全管理不善的企业可采用上浮费率。通过浮动费率机制，激励投保企业安全生产的积极性。

（3）建筑意外伤害保险的投保

施工企业应在工程项目开工前，办理完投保手续。鉴于工程建设项目施工工艺流程中各工种调动频繁、用工流动性大，投保应实行不记名和不计人数的方式。工程项目中有分包单位的由总承包施工企业统一办理，分包单位合理承担投保费用。业主直接发包的工程项目由承包企业直接办理。

投保人办理投保手续后，应将投保有关信息以布告形式张贴于施工现场，告之被保险人。

（4）建筑意外伤害保险的索赔

建筑意外伤害保险应规范和简化索赔程序，做好索赔服务。各地建设行政主管部门要积极创造条件，引导投保企业在发生意外事故后即向保险公司提出索赔，使施工伤亡人员

能够得到及时、足额的赔付。

（5）建筑意外伤害保险的安全服务

施工企业应当选择能提供建筑安全生产风险管理、事故防范等安全服务和有保险能力的保险公司，以保证事故后能及时补偿与事故前能主动防范。目前还不能提供安全风险管理和事故预防的保险公司，应通过建筑安全服务中介组织向施工企业提供与建筑意外伤害保险相关的安全服务。建筑安全服务中介组织必须拥有一定数量、专业配套、具备建筑安全知识和管理经验的专业技术人员。

安全服务内容可包括施工现场风险评估、安全技术咨询、人员培训、防灾防损设备配置、安全技术研究等。施工企业在投保时可与保险机构商定具体服务内容。

5.4 施工安全事故的应急救援与调查处理

施工现场一旦发生生产安全事故，应当立即实施抢险救援特别是抢救遇险人员，迅速控制事态，防止伤亡事故进一步扩大，并依法向有关部门报告事故。事故调查处理应当坚持实事求是、尊重科学的原则，及时准确地查清事故经过、事故原因和事故损失，查明事故性质，认定事故责任，总结事故教训，提出整改措施，并对事故责任者依法追究责任。

> **例题 5-17**
>
> 20×0 年 10 月 25 日，某建筑公司承建的某市电视台演播中心裙楼工地发生一起施工安全事故。演播厅舞台在浇筑顶部混凝土施工中，因模板支撑系统失稳导致屋顶坍塌，造成在现场施工的工人和电视台工作人员 6 人死亡，35 人受伤（其中重伤 11 人），直接经济损失 70 余万元。
>
> 事故发生后，该建筑公司项目经理部向有关部门紧急报告事故情况。闻讯赶到的有关领导，指挥公安民警、武警战士和现场工人实施了紧急抢险工作，将伤者立即送往医院进行救治。
>
> 问题：
> （1）本例中的施工安全事故应定为哪种等级的事故？
> （2）事故发生后，施工单位应采取哪些措施？

5.4.1 生产安全事故的等级划分标准

（1）生产安全事故的等级划分

根据国务院最新颁布的《生产安全事故报告和调查处理条例》规定，根据生产安全事故（以下简称事故）造成的人员伤亡或者直接经济损失，事故一般分为以下等级。

①特别重大事故，是指造成 30 人以上死亡，或者 100 人以上重伤（包括急性工业中毒，下同），或者 1 亿元以上直接经济损失的事故。

②重大事故，是指造成 10 人以上 30 人以下死亡，或者 50 人以上 100 人以下重伤，或者 5 000 万元以上 1 亿元以下直接经济损失的事故。

③较大事故，是指造成 3 人以上 10 人以下死亡，或者 10 人以上 50 人以下重伤，或者 1 000 万元以上 5 000 万元以下直接经济损失的事故。

④一般事故，是指造成 3 人以下死亡，或者 10 人以下重伤，或者 1 000 万元以下直接经济损失的事故。

所称的"以上"包括本数，所称的"以下"不包括本数。

《生产安全事故报告和调查处理条例》还规定："没有造成人员伤亡，但是社会影响恶劣的事故，国务院或者有关地方人民政府认为需要调查处理的，依照本条例的有关规定执行。"

据此，生产安全事故等级的划分包括了人身、经济和社会三个要素：人身要素就是人员伤亡的数量；经济要素就是直接经济损失的数额；社会要素则是社会影响。这三个要素依法可以单独适用。

（2）生产安全事故等级划分的补充性规定

《生产安全事故报告和调查处理条例》规定，国务院安全生产监督管理部门可以会同国务院有关部门，制定事故等级划分的补充性规定。

由于不同行业和领域的生产安全事故各有特点，发生事故的原因和损失情况差异较大，在实践中很难用统一的标准来划分不同行业或领域生产安全事故等级的。因此，授权国务院安全生产监督管理部门可以会同国务院有关部门，针对某些特殊行业或者领域的实际情况来制定事故等级划分的补充性规定，是十分必要的。

5.4.2 施工生产安全事故应急救援预案的规定

施工生产安全事故多具有突发性、群体性等特点，如果施工单位事先根据本单位和施工现场的实际情况，针对可能发生事故的类别、性质、特点和范围等，事先制定与事故发生有关的组织、技术措施和其他应急措施，做好充分的应急救援准备工作，不但可以采用预防技术和管理手段，降低事故发生的可能性，而且一旦发生事故，还可以在短时间内组织有效抢救，防止事故扩大，减少人员伤亡和财产损失。

《安全生产法》规定，生产经营单位的主要负责人具有组织制定并实施本单位的生产安全事故应急救援预案的职责。《建设工程安全生产管理条例》进一步规定，施工单位应当制定本单位生产安全事故应急救援预案，建立应急救援组织或者配备应急救援人员，配备必要的应急救援器材、设备，并定期组织演练。

2019 年 2 月颁布的《生产安全事故应急条例》规定，生产经营单位应当加强生产安全事故应急工作，建立、健全生产安全事故应急工作责任制，其主要负责人对本单位的生产安全事故应急工作全面负责。

（1）施工单位安全事故应急预案的编制

《安全生产法》规定，生产经营单位对重大危险源应当登记建档，进行定期检测、评估、监控，并制定应急预案，告知从业人员和相关人员在紧急情况下应当采取的应急措施。生产经营单位应当按照国家有关规定将本单位重大危险源及有关安全措施、应急措施报有关地方人民政府应急管理部门和有关部门备案。

《建设工程安全生产管理条例》规定，施工单位应当根据建设工程施工的特点、范围，对施工现场易发生重大事故的部位、环节进行监控，制定施工现场生产安全事故应急救援预案。

《生产安全事故应急条例》规定，生产经营单位应当针对本单位可能发生的生产安全事故的特点和危害，进行风险辨识和评估，制定相应的生产安全事故应急救援预案，并向本单位从业人员公布。

生产安全事故应急救援预案应当符合有关法律、法规、规章和标准的规定，具有科学性、针对性和可操作性，明确规定应急组织体系、职责分工以及应急救援程序和措施。

2019年7月经应急管理部修订后发布的《生产安全事故应急预案管理办法》规定，生产经营单位应急预案分为综合应急预案、专项应急预案和现场处置方案。

综合应急预案，是指生产经营单位为应对各种生产安全事故而制定的综合性工作方案，是本单位应对生产安全事故的总体工作程序、措施和应急预案体系的总纲。专项应急预案，是指生产经营单位为应对某一种或者多种类型生产安全事故，或者针对重要生产设施、重大危险源、重大活动防止生产安全事故而制定的专项性工作方案。现场处置方案，是指生产经营单位根据不同生产安全事故类型，针对具体场所、装置或者设施所制定的应急处置措施。

综合应急预案应当规定应急组织机构及其职责、应急预案体系、事故风险描述、预警及信息报告、应急响应、保障措施、应急预案管理等内容。专项应急预案应当规定应急指挥机构与职责、处置程序和措施等内容。现场处置方案应当规定应急工作职责、应急处置措施和注意事项等内容。

生产经营单位应当在编制应急预案的基础上，针对工作场所、岗位的特点，编制简明、实用、有效的应急处置卡。应急处置卡应当规定重点岗位、人员的应急处置程序和措施，以及相关联络人员和联系方式，便于从业人员携带。

《职业病防治法》规定，用人单位应当健全职业病危害事故应急救援预案。

《特种设备安全法》规定，特种设备使用单位应当制定特种设备事故应急专项预案，并定期进行应急演练。

（2）施工生产安全事故应急预案的培训和演练

《生产安全事故应急条例》规定，有下列情形之一的，生产安全事故应急救援预案制定单位应当及时修订相关预案：①制定预案所依据的法律、法规、规章、标准发生重大变化；②应急指挥机构及其职责发生调整；③安全生产面临的风险发生重大变化；④重要应急资源发生重大变化；⑤在预案演练或者应急救援中发现需要修订预案的重大问题；⑥其他应当修订的情形。

生产经营单位应当对从业人员进行应急教育和培训，保证从业人员具备必要的应急知识，掌握风险防范技能和事故应急措施。

建筑施工单位应当至少每半年组织1次生产安全事故应急救援预案演练，并将演练情况报送所在地县级以上地方人民政府负有安全生产监督管理职责的部门。县级以上地方人民政府负有安全生产监督管理职责的部门应当对本行政区域内以上规定的重点生产经营单位的生产安全事故应急救援预案演练进行抽查；发现演练不符合要求的，应当责令限期改正。

（3）应急救援队伍与应急值班制度

建筑施工单位应当建立应急救援队伍；其中，小型企业或者微型企业等规模较小的生产经营单位，可以不建立应急救援队伍，但应当指定兼职的应急救援人员，并且可以与邻近的应急救援队伍签订应急救援协议。

应急救援队伍的应急救援人员应当具备必要的专业知识、技能、身体素质和心理素质。应急救援队伍建立单位或者兼职应急救援人员所在单位应当按照国家有关规定对应急救援人员进行培训；应急救援人员经培训合格后，方可参加应急救援工作。应急救援队伍应当配备必要的应急救援装备和物资，并定期组织训练。

建筑施工单位应当根据本单位可能发生的生产安全事故的特点和危害，配备必要的灭火、排水、通风以及危险物品稀释、掩埋、收集等应急救援器材、设备和物资，并进行经常性维护、保养，保证正常运转。

建筑施工单位、应急救援队伍应当建立应急值班制度，配备应急值班人员。

（4）应急救援的组织实施

发生生产安全事故后，生产经营单位应当立即启动生产安全事故应急救援预案，采取下列一项或者多项应急救援措施，并按照国家有关规定报告事故情况：①迅速控制危险源，组织抢救遇险人员；②根据事故危害程度，组织现场人员撤离或者采取可能的应急措施后撤离；③及时通知可能受到事故影响的单位和人员；④采取必要措施，防止事故危害扩大和次生、衍生灾害发生；⑤根据需要请求邻近的应急救援队伍参加救援，并向参加救援的应急救援队伍提供相关技术资料、信息和处置方法；⑥维护事故现场秩序，保护事故现场和相关证据；⑦法律、法规规定的其他应急救援措施。

应急救援队伍接到有关人民政府及其部门的救援命令或者签有应急救援协议的生产经营单位的救援请求后，应当立即参加生产安全事故应急救援。应急救援队伍根据救援命令参加生产安全事故应急救援所耗费用，由事故责任单位承担；事故责任单位无力承担的，由有关人民政府协调解决。

参加生产安全事故现场应急救援的单位和个人应当服从现场指挥部的统一指挥。在生产安全事故应急救援过程中，发现可能直接危及应急救援人员生命安全的紧急情况时，现场指挥部或者统一指挥应急救援的人民政府应当立即采取相应措施消除隐患，降低或者化解风险，必要时可以暂时撤离应急救援人员。

有关人民政府及其部门根据生产安全事故应急救援需要依法调用和征用的财产，在使用完毕或者应急救援结束后，应当及时归还。财产被调用、征用或者调用、征用后毁损、灭失的，有关人民政府及其部门应当按照国家有关规定给予补偿。

县级以上地方人民政府应当按照国家有关规定，对在生产安全事故应急救援中伤亡的人员及时给予救治和抚恤；符合烈士评定条件的，按照国家有关规定评定为烈士。

（5）施工总分包单位的职责分工

《建设工程安全生产管理条例》规定，实行施工总承包的，由总承包单位统一组织编制建设工程生产安全事故应急救援预案，工程总承包单位和分包单位按照应急救援预案，各自建立应急救援组织或者配备应急救援人员，配备救援器材、设备，并定期组织演练。

例题 5-17 分析

（1）应定为较大事故。《生产安全事故报告和调查处理条例》第三条规定，较大事故，是指造成3人以上10人以下死亡，或者10人以上50人以下重伤，或者1 000万元以上5 000万元以下直接经济损失的事故。

（2）事故发生后，依据《生产安全事故报告和调查处理条例》第九条、第十四条、第十六条的规定，施工单位应采取下列措施：

①报告事故。事故发生后,事故现场有关人员应当立即向本单位负责人报告;单位负责人接到报告后,应当于1小时内向事故发生地县级以上人民政府安全生产监督管理部门和负有安全生产监督管理职责的有关部门报告。情况紧急时,事故现场有关人员可以直接向事故发生地县级以上人民政府安全生产监督管理部门和负有安全生产监督管理职责的有关部门报告。

②启动事故应急预案,组织抢救。事故发生单位负责人接到事故报告后,应当立即启动事故相应应急预案,或者采取有效措施,组织抢救,防止事故扩大,减少人员伤亡和财产损失。

③事故现场保护。事故发生后,有关单位和人员应当妥善保护事故现场以及相关证据,任何单位和个人不得破坏事故现场、毁灭相关证据。因抢救人员、防止事故扩大以及疏通交通等原因,需要移动事故现场物件的,应当进行标志,绘制现场简图并进行书面记录,妥善保存现场重要痕迹、物证。

5.4.3 施工生产安全事故报告及采取相应措施的规定

《建筑法》规定:"施工中发生事故时,建筑施工企业应当采取紧急措施减少人员伤亡和事故损失,并按照国家有关规定及时向有关部门报告。"

《建设工程安全生产管理条例》规定:"施工单位发生生产安全事故,应当按照国家有关伤亡事故报告和调查处理的规定,及时、如实地向负责安全生产监督管理的部门、建设行政主管部门或者其他有关部门报告;特种设备发生事故的,还应当同时向特种设备安全监督管理部门报告。接到报告的部门应当按照国家有关规定,如实上报。实行施工总承包的建设工程,由总承包单位负责上报事故。"

5.4.3.1 施工生产安全事故报告的基本要求

《安全生产法》规定,生产经营单位发生生产安全事故后,事故现场有关人员应当立即报告本单位负责人。单位负责人接到事故报告后,应当迅速采取有效措施,组织抢救,防止事故扩大,减少人员伤亡和财产损失,并按照国家有关规定立即如实报告当地负有安全生产监督管理职责的部门,不得隐瞒不报、谎报或者拖延不报,不得故意破坏事故现场、毁灭有关证据。

《特种设备安全监察条例》进一步规定:"特种设备事故发生后,事故发生单位应当立即启动事故应急预案,组织抢救,防止事故扩大,减少人员伤亡和财产损失,并及时向事故发生地县以上特种设备安全监督管理部门和有关部门报告。"因此,在特种设备发生事故时,应当同时向特种设备安全监督管理部门报告。这是因为特种设备的事故救援和调查处理专业性、技术性更强,由特种设备安全监督部门组织有关救援和调查处理更合适。

例题 5-18

某客运中心工程,屋面为球形节点网架结构,因施工总承包单位不具备网架施工能力,故建设单位另行将屋面网架工程分包给某网架厂,由施工总承包单位配合搭设高空组装网架的满堂脚手架,脚手架高度为26 m。为了抢工程进度,网架厂在脚手架未进行验收和接受安全交底的情况下,将运至现场的网架部件(质量约40 t)全部成捆吊上脚手架，施工作业人员在用撬棍解捆时，脚手架发生倒塌，造成7人死亡、1人重伤。

问题：

(1) 导致这起事故发生的直接原因是什么？

(2) 企业在发生上述事故后，应如何进行报告？

(1) 事故报告的时间要求

《生产安全事故报告和调查处理条例》规定，事故发生后，事故现场有关人员应当立即向本单位负责人报告；单位负责人接到报告后，应当于1小时内向事故发生地县级以上人民政府安全生产监督管理部门和负有安全生产监督管理职责的有关部门报告。情况紧急时，事故现场有关人员可以直接向事故发生地县级以上人民政府安全生产监督管理部门和负有安全生产监督管理职责的有关部门报告。

所谓事故现场，是指事故具体发生地点及事故能够影响和波及的区域，以及该区域内的物品、痕迹等所处的状态。所谓有关人员，主要是指事故发生单位在事故现场的有关工作人员，可以是事故的负伤者，或是在事故现场的其他工作人员；对于发生人员死亡或重伤无法报告，且事故现场又没有其他工作人员的情形，任何首先发现事故的人都负有立即报告事故的义务。所谓立即报告，是指在事故发生后的第一时间用最快捷的报告方式进行报告。所谓单位负责人，可以是事故发生单位的主要负责人，也可以是事故发生单位主要负责人以外的其他分管安全生产工作的副职领导或其他责任人。

在一般情况下，事故现场有关人员应当先向本单位负责人报告事故。但是，事故是人命关天的大事，在情况紧急时允许事故现场有关人员直接向有关人员直接向安全生产监督管理部门和负有安全生产监督管理职责的有关部门报告。事故报告应当及时、准确、完整。任何单位和个人对事故不得迟报、漏报、谎报或者瞒报。

例题 5-18 分析

(1) 导致这起事故发生的直接原因是网架厂在没有进行脚手架验收和安全交底的情况下，没有考虑脚手架承载能力，在脚手架上大量集中堆放网架部件，致使脚手架严重超载，最终失稳倒塌。

(2) 事故发生后，事故现场有关人员应当立即向本单位负责人报告；单位负责人接到报告后，应当于1小时内向事故发生地县级以上人民政府安全生产监督管理部门和负有安全监督管理职责的有关部门报告。

例题 5-19

某办公楼工程，建筑面积50 000 m^2，韧性钢筋混凝土框架结构，地下3层，地上48层，建筑高度约203 m，基坑深度为15 m，桩基为人工挖孔桩，桩长18 m，首层大堂高度为4.2 m，跨度为24 m，外墙为玻璃体墙，吊装施工垂直运输采用内爬式塔式起重机，最小构件吊装最大质量为12 t。

合同履行过程中，20×2年7月1日施工总承包单位在首层大堂顶板混凝土浇筑时，发生了模板支撑系统坍塌事故，造成5人死亡，7人受伤。事故发生后，施工总承包单

> 位现场有关负责人于 2 小时后向本单位负责人进行了报告，施工总承包单位负责人接到报告后 1 小时后向当地政府行政主管部门进行了报告。随即省级人民政府负责调查了此事，于 20×2 年 9 月 30 日提交了调查报告。
>
> **问题：**
> （1）纠正事件中施工总承包报告事故的错误做法。报告事故应报告哪些内容？
> （2）关于该起事故的调查是否存在错误？

（2）事故报告的内容要求

《生产安全事故报告和调查处理条例》规定，报告事故应当包括下列内容。

①事故发生单位概况；
②事故发生的时间、地点以及事故现场情况；
③事故的简要经过；
④事故已经造成或者可能造成的伤亡人数（包括下落不明的人数）和初步估计的直接经济损失；
⑤已经采取的措施；
⑥其他应当报告的情况。

事故发生单位概况应当包括单位的全称、所处地理位置、所有制形式和隶属关系、生产经营范围和规模、持有各类证照情况、单位负责人基本情况以及近期生产经营状况等。该部分内容应以全面、简洁为原则。

报告中事故发生的时间应当具体；事故发生的地点要准确，除事故发生的中心地点外，还应当报告事故所波及的区域；事故现场的情况应当全面，包括现场的总体情况、人员伤亡情况和设备设施的毁损情况，以及事故发生前后的现场情况，便于比较分析事故原因。

对于人员伤亡情况的报告，应当遵守实事求是的原则，不进行无根据的猜测，更不能隐瞒实际伤亡人数。对直接经济损失的初步估算，主要指事故所导致的建筑物毁损、生产设备设施和仪器仪表损坏等。

已经采取的措施，主要是指事故现场有关人员、事故单位负责人以及已经接到事故报告的安全生产管理部门等，为减少损失、防止事故扩大和便于事故调查所采取的应急救援和现场保护等具体措施。

其他应当报告的情况，则应根据实际情况而定。如较大以上事故，还应当报告事故所造成的社会影响、政府有关领导和部门现场指挥等有关情况。

（3）事故补报的要求

《生产安全事故报告和调查处理条例》规定，事故报告后出现新情况的，应当及时补报。自事故发生之日起 30 日内，事故造成的伤亡人数发生变化的，应当及时补报。道路交通事故、火灾事故自发生之日起 7 日内，事故造成的伤亡人数发生变化的，应当及时补报。

5.4.3.2 发生施工生产安全事故后应采取的相应措施

《安全生产法》规定，生产经营单位发生安全事故时，单位的主要负责人应当立即组织抢救，并不得在事故调查处理期间擅离职守。《建设工程安全生产管理条例》规定，发生生产安全事故后，施工单位应当采取措施防止事故扩大，保护事故现场。需要移动现场物品时，应当进行标记和书面记录，妥善保管有关证物。

（1）组织应急抢救工作

《生产安全事故报告和调查处理条例》规定，事故发生单位负责人接到事故报告后，应当立即启动事故相应应急预案，或者采取有效措施，组织抢救，防止事故扩大，减少人员伤亡和财产损失。

例如，对危险化学品泄漏等可能对周边群众和环境产生危害的事故，施工单位应当在向地方政府及有关部门报告的同时，及时向可能受到影响的单位、职工、群众发出预警信息，表明危险区域，组织、协助应急救援队伍救助受害人员，疏散、撤离、安置受到威胁的人员，并采取必要措施防止发生次生、衍生事故。

（2）妥善保护事故现场

《生产安全事故报告和调查处理条例》规定，事故发生后，有关单位和人员应当妥善保护事故现场以及相关证据，任何单位和个人不得破坏事故现场、毁灭相关证据。因抢救人员、防止事故扩大以及疏通交通等原因，需要移动事故现场物件的，应当进行标记，绘制现场简图并进行书面记录，妥善保存现场重要痕迹、物证。

事故现场是追溯判断事故发生原因和事故责任人责任的客观物质基础。从事故发生到事故调查组赶赴现场，往往需要一段时间。如果事故现场保护不好，一些与事故有关的证据难于找到，将直接影响到事故现场的勘查，不便于查明事故发生原因，从而影响事故调查处理的进度和质量。

保护事故现场，就是根据事故现场的具体情况和周围环境，既不要减少任何痕迹、物品，也不能增加任何痕迹、物品。即使是保护现场的人员，也不要无故进入，更不能擅自进行勘察，或者随意触摸、移动事故现场的任何物品。任何单位和个人都不得破坏事故现场，毁灭相关证据。故意破坏事故现场、毁灭有关证据，阻碍进行事故调查、确定事故责任的人员或组织，要承担相应的责任。

确因特殊情况需要移动事故现场物件的，须同时满足以下条件：①抢救人员、防止事故扩大以及疏通交通的需要；②经事故单位负责人或者组织事故调查的安全生产监督管理部门和负有安全生产监督管理职责的有关部门同意；③留下标志，绘制现场简图，拍摄现场照片，对被移动物件贴上标签，并进行书面记录；④尽量使现场少受破坏。

（3）施工生产事故的调查

《安全生产法》规定，事故调查处理应当按照科学严谨、依法依规、实事求是、注重实效的原则，及时、准确地查清事故原因，查明事故性质和责任，评估应急处置工作，总结事故教训，提出整改措施，并对事故责任单位和人员提出处理建议。事故调查报告应当依法及时向社会公布。事故调查和处理的具体办法由国务院制定。

①事故调查的管辖。

《生产安全事故报告和调查处理条例》规定，特别重大事故由国务院或者国务院授权有关部门组织事故调查组进行调查。重大事故、较大事故、一般事故分别由事故发生地省级人民政府、设区的市级人民政府、县级人民政府负责调查。省级人民政府、设区的市级人民政府、县级人民政府可以直接组织事故调查组进行调查，也可以授权或者委托有关部门组织事故调查组进行调查。

未造成人员伤亡的一般事故,县级人民政府也可以委托事故发生单位组织事故调查组进行调查。

上级人民政府认为必要时,可以调查由下级人民政府负责调查的事故。自事故发生之日起 30 日内(道路交通事故、火灾事故自发生之日起 7 日内),因事故伤亡人数变化导致事故等级发生变化,依照规定应当由上级人民政府负责调查的,上级人民政府可以另行组织事故调查组进行调查。

特别重大事故以下等级的事故,事故发生地与事故发生单位不在同一个县级以上行政区域的,由事故发生地人民政府负责调查,事故发生单位所在地人民政府应当派人参加。

②事故调查组的组成与职责。

事故调查组的组成应当遵循精简、效能的原则。根据事故的具体情况,事故调查组由有关人民政府、安全生产监督管理部门、负有安全生产监督管理职责的有关部门、监察机关、公安机关以及工会派人组成,并应当邀请人民检察院派人参加。事故调查组可以聘请有关专家参与调查。

事故调查组组长由负责事故调查的人民政府指定。事故调查组组长主持事故调查组的工作。事故调查组成员应当具有事故调查所需要的知识和专长,并与所调查的事故没有直接利害关系。

事故调查组履行下列职责:查明事故发生的经过、原因、人员伤亡情况及直接经济损失;认定事故的性质和事故责任;提出对事故责任者的处理建议;总结事故教训,提出防范和整改措施;提交事故调查报告。

③事故调查组的权利与纪律。

事故调查组有权向有关单位和个人了解与事故有关的情况,并要求其提供相关文件、资料,有关单位和个人不得拒绝。事故发生单位的负责人和有关人员在事故调查期间不得擅离职守,并应当随时接受事故调查组的询问,如实提供有关情况。事故调查组中发现涉嫌犯罪的,事故调查组应当及时将有关材料或者复印件移交司法机关处理。

事故调查中需要进行技术鉴定的,事故调查组应当委托具有国家规定资质的单位进行技术鉴定。必要时,事故调查组可以直接组织专家进行技术鉴定。技术鉴定所需时间不计入事故调查期限。

事故调查组成员在事故调查工作中应当诚信公正、恪尽职守,遵守事故调查组的纪律,保守事故调查的秘密。未经事故调查组组长允许,事故调查组成员不得擅自发布有关事故的信息。

④事故调查报告的期限与内容。

事故调查组应当自事故发生之日起 60 日内提交事故调查报告;特殊情况下,经负责事故调查的人民政府批准,提交事故调查报告的期限可以适当延长,但延长的期限最长不超过 60 日。

事故调查报告应当包括下列内容:事故发生单位概况;事故发生经过和事故救援情况;事故造成的人员伤亡和直接经济损失;事故发生的原因和事故性质;事故责任的认定以及对事故责任者的处理建议;事故防范和整改措施。

事故调查报告应当附具有关证据材料，事故调查组成员应当在事故调查报告上签名。

例题 5-19 分析

（1）施工总承包单位报告事故错误做法：事故发生后，施工总承包单位现场有关负责人员于 2 小时后向本单位负责人进行了报告，施工总承包单位负责人接到报告后 1 小时向当地政府行政主管部门进行了报告。

纠正：施工发生后，事故总承包单位现场有关负责人员应立即向本单位负责人报告，施工总承包单位负责人接到报告后 1 小时内向当地政府行政主管部门进行报告。

事故报告的内容：
①事故发生单位概况；
②事故发生的时间、地点以及事故现场情况；
③事故的简要经过；
④事故已经造成或者可能造成的伤亡人数（包括下落不明的人数）和初步估计的直接经济损失；
⑤已经采取的措施；
⑥其他应当报告的情况。

（2）关于事故的调查存在以下错误。

①本次事故属于较大事故，应由设区的市级人民政府负责调查。根据《生产安全事故报告和调查处理条例》的规定，死亡人数 3 人以上 10 人以下，或者 10 以上 50 人以下重伤，或者 1 000 万元以上 5 000 万元以下直接经济损失的事故属较大事故。较大事故应该由设区的市级人民政府负责调查。

②该起事故是 2012 年 7 月 1 日发生，于 2012 年 9 月 30 日才提交调查报告，时间不符合要求。根据《生产安全事故报告和调查处理条例》的规定，事故调查组应当自事故发生之日起 60 日内提交事故调查报告；特殊情况下，经负责事故调查的人民政府批准，提交事故调查报告的期限可以适当延长，但延长的期限最长不超过 60 日。

（4）施工生产安全事故的处理

①事故处理时限和落实批复。

《生产安全事故报告的调查处理条例》规定，重大事故、较大事故、一般事故，负责事故调查的人民政府应当自收到事故调查报告之日起 15 日内做出批复；特别重大事故，30 日内做出批复，特殊情况下，批复时间可以适当延长，但延长的时间最长不超过 30 日。

有关机关应当按照人民政府的批复，依照法律、行政法规规定的权限和程序，对事故发生单位和有关人员进行行政处罚，对负有事故责任的国家工作人员进行处分。事故发生单位应当按照负责事故调查的人民政府的批复，对本单位负有事故责任的人员进行处理。

负有事故责任的人员涉嫌犯罪的，依法追究刑事责任。

②事故发生单位的防范和整改措施。

事故发生单位应当认真吸取事故教训，落实防范和整改措施，防止事故再次发生。防范和整改措施的落实情况应当接受工会和职工的监督。

安全生产监督管理部门和负有安全生产监督管理职责的有关部门应当对事故发生单位落实防范和整改措施的情况进行监督检查。

③处理结果的公布。

事故处理的情况由负责事故调查的人民政府或者其授权的有关部门、机构向社会公布，依法应当保密的除外。

《安全生产法》规定，负责事故调查处理的国务院有关部门和地方人民政府应当在批复事故调查报告后 1 年内，组织有关部门对事故整改和防范措施落实情况进行评估，并及时向社会公开评估结果；对不履行职责导致事故整改和防范措施没有落实的有关单位和人员，应当按照有关规定追究责任。

5.5 建设单位和相关单位的建设工程安全责任制度

《建设工程安全生产管理条例》规定，建设单位、勘察单位、设计单位、施工单位、工程监理单位及其他与建设工程安全生产有关的单位，必须遵守安全生产法律、法规的规定，保证建设工程安全生产，依法承担建设工程安全生产责任。

因为，虽然建设工程施工安全生产的主要责任单位是施工单位，但与施工活动密切相关单位的活动也都影响着施工安全。因此，有必要对所有与建设工程施工活动有关的单位安全责任进行明确规定。

例题 5-20

某县招待所决定对 2 层砖混结构住宿楼进行局部拆除改建和重新装修，并将拆改和装修工程包给一无资质的劳务队。该工程未经有资质的单位设计，也没有办理相关手续，仅由劳务队队长口述了自己的施工方案，便开始组织施工。该劳务队队长在现场指挥 4 人到 2 楼干活，安排 2 人到 1 楼干活。当 1 名工人在修缮砖柱（剩余墙体）时，突然发生坍塌，导致屋面梁和整个屋面板全部倒塌，施工人员被埋压。

问题：
（1）本例中建设单位有何违法行为？
（2）建设单位应当承担哪些法律责任？

5.5.1 建设单位的安全责任和义务

建设单位是建设工程项目的投资主体或管理主体，在整个工程建设中居于主导地位。为此，《建设工程安全生产管理条例》中明确规定，建设单位必须遵守安全生产法律、法规的规定，保证建设工程安全生产，依法承担建设工程安全生产责任。

（1）依法办理有关批准手续

《建筑法》规定，有下列情形之一的，建设单位应当按照国家有关规定办理申请批准手续：
①需要临时占用规划批准范围以外场地的；
②可能损坏道路、管线、电力、邮电通信等公共设施的；
③需要临时停水、停电、中断道路交通的；
④需要进行爆破作业的；

⑤法律、法规规定需要办理报批手续的其他情形。

这是因为，上述活动不仅涉及工程建设的顺利进行和施工现场作业人员的安全，也会影响到周边区域人们的安全和正常的工作生活，所以需要有关方面给予支持和配合。为了保证工程建设活动所涉及的有关重要设施的安全，避免因建设工程施工影响正常的社会生活秩序，建设单位应当向有关部门申请办理批准手续。

例题 5-21

北方某高校修建两幢研究生公寓，在10月中旬进入验收备案阶段。属于土建承包商的工作基本完成，但业主还要求土建承包商帮忙开挖室外暖气沟，同时将室外采暖工程交给热力公司完成。土建承包商碍于情面不好拒绝，便调用一台挖掘机计划用半天时间将沟挖好，不料挖土过程中遇到高压电缆，保护套管被挖断且绝缘皮划破漏电，挖掘司机当场晕厥，经抢救无效死亡。这起事故尚未平息，又有学生掉进热力管道阀门井内烫伤致双腿截肢。两起安全事故相隔不足30天，为此高校基建处管理人员万分忧虑。

问题：

（1）这两起事故的主要责任方是谁？

（2）类似事故是否可以避免？

（2）向施工单位提供真实、准确和完整的有关资料

《建筑法》规定，建设单位应当向建筑施工企业提供与施工现场相关的地下管线资料，建筑施工企业应当采取措施加以保护。

《建设工程安全生产管理条例》进一步规定，建设单位应当向施工单位提供施工现场及毗邻区域内供水、排水、供电、供气、供热、通信、广播电视等地下管线资料，气象和水文观测资料，相邻建筑物和构筑物、地下工程的有关资料，并保证资料的真实、准确、完整。

在建设工程施工前，施工单位须搞清楚施工现场及毗邻区域内地下管线，以及相邻建筑物、构筑物和地下工程的有关资料，否则很有可能会因施工而对其造成破坏，不仅导致人员伤亡和经济损失，还将影响周边地区单位和居民的工作与生活。同时，建设工程的施工周期往往比较长，又多是露天作业，受气候条件的影响较大，建设单位还应当提供有关的气象和水文观测资料。建设单位须保证所提供资料的真实、准确，并能满足施工安全作业的需要。

例题 5-21 分析

（1）事故的主要责任方是建设单位。建设过程中业主应提供地下管线资料，这样开挖沟槽时就不会触及高压电缆。同时，要根据高校学生众多的特点，对供热管道施工现场进行围挡并做好警示标志，以防止学生入内受到意外伤害。

（2）类似事故是完全可以避免的，基建处应该对校园区域内的各种管线绘制示意图（如果是新建高校，地下管网线是学校必留的资料），并将该区域的地下管线提供给施工单位。热力管道由热力公司承包施工是可以的，他们作为施工方必须按操作规程施工，安全防护也是其内容之一，热力公司的安全防护措施显然没有做到位，应该承担部分责任。校方未将安全管理提到一个高度，疏于管理，未尽到业主责任，是这两起事故的主要责任方。

（3）不得提出违法要求和随意压缩合同工期

《建设工程安全生产管理条例》规定，建设单位不得对勘察、设计、施工、工程监理等单位提出不符合建设工程安全生产法律、法规和强制性标准规定的要求，不得压缩合同约定的工期。

由于市场竞争相当激烈，一些勘察、设计、施工、工程监理单位为了承揽业务，往往尽量满足建设单位提出的各种要求，这就造成某些建设单位为了追求利益最大化而提出一些非法要求，甚至明示或者暗示相关单位进行一些不符合法律、法规和强制性标准的活动。因此，建设单位也必须依法规范自身的行为。

合同约定的工期是建设单位和施工单位共同签订的、具有法律效力的合同内容。在实际工作中，盲目赶工期，简化工序，不按规程操作，诱发了很多施工安全事故和工程结构安全隐患，不仅损害了承包单位的利益，也损害了建设单位的根本利益，具有很大的危害性。所以，建设单位不得压缩合同约定的工期。

（4）建设单位应当提供建设工程安全生产作业环境及安全施工措施所需的费用

《建设工程安全生产管理条例》规定，建设单位在编制工程概算时，应当确定建设工程安全作业环境及安全施工措施所需费用。

实践表明，要保障施工安全生产，必须有合理的安全投入。因此，建设单位在编制工程概算时，就应当合理确定保障建设工程施工安全所需的费用，并依法足额向施工单位提供。

（5）不得要求购买、租赁和使用不符合安全施工要求的用具设备等

《建设工程安全生产管理条例》规定，建设单位不得明示或者暗示施工单位购买、租赁、使用不符合安全施工要求的安全防护用具、机械设备、施工机具及配件、消防设施和器材。

建设工程的质量好坏，其后果最终都是由建设单位承担，建设单位势必对工程建设的各个环节都非常关心，包括材料设备的采购、租赁等。这就要求建设单位与施工单位应当在合同中约定双方的权利与义务，包括采用哪种供货方式等。施工单位在购买、租赁或是使用有关安全防护用具、机械设备等时，建设单位不得采用明示或者暗示的方式，违法向施工单位提出不符合安全施工的要求。

（6）申领施工许可证应当提供有关安全施工措施的资料

按照《建筑法》的规定，申请领取施工许可证应当具备的条件之一，就是"有保证工程质量和安全的具体措施"。

《建设工程安全生产管理条例》进一步规定，建设单位在申请领取施工许可证时，应当提供建设工程有关安全施工措施的资料。依法批准开工报告的建设工程，建设单位应当自开工报告批准之日起15日内，将保证安全施工的措施报送建设工程所在地的县级以上地方人民政府建设行政主管部门或者其他有关部门备案。

建设单位在申请领取施工许可证时，应当提供的建设工程有关安全施工措施资料一般包括：中标通知书，工程施工合同，施工现场总平面布置图，临时设施规划方案和已搭建情况，施工现场安全防护设施搭设（设置）计划、施工进度计划、安全措施费用计划，专项安全施工组织设计（方案、措施），拟进入施工现场使用的施工起重机械设备（塔式起重机、物料提升机、外用电梯）的型号、数量，工程项目负责人、安全管理人员及特种作业人员持证上岗情况，建设单位安全监督人员名册、工程监理单位人员名册，以及其他应提交的材料。

(7) 装修工程和拆除工程的规定

《建筑法》规定，涉及建筑主体和承重结构变动的装修工程，建设单位应当在施工前委托原设计单位或者具有相应资质条件的设计单位提出设计方案；没有设计方案的，不得施工。《建筑法》还规定，房屋拆除应当由具备保证安全条件的建筑施工单位承担。

《建设工程安全生产管理条例》第十一条规定，建设单位应当将拆除工程发包给具有相应资质等级的施工单位。建设单位应当在拆除工程施工15日前，将下列资料报送建设工程所在地的县级以上地方人民政府建设行政主管部门或者其他有关部门备案：①施工单位资质等级证明；②拟拆除建筑物、构筑物及可能危及毗邻建筑的说明；③拆除施工组织方案；④堆放、清除废弃物的措施。

实施爆破作业的，应当遵守国家有关民用爆炸物品管理的规定。

例题 5-20 分析

(1) 本案中建设单位主要有以下三项违法行为。

①未依法委托设计。《建筑法》第四十九条规定："涉及建筑主体和承重结构变动的装修工程，建设单位应当在施工前委托原设计单位或者具有相应资质条件的设计单位提出设计方案；没有设计方案的，不得施工。"

②将拆除工程发包给无施工资质的劳务队。《建设工程安全生产管理条例》第十一条第一款规定："建设单位应当拆除工程发包给具有相应资质等级的施工单位。"

③未依法办理拆除工程施工前得备案手续。《建设工程安全生产管理条例》第十一条第二款规定："建设单位应当在拆除工程施工15日前，将下列资料报送建设工程所在地的县级以上人民政府建设行政主管部门或者其他有关部门备案：（一）施工单位资质等级证明；（二）拟拆除建筑物、构筑物及可能危及毗邻建筑的说明；（三）拆除施工组织方案；（四）堆放、清除废弃物的措施。"

(2)《建筑法》第七十条规定："违反本法规定，涉及建筑主体或者承重结构变动的装修工程擅自施工的，责令改正，处以罚款；造成损失的，承担赔偿责任；构成犯罪，依法追究刑事责任。"《建设工程安全生产管理条例》第五十四条第二款规定："建设单位未将保证安全施工的措施或者拆除工程的有关资料报送有关部门备案的，责令限期改正，给予警告"。第五十五条规定："违反本条例的规定，建设单位有下列行为之一的，责令限期改正，处20万元以上50万元以下的罚款；造成重大安全事故，构成犯罪的，对直接责任人员，依照刑法有关规定追究刑事责任；造成损失的，依法承担赔偿责任。"据此，对建设单位应当责令改正，处以罚款，并依据事故等级和所造成损失，依法追究直接责任人员的刑事责任，依法承担赔偿责任。

例题 5-22

湖南省凤凰县"8.13"大桥坍塌事故

2007年8月13日，湖南省凤凰县堤溪沱江大桥在施工过程中发生坍塌事故，造成64人死亡、4人重伤、18人轻伤，直接经济损失3 974.7万元。

沱江大桥在施工现场共有7支施工队、152名施工人员进行1至3号孔主拱圈支架拆除和桥面砌石、填平等作业。施工过程中，随着拱上荷载的不断增加，1号拱圈受力较大的多个断面逐渐接近和达到极限强度，出现开裂、掉渣，接着掉下石块。最先达到完全破坏状态的0号桥台侧2号腹拱下方的主拱断面裂缝不断张大下沉，下沉量最大的断面右侧拱段（1号墩侧）带着2号横墙向0号台侧倾倒，通过2号腹拱挤压1号腹拱，因1号腹拱为三铰拱，承受挤压能力最低而迅速破坏下榻。受连拱效应影响，整个大桥迅速向0号台方向坍塌，坍塌过程持续了大约30 s。

问题：
试分析导致大桥坍塌事故发生的直接原因与间接原因。

5.5.2 勘察、设计单位相关的安全责任

例题 5-23

某化工厂在同一厂区建设第二个大型厂房时，为了节省投资，决定不进行勘查，便将4年前第一个大型厂房的勘查结果提供给设计院作为设计依据，让其设计新厂房。设计院最初不同意，但是在该化工厂的一再坚持下，最终妥协，答应使用旧的勘查结果。厂房建成后使用一年多就发现其北墙墙体多处开裂，该化工厂一纸诉状将施工单位告上法院，请求判定施工单位承担工程质量责任。

问题：
本例中的质量责任应当由谁承担？工程中设计方是否有过错？违反了什么规定？

建设工程安全生产是一个大的系统工程。工程勘察、设计作为工程建设的重要环节，对于保障安全施工有着重要影响。

（1）勘察单位的安全责任

《建设工程安全生产管理条例》规定，勘察单位应当按照法律、法规和工程建设强制性标准进行勘察，提供的勘察文件应当真实、准确，满足建设工程安全生产的需要。勘察单位在勘察作业时，应当严格执行操作规程，采取措施保证各类管线、设施和周边建筑物、构筑物的安全。

工程勘察是工程建设的先行官。工程勘察成果是建设工程项目规划、选址、设计的重要依据，也是保证施工安全的重要因素和前提条件。因此，勘察单位必须按照法律、法规的规定以及工程建设强制性标准的要求进行勘察，并提供真实、准确的勘察文件，不能弄虚作假。

此外，勘察单位在进行勘察作业时，也易发生安全事故。为了保证勘察作业的安全，勘察人员必须严格执行操作规程，并应采取措施保证各类管线、设施和周边建筑物、构筑物的安全，为保障施工作业人员和相关人员的安全提供必要条件。

（2）设计单位的安全责任

工程设计是工程建设的灵魂。在建设工程项目确定后，工程设计便成为工程建设中最重要、最关键的环节，对安全施工有着重要影响。

①按照法律、法规和工程建设强制性标准进行设计。

《建设工程安全生产管理条例》规定，设计单位应当按照法律、法规和工程建设强制性标准进行设计，防止因设计不合理导致生产安全事故的发生。

工程建设强制性标准是工程建设技术和经验的总结与积累，对保证建设工程质量和施工安全起着至关重要的作用。从一些生产安全事故的原因分析，涉及设计单位责任的，主要是没有按照强制性标准进行设计，由于设计不合理导致施工过程中发生安全事故。因此，设计单位在设计过程中必须考虑施工生产安全，严格执行强制性标准。

②提出防范生产安全事故的指导意见和措施建议。

《建设工程安全生产管理条例》规定，设计单位应当考虑施工安全操作和防护的需要，对涉及施工安全的重点部位和环节在设计文件中注明，并对防范生产安全事故提出指导意见。采用新结构、新材料、新工艺的建设工程和特殊结构的建设工程，设计单位应当在设计中提出保障施工作业人员安全和预防生产安全事故的措施建议。

设计单位的工程设计文件对保证建设工程结构安全至关重要。同时，设计单位在编制设计文件时，还应当结合建设工程的具体特点和实际情况，考虑施工安全作业和安全防护的需要，为施工单位制定安全防护措施提供技术保障。特别是对采用新结构、新材料、新工艺的建设工程和特殊结构的建设工程，设计单位应当在设计中提出保障施工作业人员安全和预防生产安全事故的措施建议。在施工单位作业前，设计单位还应当就设计意图、设计文件内容向施工单位做出说明和技术交底，并对防范生产安全事故提出指导意见。

③对设计成果承担责任。

《建设工程安全生产管理条例》规定，设计单位和注册建筑师等注册执业人员应当对其设计负责。

"谁设计，谁负责"，这是国际通行原则。如果由于设计责任造成事故，设计单位就要承担法律责任，还应当对造成的损失进行赔偿。建筑师、结构工程师等注册执业人员应当在设计文件上签字盖章，对设计文件负责，并承担相应的法律责任。

例题 5-23 分析

（1）本例中的墙体开裂，经检测系设计对地基处理不当引起厂房不均匀沉陷所致。《建筑法》第五十四条规定："建设单位不得以任何理由要求建筑设计单位或者建筑施工企业在工程设计或者施工作业中，违反法律、行政法规和建筑工程质量、安全标准，降低工程质量。"该化工厂为节省投资，坚持不进行勘查，只向设计单位提供旧的勘查结果，违反了法律规定，对该工程的质量应该承担主要责任。

（2）设计方也有过错。《建筑法》第五十四条还规定："建筑设计单位和建筑施工企业对建设单位违反规定提出的降低工程质量的要求，应当予以拒绝。"《建设单位质量管理条例》第二十一条规定："设计单位应当根据勘查成果文件进行建设工程设计。"因此，设计单位尽管开始不同意建设单位的做法，但后来没有坚持原则做了妥协，也应该对工程设计承担质量责任。

（3）法院经审理认定，该工程的质量责任由该化工厂承担主要责任，由设计方承担次要责任。

5.5.3 工程监理、检验检测单位相关的安全责任

(1) 工程监理单位的安全责任

工程监理是监理单位受建设单位的委托,依照法律、法规和建设工程监理规范的规定,对工程建设实施的监督管理。但在实践中,个别监理单位只注重对施工质量、进度和投资的监控,不重视对施工安全的监督管理,导致施工现场因违章指挥、违章作业而发生的伤亡事故。因此,须依法加强施工安全监理工作,进一步提高建设工程监理水平。

①对安全技术措施或专项施工方案进行审查。

《建设工程安全生产管理条例》规定,工程监理单位应当审查施工组织设计中的安全技术措施或者专项施工方案是否符合工程建设强制性标准。

施工组织设计中应当包括安全技术措施和施工现场临时用电方案,对基坑支护与降水工程、土方开挖工程、模板工程、起重吊装工程、脚手架工程、拆除工程、爆破工程等达到一定规模的危险性较大的分部分项工程,还应当编制专项施工方案。工程监理单位要对这些安全技术措施和专项施工方案进行审查,重点审查是否符合工程建设强制性标准;对于达不到强制性标准的,应当要求施工单位进行补充和完善。

②依法对施工安全事故隐患进行处理。

《建设工程安全生产管理条例》规定,工程监理单位在实施监理过程中,发现存在安全事故隐患的,应当要求施工单位整改;情况严重的,应当要求施工单位暂时停止施工,并及时报告建设单位。施工单位拒不整改或者不停止施工的,工程监理单位应当及时向有关主管部门报告。

工程监理单位受建设单位的委托,有权要求施工单位对存在的安全事故隐患进行整改,有权要求施工单位暂时停止施工,并依法向建设单位和有关主管部门报告。

③承担建设工程安全生产的监理责任。

《建设工程安全生产管理条例》规定,工程监理单位和监理工程师应当按照法律、法规和工程建设强制性标准实施监理,并对建设工程安全生产承担监理责任。

工程监理单位有下列行为之一的,责令限期改正;逾期未改正的,责令停业整顿,并处10万元以上30万元以下的罚款;情节严重的,降低资质等级,直至吊销资质证书;造成重大安全事故,构成犯罪的,对直接责任人员,依照刑法有关规定追究刑事责任;造成损失的,依法承担赔偿责任:A. 未对施工组织设计中的安全技术措施或者专项施工方案进行审查的;B. 发现安全事故隐患未及时要求施工单位整改或者暂时停止施工的;C. 施工单位拒不整改或者不停止施工,未及时向有关主管部门报告的;D. 未依照法律、法规和工程建设强制性标准实施监理的。

(2) 检验检测单位的安全责任

《建设工程安全生产管理条例》规定,检验检测机构对检测合格的施工起重机械和整体提升脚手架、模板等自升式架设设施,应当出具安全合格证明文件,并对检测结果负责。

①设备检验检测单位的职责。

《安全生产法》规定,承担安全评价、认证、检测、检验职责的机构应当具备国家规定的资质条件,并对其安全评价、认证、检测、检验结果的合法性、真实性负责。承担安全评价、认证、检测、检验职责的机构应当建立并实施服务公开和报告公开制度,不得租借资质、挂靠、出具虚假报告。

按照《特种设备安全法》的规定，起重机械的安装、改造、重大修理过程，应当经特种设备检验机构按照安全技术规范的要求进行监督检验；未经监督检验或者监督检验不合格的，不得出厂或者交付使用。

特种设备检验、检测机构及其检验、检测人员应当客观、公正、及时地出具检验、检测报告，并对检验、检测结果和鉴定结论负责。特种设备检验、检测机构及其检验、检测人员在检验、检测中发现特种设备存在严重事故隐患时，应当及时告知相关单位，并立即向负责特种设备安全监督管理的部门报告。

特种设备生产、经营、使用单位应当按照安全技术规范的要求向特种设备检验、检测机构及其检验、检测人员提供特种设备相关资料和必要的检验、检测条件，并对资料的真实性负责。特种设备检验、检测机构及其检验、检测人员对检验、检测过程中知悉的商业秘密，负有保密义务。

特种设备检验、检测机构及其检验、检测人员不得从事有关特种设备的生产、经营活动，不得推荐或者监制、监销特种设备。特种设备检验机构及其检验人员利用检验工作故意刁难特种设备生产、经营、使用单位的，特种设备生产、经营、使用单位有权向负责特种设备安全监督管理的部门投诉，接到投诉的部门应当及时进行调查处理。

②检验检测单位违法行为应承担的法律责任。

《安全生产法》规定，承担安全评价、认证、检测、检验职责的机构出具失实报告的，责令停业整顿，并处3万元以上10万元以下的罚款；给他人造成损害的，依法承担赔偿责任。

承担安全评价、认证、检测、检验职责的机构租借资质、挂靠、出具虚假报告的，没收违法所得；违法所得在10万元以上的，并处违法所得2倍以上5倍以下的罚款，没有违法所得或者违法所得不足10万元的，单处或者并处10万元以上20万元以下的罚款；对其直接负责的主管人员和其他直接责任人员处5万元以上10万元以下的罚款；给他人造成损害的，与生产经营单位承担连带赔偿责任；构成犯罪的，依照刑法有关规定追究刑事责任。

例题 5-22 分析

1. 直接原因

堤溪沱江大桥主拱圈材料不满足规范和设计要求，拱桥上部构造施工工序不合理，主拱圈砌筑质量差，降低了拱圈砌体的整体性和强度，随着拱上施工荷载的不断增加，造成1号拱主拱圈靠近0号桥台一侧拱脚区段砌体强度达到破坏极限而崩塌，受连拱效应影响，最终导致整座桥坍塌。

2. 间接原因

（1）建设单位严重违反建设工程管理的有关规定，项目管理混乱。一是对发现的施工质量不符合规范、施工材料不符合要求等问题，未认真督促整改。二是未经设计单位同意，擅自与施工单位变更原主拱圈设计施工方案，且盲目倒排工期赶进度、越权指挥施工。三是未能加强对工程施工、监理、安全等环节的监督检查，对检查中发现的施工人员未经培训、监理人员资格不合要求等问题未督促整改。四是企业主管部门和主要领导不能正确履行职责，疏于监督管理，未能及时发现和督促整改工程存在的重大质量和安全隐患。

（2）施工单位严重违反有关桥梁建设的法律法规及技术标准，施工质量控制不力，现场管理混乱。一是项目经理部未经设计单位同意，擅自与业主商议变更原主拱圈施工方案，并且未严格按照设计要求的主拱圈方式进行施工。二是项目经理部未配备专职质量监督员和安全员，未认真落实整改监理单位多次指出的严重工程质量和安全生产隐患；主拱圈施工不符合设计和规范要求的质量问题突出，主拱圈施工各环在不同温度五度合龙，造成拱圈内产生附加的永存的温度应力，削弱了拱圈强度。三是项目经理部为抢工期，连续施工主拱圈、横墙、腹拱、侧墙，在主拱圈未达到设计强度的情况下就开始落架施工作业，降低了砌体的整体性和强度。四是项目经理部技术力量薄弱，现场管理混乱。五是项目经理部直属上级单位未按规定履行质量和安全管理职责。六是施工单位对工程施工安全质量工作监管不力。

（3）监理单位违反了有关规定，未能依法履行工程监理责任。一是现场监理对施工单位擅自变更原主拱圈施工方案，未予以坚决制止。在主拱圈施工关键阶段，监理人员投入不足，有关监理人员对发现施工质量问题督促整改不力，不仅未向有关主管部门报告，还在主拱圈砌筑完成但拱圈强度资料尚未测出的情况下，即在验收质检表、检验申请批复单、施工过程质检记录表上签字。二是对现场监理管理不力。派驻现场的技术人员不足，半数监理人员不具备职业资格。驻场监理人员频繁更换，不能保证大桥监理工作的连续性。

（4）承担设计和勘察任务的设计院，工作不到位。一是违规将地质勘察项目分包给个人。二是前期地质勘察工作不细，设计深度不够。三是施工现场设计服务不到位，设计交底不够。

（5）有关主管部门和监管部门对该工程的质量监管严重失职、指导不力。一是当地质量监督部门工作严重失职，未制订质量监督计划，未落实重点工程质量监督责任人。对施工方、监理方从业人员培训和上岗资格情况监督不力，对发现的重大质量和安全隐患，未依法责令停工整改，也未向有关主管部门报告。二是省质量监督部门对当地质量监督部门业务工作监督指导不力，对工程建设中存在的管理混乱、施工质量差、存在安全隐患等问题失察。

5.5.4 机械设备等单位相关的安全责任

例题 5-24

某建筑工程公司，施工队队长张某、提升机司机赵某、瓦工李某准备上6层，他们不愿意从楼梯上去，想违章乘坐提升机。这时提升机操作手王某正准备由4层往6层运木料，施工队队长张某走过去将提升机由4层落到1层，让王某送他们上6层，王某不同意，说"提升机不能乘人"。张某见王某不同意开提升架，就强行叫站在旁边的于某（不是提升架司机）开提升架。于某开机前，见提升机上边站着张某、赵某、李某。于某将提升架升到1层停了一下，架上的人摆手叫继续提升，到2层又停了一下，架上的人摆手还叫继续提升，当提升架快到6楼时，被一根施工加强杆挡住，在提升机停机的同时，钢丝绳断裂，提升架突然坠落，造成3人死亡。

根据以上案例：
（1）请分析此事故发生的原因。
（2）请总结防止此类事故再次发生的措施。

（1）提供机械设备和配件单位的安全责任

《建设工程安全生产管理条例》规定，为建设工程提供机械设备和配件的单位，应当按照安全施工的要求配备齐全有效的保险、限位等安全设施和装置。

施工机械设备是施工现场的重要设备，在建设工程施工中的应用越来越普及。但是，当前施工现场所使用的机械设备产品质量不容乐观，有的安全保险和限位装置不齐全或是失灵，有的在设计和制造上存在重大质量缺陷，导致施工安全事故时有发生。为此，为建设工程提供施工机械设备和配件的单位，应当配齐有效的保险、限位等安全设施和装置，保证灵敏、可靠，以保障施工机械设备的安全使用，减少施工机械设备事故的发生。

（2）出租机械设备和施工机具及配件单位的安全责任

《建设工程安全生产管理条例》规定，出租的机械设备和施工机具及配件，应当具有生产（制造）许可证、产品合格证。出租单位应当对出租的机械设备和施工机具及配件的安全性能进行检测，在签订租赁协议时，应当出具检测合格证明。禁止出租检测不合格的机械设备和施工机具及配件。

近年来，我国的机械设备租赁市场发展很快，越来越多的施工单位通过租赁方式获取所需的机械设备和施工机具及配件，这对于降低施工成本、提高机械设备使用率等是有着积极作用的，但也带来出租的机械设备和施工机具及配件安全责任不明确的问题。因此，必须依法对出租单位的安全责任进行规定。

2008年1月颁布的《建筑起重机械安全监督管理规定》规定，出租单位应当在签订的建筑起重机械租赁合同中，明确租赁双方的安全责任，并出具建筑起重机械特种设备制造许可证、产品合格证、制造监督检验证明、备案证明和自检合格证明，提交安装使用说明书。有下列情形之一的建筑起重机械，不得出租、使用：①属国家明令淘汰或者禁止使用的；②超过安全技术标准或者制造厂家规定的使用年限的；③经检验达不到安全技术标准规定的；④没有完整安全技术档案的；⑤没有齐全有效的安全保护装置的。建筑起重机械有以上第①、②、③项情形之一的，出租单位或者自购建筑起重机械的使用单位应当予以报废，并向原备案机关办理注销手续。

（3）施工起重机械和自升式架设设施安装、拆卸单位的安全责任

施工起重机械，是指施工中用于垂直升降或者垂直升降并水平移动重物的机械设备，如塔式起重机、施工外用电梯、物料提升机等。自升式架设设施，是指通过自有装置可将自身升高的架设设施，如整体提升脚手架、模板等。

①安装、拆卸施工起重机械和自升式架设设施必须具备相应的资质。

《建设工程安全生产管理条例》规定，在施工现场安装、拆卸施工起重机械和整体提升脚手架、模板等自升式架设设施，必须由具有相应资质的单位承担。

施工起重机械和自升式架设设施等的安装、拆卸，不仅专业性很强，还具有较高的危险性，与相关的施工活动关联很大，稍有不慎极易造成群死群伤的重大施工安全事故。因此，按照《建筑业企业资质管理规定》和《建筑业企业资质标准》的规定，从事施工起

重机械、附着升降脚手架等安拆活动的单位，应当按照资质条件申请资质，经审查合格并取得专业承包资质证书后，方可在资质许可的范围内从事安装、拆卸活动。

②编制安装、拆卸方案和现场监督。

《建设工程安全生产管理条例》规定，安装、拆卸施工起重机械和整体提升脚手架、模板等自升式架设设施，应当编制拆装方案、制定安全施工措施，并由专业技术人员现场监督。

《建筑起重机械安全监督管理规定》进一步规定，建筑起重机械使用单位和安装单位应当在签订的建筑起重机械安装、拆卸合同中明确双方的安全生产责任。实行施工总承包的，施工总承包单位应当与安装单位签订建筑起重机械安装、拆卸工程安全协议书。安装单位应当履行下列安全职责。

A. 按照安全技术标准及建筑起重机械性能要求，编制建筑起重机械安装、拆卸工程专项施工方案，并由本单位技术负责人签字；

B. 按照安全技术标准及安装使用说明书等检查建筑起重机械及现场施工条件；

C. 组织安全施工技术交底并签字确认；

D. 制定建筑起重机械安装、拆卸工程生产安全事故应急救援预案；

E. 将建筑起重机械安装、拆卸工程专项施工方案，安装、拆卸人员名单，安装、拆卸时间等材料报施工总承包单位和监理单位审核后，告知工程所在地县级以上地方人民政府建设主管部门。

安装单位应当按照建筑起重机械安装、拆卸工程专项施工方案及安全操作规程组织安装、拆卸作业。安装单位的专业技术人员、专职安全生产管理人员应当进行现场监督，技术负责人应当定期巡查。

③出具自检合格证明、进行安全使用说明、办理验收手续的责任。

《建设工程安全生产管理条例》规定，施工起重机械和整体提升脚手架、模板等自升式架设设施安装完毕后，安装单位应当自检，出具自检合格证明，并向施工单位进行安全使用说明，办理验收手续并签字。

《建筑起重机械安全监督管理规定》进一步规定，建筑起重机械安装完毕后，安装单位应当按照安全技术标准及安装使用说明书的有关要求对建筑起重机械进行自检、调试和试运转。自检合格的，应当出具自检合格证明，并向使用单位进行安全使用说明。

建筑起重机械安装完毕后，使用单位应当组织出租、安装、监理等有关单位进行验收，或者委托具有相应资质的检验检测机构进行验收。建筑起重机械经验收合格后方可投入使用，未经验收或者验收不合格的不得使用。实行施工总承包的，由施工总承包单位组织验收。

④依法对施工起重机械和自升式架设设施进行检测。

《建设工程安全生产管理条例》规定，施工起重机械和整体提升脚手架、模板等自升式架设设施的使用达到国家规定的检验检测期限的，必须经具有专业资质的检验检测机构检测。经检测不合格的，不得继续使用。

⑤机械设备等单位违法行为应承担的法律责任。

《建设工程安全生产管理条例》规定，违反《建设工程安全生产管理条例》的规定，为建设工程提供机械设备和配件的单位，未按照安全施工的要求配备齐全有效的保险、限位等安全设施和装置的，责令限期改正，处合同价款1倍以上3倍以下的罚款；造成损失的，依法承担赔偿责任。

违反《建设工程安全生产管理条例》的规定，出租单位出租未经安全性能检测或者经检测不合格的机械设备和施工机具及配件的，责令停业整顿，并处 5 万元以上 10 万元以下的罚款；造成损失的，依法承担赔偿责任。

违反《建设工程安全生产管理条例》的规定，施工起重机械和整体提升脚手架、模板等自升式架设设施安装、拆卸单位有下列行为之一的，责令限期改正，处 5 万元以上 10 万元以下的罚款；情节严重的，责令停业整顿，降低资质等级，直至吊销资质证书；造成损失的，依法承担赔偿责任：①未编制拆装方案、制定安全施工措施的；②未由专业技术人员现场监督的；③未出具自检合格证明或者出具虚假证明的；④未向施工单位进行安全使用说明，办理移交手续的。

施工起重机械和整体提升脚手架、模板等自升式架设设施安装、拆卸单位有以上规定的第①项、第③项行为，经有关部门或者单位职工提出后，对事故隐患仍不采取措施，因而发生重大伤亡事故或者造成其他严重后果，构成犯罪的，对直接责任人员，依照刑法有关规定追究刑事责任。

例题 5-24 分析

（1）事故原因如下：

①施工现场安全管理混乱，各级人员安全意识薄弱，安全管理制度不完善，未得到贯彻执行。

②没有对提升架和钢丝绳进行有效的维修和维护及保养，设备不完好。

③队长张某违章指挥，强令工人违章操作；于某不是提升机操作手，违反"非司机不准开车"和"升降架不准乘人"的规定，违章操作。同时，在提升前也没有观察上升通道是否有障碍物，造成事故。

（2）整改措施如下：

①在认真分析事故原因的基础上，开展安全法规和其他安全要求的教育；开展安全知识的培训，提高员工的安全意识和安全生产技能。

②加强施工现场的安全管理，按规定对各种设备进行维护保养，使其处于完好状态，杜绝带"病"运行。

③健全并完善各项安全规章制度，落实安全生产责任制，严格执行各项相关安全制度及操作规程。

5.5.5 政府主管部门安全监督管理的相关规定

例题 5-25

宁波一小区共有 8 幢在建住宅楼，20×9 年 4 月下旬，主体全部封顶。5 月 2 日在清运钢管和模板过程中，两名工人从卸料平台处跌落，一名工人死亡，另一名工人受伤。建筑公司总经理将伤亡者家属安排在不同宾馆内密谈并提出了私了方案。死者是当地人，其家属提出 200 万元赔偿金，经协商后赔偿金为 70 万元，尸体于 5 月 3 日凌晨火化。重伤工人家在贵州，其家属哭哭啼啼没有主张，最后接受建筑公司的建议；手术等医疗费由公司全额报销，出院后送回家静养并一次性补偿10万元。治疗1个月，重伤工人和家属被公司安排返回贵州。3个月后，由于医疗费超支，工人家属赶赴公司再讨费用时遭到拒绝。听说工友讲死亡工人赔偿金金额，伤者家属愤愤不平，告到当地建设局请求解决。建设局以不知晓此事，需要安排专人了解情况为由，推托很久没有给出说法。无奈之下，伤者家属状告到法院。

问题：
建设主管部门对瞒报事故的施工单位应如何处理？

（1）建设工程安全生产的监督管理体制

《安全生产法》规定："国务院应急管理部门依照本法，对全国安全生产工作实施综合监督管理；县级以上地方各级人民政府应急管理部门依照本法，对本行政区域内安全生产工作实施综合监督管理。国务院交通运输、住房和城乡建设、水利、民航等有关部门依照本法和其他有关法律、行政法规的规定，在各自的职责范围内对有关行业、领域的安全生产工作实施监督管理；县级以上地方各级人民政府有关部门依照本法和其他有关法律、法规的规定，在各自的职责范围内对有关行业、领域的安全生产工作实施监督管理。对新兴行业、领域的安全生产监督管理职责不明确的，由县级以上地方各级人民政府按照业务相近的原则确定监督管理部门。应急管理部门和对有关行业、领域的安全生产工作实施监督管理的部门，统称负有安全生产监督管理职责的部门。"

《建设工程安全生产管理条例》规定："国务院建设行政主管部门对全国的建设工程安全生产实施监督管理，并依法接受国家安全生产综合管理部门的指导和监督。国务院铁路、交通、水利等有关部门按照国务院规定的职责分工，负责有关专业建设工程安全生产的监督管理。县级以上地方人民政府建设行政主管部门对本行政区域内的建设工程安全生产实施监督管理。县级以上地方人民政府交通、水利等有关部门在各自的职责范围内，负责本行政区域内的专业建设工程安全生产的监督管理。"

（2）政府主管部门对安全施工措施的审查

《安全生产法》规定，县级以上各级人民政府应当组织负有安全生产监督管理职责的部门依法编制安全生产权力和责任清单，公开并接受社会监督。

负有安全生产监督管理职责的部门依照有关法律、法规的规定，对涉及安全生产的事项需要审查批准（包括批准、核准、许可、注册、认证、颁发证照等，下同）或者验收的，必须严格依照有关法律、法规和国家标准或者行业标准规定的安全生产条件和程序进行审查；不符合有关法律、法规和国家标准或者行业标准规定的安全生产条件的，不得批准或者验收通过。对未依法取得批准或者验收合格的单位擅自从事有关活动的，负责行政审批的部门发现或者接到举报后应当立即予以取缔，并依法予以处理。对已经依法取得批准的单位，负责行政审批的部门发现其不再具备安全生产条件的，应当撤销原批准。

负有安全生产监督管理职责的部门对涉及安全生产的事项进行审查、验收，不得收取费用；不得要求接受审查、验收的单位购买其指定品牌或者指定生产、销售单位的安全设备、器材或者其他产品。

《建设工程安全生产管理条例》规定，建设行政主管部门在审核发放施工许可证时，应当对建设工程是否有安全施工措施进行审查，对没有安全施工措施的，不得颁发施工许可证。

建设行政主管部门或者其他有关部门对建设工程是否有安全施工措施进行审查时，不得收取费用。

（3）政府主管部门实施安全生产行政执法工作的法定职权

《安全生产法》规定，应急管理部门和其他负有安全生产监督管理职责的部门依法开展安全生产行政执法工作，对生产经营单位执行有关安全生产的法律、法规和国家标准或者行业标准的情况进行监督检查，行使以下职权：

①进入生产经营单位进行检查，调阅有关资料，向有关单位和人员了解情况。

②对检查中发现的安全生产违法行为，当场予以纠正或者要求限期改正；对依法应当给予行政处罚的行为，依照《安全生产法》和其他有关法律、行政法规的规定作出行政处罚决定。

③对检查中发现的事故隐患，应当责令立即排除；重大事故隐患排除前或者排除过程中无法保证安全的，应当责令从危险区域内撤出作业人员，责令暂时停产停业或者停止使用相关设施、设备；重大事故隐患排除后，经审查同意，方可恢复生产经营和使用。

④对有根据认为不符合保障安全生产的国家标准或者行业标准的设施、设备、器材以及违法生产、储存、使用、经营、运输的危险物品予以查封或者扣押，对违法生产、储存、使用、经营危险物品的作业场所予以查封，并依法作出处理决定。

监督检查不得影响被检查单位的正常生产经营活动。

生产经营单位对负有安全生产监督管理职责的部门的监督检查人员（以下统称安全生产监督检查人员）依法履行监督检查职责，应当予以配合，不得拒绝、阻挠。生产经营单位拒绝、阻碍负有安全生产监督管理职责的部门依法实施监督检查的，责令改正；拒不改正的，处2万元以上20万元以下的罚款；对其直接负责的主管人员和其他直接责任人员处1万元以上2万元以下的罚款；构成犯罪的，依照刑法有关规定追究刑事责任。

安全生产监督检查人员执行监督检查任务时，必须出示有效的行政执法证件；对涉及被检查单位的技术秘密和业务秘密，应当为其保密。负有安全生产监督管理职责的部门在监督检查中，应当互相配合，实行联合检查；确需分别进行检查的，应当互通情况，发现存在的安全问题应当由其他有关部门进行处理的，应当及时移送其他有关部门并形成记录备查，接受移送的部门应当及时进行处理。

负有安全生产监督管理职责的部门依法对存在重大事故隐患的生产经营单位作出停产停业、停止施工、停止使用相关设施或者设备的决定，生产经营单位应当依法执行，及时消除事故隐患。生产经营单位拒不执行，有发生生产安全事故的现实危险的，在保证安全的前提下，经本部门主要负责人批准，负有安全生产监督管理职责的部门可以采取通知有关单位停止供电、停止供应民用爆炸物品等措施，强制生产经营单位履行决定。通知应当采用书面形式，有关单位应当予以配合。负有安全生产监督管理职责的部门依照前款规定采取停止供电措施，除有危及生产安全的紧急情形外，应当提前24小时通知生产经营单位。生产经营单位依法履行行政决定、采取相应措施消除事故隐患的，负有安全生产监督管理职责的部门应当及时解除以上规定的措施。

《建设工程安全生产管理条例》规定，县级以上人民政府负有建设工程安全生产监督管理职责的部门在各自的职责范围内履行安全监督检查职责时，有权采取下列措施：

①要求被检查单位提供有关建设工程安全生产的文件和资料；

② 进入被检查单位施工现场进行检查；

③ 纠正施工中违反安全生产要求的行为；

④ 对检查中发现的安全事故隐患，责令立即排除，重大安全事故隐患排除前或者排除过程中无法保证安全的，责令从危险区域内撤出作业人员或者暂时停止施工。

《特种设备安全法》还规定，负责特种设备安全监督管理的部门在依法履行监督检查职责时，可以行使下列职权。

① 进入现场进行检查，向特种设备生产、经营、使用单位和检验、检测机构的主要负责人和其他有关人员调查、了解有关情况；

② 根据举报或者取得的涉嫌违法证据，查阅、复制特种设备生产、经营、使用单位和检验、检测机构的有关合同、发票、账簿以及其他有关资料；

③ 对有证据表明不符合安全技术规范要求或者存在严重事故隐患的特种设备实施查封、扣押；

④ 对流入市场的达到报废条件或者已经报废的特种设备实施查封、扣押；

⑤ 对违反《特种设备安全法》规定的行为作出行政处罚决定。

负责特种设备安全监督管理的部门在依法履行职责过程中，发现违反《特种设备安全法》规定和安全技术规范要求的行为或者特种设备存在事故隐患时，应当以书面形式发出特种设备安全监察指令，责令有关单位及时采取措施予以改正或者消除事故隐患。紧急情况下要求有关单位采取紧急处置措施的，应当随后补发特种设备安全监察指令。

负责特种设备安全监督管理的部门在依法履行职责过程中，发现重大违法行为或者特种设备存在严重事故隐患时，应当责令有关单位立即停止违法行为、采取措施消除事故隐患，并及时向上级负责特种设备安全监督管理的部门报告。接到报告的负责特种设备安全监督管理的部门应当采取必要措施，及时予以处理。

负责特种设备安全监督管理的部门实施安全监督检查时，应当有2名以上特种设备安全监察人员参加，并出示有效的特种设备安全行政执法证件。负责特种设备安全监督管理的部门对特种设备生产、经营、使用单位和检验、检测机构实施监督检查，应当对每次监督检查的内容、发现的问题及处理情况进行记录，并由参加监督检查的特种设备安全监察人员和被检查单位的有关负责人签字后归档。被检查单位的有关负责人拒绝签字的，特种设备安全监察人员应当将情况记录在案。负责特种设备安全监督管理的部门及其工作人员不得推荐或者监制、监销特种设备；对履行职责过程中知悉的商业秘密负有保密义务。

(4) 组织制定特大事故应急救援预案和重大生产安全事故抢救

《安全生产法》规定，县级以上地方各级人民政府应当组织有关部门制定本行政区域内生产安全事故应急救援预案，建立应急救援体系。

有关地方人民政府和负有安全生产监督管理职责的部门的负责人接到生产安全事故报告后，应当按照生产安全事故应急救援预案的要求立即赶到事故现场，组织事故抢救。

(5) 建立安全生产的举报制度和举报平台，淘汰严重危及施工安全的工艺设备材料

《安全生产法》规定，负有安全生产监督管理职责的部门应当建立举报制度，公开举报电话、信箱或者电子邮件地址等举报方式，受理有关安全生产的举报；受理的举报事项经调查核实后，应当形成书面材料；需要落实整改措施的，报经有关负责人签字并督促落实。对不属于本部门职责，需要由其他有关部门进行调查处理的，转交其他有关部门处理。涉及人员死亡的举报事项，应当由县级以上人民政府组织核查处理。

任何单位或者个人对事故隐患或者安全生产违法行为，均有权向负有安全生产监督管理职责的部门报告或者举报。

负有安全生产监督管理职责的部门应当建立安全生产违法行为信息库，如实记录生产经营单位及其有关从业人员的安全生产违法行为信息；对违法行为情节严重的生产经营单位及其有关从业人员，应当及时向社会公告，并通报行业主管部门、投资主管部门、自然资源主管部门、生态环境主管部门、证券监督管理机构以及有关金融机构。有关部门和机构应当对存在失信行为的生产经营单位及其有关从业人员采取加大执法检查频次、暂停项目审批、上调有关保险费率、行业或者职业禁入等联合惩戒措施，并向社会公示。

《建设工程安全生产管理条例》规定，国家对严重危及施工安全的工艺、设备、材料实行淘汰制度。具体目录由国务院建设行政主管部门会同国务院其他有关部门制定并公布。

县级以上人民政府建设行政主管部门和其他有关部门应当及时受理对建设工程生产安全事故及安全事故隐患的检举、控告和投诉。

例题 5-25 分析

《生产安全事故报告和调查处理条例》规定，事故发生单位及其有关人员有下列行为之一的，对事故发生单位处 100 万元以上 500 万元以下的罚款；对主要负责人、直接负责的主管人员和其他直接责任人员处上一年年收入 60% 至 100% 的罚款；属于国家工作人员的，并依法给予处分；构成违反治安管理行为的，由公安机关依法给予治安管理处罚；构成犯罪的，依法追究刑事责任：(1) 谎报或者瞒报事故的；(2) 伪造或者故意破坏事故现场的；(4) 转移、隐匿资金、财产，或者销毁有关证据、资料的；(4) 拒绝接受调查或者拒绝提供有关情况和资料的；(5) 在事故调查中作伪证或者指使他人作伪证的；(6) 事故发生后逃匿的。本例中，施工单位存在瞒报事故，应对其处 100 万元以上 500 万元以下的罚款；对主要负责人、直接负责的主管人员和其他直接责任人员处上一年年收入 60% 至 100% 的罚款。

课后习题

一、单项选择题

1. 施工单位依法对本企业的安全生产工作负全面责任的是（　　）。
   A. 技术负责人　　　　　　　　　B. 主要负责人
   C. 安全管理部门负责人　　　　　D. 项目负责人

2. 施工单位与建设单位签订施工合同后，将其中的部分工程分包给分包单位，则施工现场的安全生产由（　　）负总责。
   A. 建设单位　　B. 施工单位　　C. 分包单位　　D. 工程监理单位

3. 某建设工程项目分包工程部分发生生产安全事故，负责向安全生产监督管理部门、建设行政主管部门或其他有关部门上报的是（　　）。
   A. 现场施工人员　　B. 分包单位　　C. 建设单位　　D. 总承包单位

4. 甲公司是某项目的总承包单位，乙公司是该项目的建设单位指定的分包单位。在施工过程中，乙公司拒不服从甲公司的安全生产管理，最终造成安全生产事故，则（   ）。

   A. 甲公司负连带责任　　　　　　　B. 乙公司负主要责任
   C. 乙公司负全部责任　　　　　　　D. 监理公司负主要责任

5. 建筑施工企业的管理人员和作业人员每（   ）应至少进行一次安全生产教育培训并考核合格。

   A. 半年　　　　B. 一年　　　　C. 二年　　　　D. 三年

6. 根据《建设工程安全生产管理条例》的规定，属于施工单位安全责任的是（   ）。

   A. 提供相邻构筑物的有关资料
   B. 编制安全技术措施及专项施工方案
   C. 办理施工许可证时报送安全施工措施
   D. 提供安全施工措施费用

7. 甲建筑公司是某施工项目的施工总承包单位，乙建筑公司是其分包单位。20×8年5月5日，乙建筑公司的施工项目发生了生产安全事故，应由（   ）向负有安全生产监督管理职责的部门报告。

   A. 甲建筑公司或乙建筑公司　　　　B. 甲建筑公司
   C. 乙建筑公司　　　　　　　　　　D. 甲建筑公司和乙建筑公司

8. 某施工单位为避开施工现场区域内原有地下管线，欲查明相关情况，应由（   ）负责向其提供施工现场区域内地下管线资料。

   A. 城建档案管理部门　　　　　　　B. 相关管线产权部门
   C. 市政管理部门　　　　　　　　　D. 建设单位

9. 根据《建设工程安全生产管理条例》的规定，设计单位应当参与建设工程（   ）分析，并提出相应的技术处理方案。

   A. 工期延误　　　B. 投资失控　　　C. 质量事故　　　D. 施工组织

10. 某建设单位与某施工单位在施工承包合同中约定由施工单位采购建筑材料。在施工期间，该建设单位要求施工单位购买某采石场的石料，理由是该石场物美价廉。对此，下列说法正确的是（   ）。

    A. 施工单位可以不接受
    B. 建设单位的要求，施工单位才必须接受
    C. 建设单位通过监理单位提出此要求，施工单位才必须接受
    D. 建设单位以书面形式提出要求，施工单位就必须接受

11. 根据《建设工程安全生产管理条例》的规定，（   ）不属于建设单位安全责任范围。

    A. 向建设行政主管部门提供安全施工措施资料
    B. 向施工单位提供准确的地下管线资料
    C. 对拆除施工进行备案
    D. 向施工现场从事特种作业的施工人员提供安全保障

12. 施工企业的施工现场消防安全责任人应是（   ）。

    A. 施工企业负责人　　　　　　　　B. 专职安全员
    C. 专职消防安全员　　　　　　　　D. 项目负责人

13. 在某工程事故造成 3 人死亡，10 人重伤，直接经济损失达 2 000 万元，根据《生产安全事故报告和调查处罚条例》，该事故等级为（ ）。

　　A. 特别重大事故　　B. 较大事故　　　　C. 重大事故　　　　D. 一般事故

14. 某工程施工过程中，监理工程师以施工质量不符合施工合同约定为由要求施工单位返工，但是施工单位认为施工合同是由建设单位与施工单位签订的，监理单位不是合同当事人，不属于监理的依据。对此，正确的说法是（ ）。

　　A. 监理工程应根据国家标准监理，而不能以施工合同为依据监理
　　B. 施工合同是监理工程实施监理的依据
　　C. 施工合同是否作为监理依据，要根据建设单位的授权
　　D. 施工合同是否作为监理依据，要根据上级行政主管部门的意见确定

15. 生产经营单位制定的应急预案应当至少每（ ）年修订一次。

　　A. 1　　　　　　　B. 2　　　　　　　C. 3　　　　　　　D. 4

16. 某施工现场发生安全事故，8 名工人在这次事故中死亡，则该事故由（ ）负责调查。

　　A. 国务院　　　　　　　　　　　　B. 省级人民政府
　　C. 设区的市级人民政府　　　　　　D. 县级人民政府

二、多项选择题

1. 根据《安全生产许可证条例》，建筑施工企业取得安全生产许可证应当具备的安全生产条件有（ ）。

　　A. 管理人员和作业人员每年至少进行 1 次安全生产教育培训并考核合格
　　B. 依法为施工现场从事危险作业人员办理意外伤害保险，为从业人员缴纳保险费
　　C. 保证本单位安全生产条件所需资金的投入
　　D. 有职业危害防治措施，并为作业人员配备符合国家标准或行业标准的安全防护用具和安全防护服装
　　E. 依法办理了建筑工程一切险及第三者责任险

2. 根据我国《建筑施工企业安全生产许可证管理规定》的要求，建筑施工企业取得安全生产许可证应当具备的条件有（ ）。

　　A. 建立、健全安全生产责任制度
　　B. 保证本单位安全生产条件所需资金的有效使用
　　C. 设置安全生产管理机构，按规定配备专职安全生产管理人员
　　D. 建立应急救援组织，配备必要的应急救援器材、设备
　　E. 依法参加工伤保险，并为施工现场所有工人办理意外伤害保险

3. 某施工单位申领建筑施工企业安全生产许可证时，根据我国《建筑施工企业安全生产许可证管理规定》应具备建设行政主管部门考核合格的人员包括（ ）。

　　A. 应急救援人员　　　　　　　　　B. 单位主要负责人
　　C. 从业人员　　　　　　　　　　　D. 安全生产管理人员
　　E. 特种作业人员

4. 根据《建设工程安全生产管理条例》，施工项目经理的安全职责有（ ）。

　　A. 应当制定安全生产规则制度
　　B. 落实安全生产责任制

C. 确保安全生产费用的有效使用

D. 保证安全生产条件所需资金的投入

E. 及时、如实报告生产安全事故

5. 根据《建设工程安全生产管理条例》的规定，施工企业对作业人员进行安全生产教育培训，应在（ ）之前。

A. 作业人员进入新岗位　　　　　　B. 作业人员进入新的施工现场

C. 企业采用新技术　　　　　　　　D. 企业采用新工艺

E. 企业申请办理资质延续手续

6. 某建筑公司雇佣5名工人，具体情况如表5-1所示，依据《建设工程安全生产管理条例》，上述人员必须持证上岗的有（ ）

A. 赵某　　　B. 钱某　　　C. 孙某　　　D. 李某

E. 周某

表5-1　某建筑公司雇佣人员

姓名	性别	年龄	身体状况	工作性质
赵某	男	25	良好	爆破工
钱某	男	20	良好	钢筋工
孙某	男	21	良好	混凝土工
李某	女	27	良好	起重信号工
周某	男	28	良好	安装拆卸工

7. 根据《建设工程安全生产管理条例》的规定，下列生产安全事故中，属于较大生产安全事故的有（ ）。

A. 2人死亡事故　　　　　　　　　B. 10人死亡事故

C. 3人死亡事故　　　　　　　　　D. 20人死亡事故

E. 1 000万元经济损失事故

8. 根据《建设工程安全生产管理条例》的规定，下列关于意外伤害保险的说法，正确的有（ ）。

A. 意外伤害保险为非强制保险

B. 被保险人为从事危险作业人员

C. 受益人可以不是被保险人

D. 保险费由分包单位支付

E. 保险期限由施工企业根据实际自行确定

9. 对于达到一定规模且危险性较大的基坑支护与降水工程施工，须严格按施工程序进行，那么下列做法中正确的有（ ）。

A. 施工单位在施工组织设计编制安全技术措施即可

B. 施工方案中应附具安全验算结果

C. 施工方案应经施工单位项目经理、总监理工程师签字后实施

D. 应由专职安全生产管理人员进行现场监督

E. 施工方案应经施工单位技术负责人、总监理工程师签字后实施

10. 下列义务中,属于监理单位安全生产管理主要义务的有(　　)。
A. 安全技术措施审查　　　　　　　B. 安全设备合格审查
C. 专项施工方案审查　　　　　　　D. 施工招标审查
E. 安全生产事故隐患报告

6 建设工程质量法律制度

知识目标

◇ 了解工程建设标准的分类
◇ 了解勘察、设计单位的质量责任和义务
◇ 熟悉工程建设强制性标准实施的规定
◇ 熟悉违法行为应承担的法律责任
◇ 掌握工程监理单位的质量责任和义务
◇ 掌握施工单位、建设单位的质量责任和义务
◇ 掌握竣工验收的主体和法定条件
◇ 掌握质量保修书和保修期限的规定

技能目标

◇ 能够运用所学的基本知识正确处理工程建设过程中的质量问题
◇ 能够培养工程质量意识，提高质量管理水平
◇ 具有通过职业资格考试的能力

案例导入与分析

因设计单位违反强制性标准导致的责任事故

案情简介 某公司7层办公楼于20×8年9月20日倒塌，造成死1人、伤数十人，直接经济损失1 000多万元的较大事故。经调查、取证和鉴定发现：在技术上，设计单位将承台一律设计成480 mm厚，导致绝大多数承台受冲切、受剪、受弯、承载力严重不足；大部分柱子下桩基的桩数不够，实际桩数与按规范计算的桩数比较相差12%~13%；底层多数柱子达不到抗震设计规范的规定，设计配筋小于按规范计算需要值，部分柱子配筋明显不足；大梁L5悬挑部分断面过小，配筋计算相差50%。

问题：
设计单位在设计过程中有何过错，应如何处理？

分析：
设计单位对承台厚度、桩基桩数、柱子配筋等的设计违反了工程建设强制性标准的要

求,导致承载力不足、强度不够。《建筑法》第七十三条规定:"建筑设计单位不按照建筑工程质量、安全标准设计的,责令改正,处以罚款;造成工程质量事故的,责令停业整顿,降低资质等级或者吊销资质证书,没收违法所得,并处罚款;造成损失的,承担赔偿责任;构成犯罪的,依法追究刑事责任。"《建设工程质量管理条例》第六十三条规定:"违反本条例规定,有下列行为之一的,责令改正,处 10 万元以上 30 万元以下罚款:……(4)设计单位未按照工程建设强制性标准进行设计的。有以上所列行为,造成工程质量事故的,责令停业整顿,降低资质等级;情节严重的,吊销资质证书;造成损失的,依法承担赔偿责任。"据此,该设计单位应当对其不按照工程建设强制性标准进行设计所造成的事故,依法承担相应的法律责任;构成犯罪的,还要依法追究刑事责任。

《国务院办公厅转发住房城乡建设部关于完善质量保障体系提升建筑工程品质指导意见的通知》(国办函〔2019〕92 号)要求,突出建设单位首要责任,落实施工单位主体责任,明确房屋使用安全主体责任,履行政府的工程质量监管责任。

《国家发展改革委关于加强基础设施建设项目管理 确保工程安全质量的通知》(发改投资规〔2021〕910 号)要求,加强项目审核把关,严格执行项目管理制度和程序,加强项目实施事中事后监管,强化工程安全质量问题惩戒问责。

6.1 工程建设标准

工程建设标准是指为在工程建设领域内获得最佳秩序,对建设工程的勘察、设计、施工、安装、验收、运营维护及管理等活动和结果需要协调统一的事项所制定的共同的、重复使用的技术依据和准则。

2017 年 11 月修订后公布的《中华人民共和国标准化法》(以下简称《标准化法》)规定:"本法所称标准(含标准样品),是指农业、工业、服务业以及社会事业等领域需要统一的技术要求。"

2021 年 10 月中共中央、国务院印发的《国家标准化发展纲要》规定,加强标准制定和实施的监督。健全覆盖政府颁布标准制定实施全过程的追溯、监督和纠错机制,实现标准研制、实施和信息反馈闭环管理。开展标准质量和标准实施第三方评估,加强标准复审和维护更新。

例题 6-1

20×7 年 5 月 15 日,施工方某建筑工程有限责任公司(以下简称施工方)承包了某开发公司(以下简称建设方)的商务楼工程,同年 5 月 21 日双方签订了建设工程施工合同。20×8 年 5 月该工程封顶时,建设方发现该商务楼的顶层 17 层和 15 层、16 层的混凝土凝固较慢。建设方认为施工方使用的混凝土强度不够,要求施工方采取措施,对这三层重新施工。施工方则认为,混凝土强度符合相关的技术规范,不同意重新施工或者采取其他措施。双方协商未果,建设方将施工方起诉至某区法院,要求施工方对混凝土强度不够的三层重新施工或采取其他措施,并赔偿建设方的相应损失。

根据原告即建设方的要求，检测中心按照行业协会推荐性标准《钻芯法检测混凝土强度技术规程》CECS03：2017 的检测结果是：第 15 层、第 16 层、17 层的结构混凝土实体强度达不到该技术规范的要求，其他各层的结构混凝土实体均达到该技术规范的要求。

根据被告即施工方的请求，检测中心按照地方推荐性标准《结构混凝土实体检测技术规范》DB/T 29-148-2005 的检测结果是：第 15 层、第 16 层、第 17 层及其他各层结构混凝土实体强度均达到该规范的要求。

问题：
（1）本例中的检测中心按照两个推荐性标准分别进行了检测，法院应以哪个标准为判断的依据？
（2）当事人若在合同中约定了推荐性标准，对国家强制性标准是否仍须执行？

6.1.1 工程建设标准的分类

《标准化法》规定，标准包括国家标准、行业标准、地方标准和团体标准、企业标准。国家标准分为强制性标准、推荐性标准，行业标准、地方标准是推荐性标准。强制性标准必须执行。国家鼓励采用推荐性标准。

法律、行政法规和国务院决定对强制性标准的制定另有规定的，从其规定。

6.1.1.1 工程建设国家标准

（1）工程建设国家标准的范围和类型

《标准化法》规定，对保障人身健康和生命财产安全、国家安全、生态环境安全以及满足经济社会管理基本需要的技术要求，应当制定强制性国家标准。

对满足基础通用、与强制性国家标准配套、对各有关行业起引领作用等需要的技术要求，可以制定推荐性国家标准。

2020 年 1 月国家市场监督管理总局发布的《强制性国家标准管理办法》规定，强制性国家标准的技术要求应当全部强制，并且可验证、可操作。

《工程建设国家标准管理办法》规定，对需要在全国范围内统一的下列技术要求，应当制定国家标准。

①工程建设勘察、规划、设计、施工（包括安装）及验收等通用的质量要求；
②工程建设通用的有关安全、卫生和环境保护的技术要求；
③工程建设通用的术语、符号、代号、量与单位、建筑模数和制图方法；
④工程建设通用的试验、检验和评定等方法；
⑤工程建设通用的信息技术要求；
⑥国家需要控制的其他工程建设通用的技术要求。

工程建设国家标准分为强制性标准和推荐性标准。下列标准属于强制性标准。
①工程建设勘查、规划、设计、施工（包括安装）及验收等通用的综合标准和重要的通用的质量标准；
②工程建设通用的有关安全、卫生和环境保护的标准；

③工程建设重要的通用的术语、符号、代号、量与单位、建筑模数和制图方法标准；

④工程建设重要的通用的试验、检验和评定方法等标准；

⑤工程建设重要的通用的信息技术标准；

⑥国家需要控制的其他工程建设通用的标准。

强制性标准以外的标准是推荐性标准。对推荐性标准，国家鼓励企业自愿采用。

(2) 工程建设国家标准的制定

《标准化法》规定，国务院有关行政主管部门依据职责负责强制性国家标准的项目提出、组织起草、征求意见和技术审查。国务院标准化行政主管部门负责强制性国家标准的立项、编号和对外通报。

省、自治区、直辖市人民政府标准化行政主管部门可以向国务院标准化行政主管部门提出强制性国家标准的立项建议，由国务院标准化行政主管部门会同国务院有关行政主管部门决定。社会团体、企业事业组织以及公民可以向国务院标准化行政主管部门提出强制性国家标准的立项建议，国务院标准化行政主管部门认为需要立项的，会同国务院有关行政主管部门决定。

推荐性国家标准由国务院标准化行政主管部门制定。

《强制性国家标准管理办法》规定，制定强制性国家标准应当结合国情采用国际标准。强制性国家标准应当有明确的标准实施监督管理部门，并能够依据法律、行政法规、部门规章的规定对违反强制性国家标准的行为予以处理。

(3) 工程建设国家标准的审批发布和编号

《标准化法》规定，强制性国家标准由国务院批准发布或者授权批准发布。强制性标准文本应当免费向社会公开。国家推动免费向社会公开推荐性标准文本。

《强制性国家标准管理办法》规定，国务院标准化行政主管部门应当自发布之日起20日内在全国标准信息公共服务平台上免费公开强制性国家标准文本。强制性国家标准的解释与标准具有同等效力。解释发布后，国务院标准化行政主管部门应当自发布之日起20日内在全国标准信息公共服务平台上免费公开解释文本。

《工程建设国家标准管理办法》规定，国家标准的编号由国家标准代号、发布标准的数序号和发布标准的年号组成。强制性国家标准的代号为"GB"，推荐性国家标准的代号为"GB/T"。例如：《建筑工程施工质量验收统一标准》（GB 50300—2013），其中GB表示为强制性标准，50300表示标准发布顺序号，2013表示是2013年批准发布；《工程建设施工企业质量管理规范》（GB/T 50430—2017），其中GB/T表示为推荐性国家标准，50430表示标准发布顺序号，2017表示是2017年批准发布。

(4) 强制性国家标准的复审、修订和废止

根据《强制性国家标准管理办法》的规定，国务院标准化行政主管部门应当通过全国标准信息公共服务平台接收社会各方对强制性国家标准实施情况的意见建议，并及时反馈组织起草部门。组织起草部门应当根据反馈和评估情况，对强制性国家标准进行复审，提出继续有效、修订或者废止的结论，并送国务院标准化行政主管部门。复审周期一般不得超过5年。

复审结论为修订强制性国家标准的，组织起草部门应当在报送复审结论时提出修订项

目。强制性国家标准的修订，按照规定的强制性国家标准制定程序执行；个别技术要求需要调整、补充或者删减，采用修改单方式予以修订的，无须经国务院标准化行政主管部门立项。

复审结论为废止强制性国家标准的，由国务院标准化行政主管部门通过全国标准信息公共服务平台向社会公开征求意见，并以书面形式征求强制性国家标准的实施监督管理部门意见。公开征求意见一般不得少于 30 日。无重大分歧意见或者经协调一致的，由国务院标准化行政主管部门依据国务院授权以公告形式废止强制性国家标准。

6.1.1.2　工程建设行业标准

《标准化法》规定，对没有推荐性国家标准、需要在全国某个行业范围内统一的技术要求，可以制定行业标准。

（1）工程建设行业标准的范围和类型

1992 年 12 月原建设部发布的《工程建设行业标准管理办法》规定，对没有国家标准而需要在全国某个行业范围内统一的下列技术要求，可以制定行业标准：

①工程建设勘查、规划、设计、施工（包括安装）及验收等行业专用的质量要求；
②工程建设行业专用的有关安全、卫生和环境保护的技术要求；
③工程建设行业专用的术语、符号、代号、量与单位和制图方法；
④工程建设行业专用的试验、检验和评定等方法；
⑤工程建设行业专用的信息技术要求；
⑥其他工程建设行业专用的技术要求。

工程建设行业标准也分为强制性标准和推荐性标准。下列标准属于强制性标准：

①工程建设勘查、规划、设计、施工（包括安装）及验收等行业专用的综合性标准和重要的行业专用的质量标准；
②工程建设行业专用的有关安全、卫生和环境保护的标准；
③工程建设重要的行业专用的属于、符号、代号、量与单位和制图方法标准；
④工程建设重要的行业专用的试验、检验和评定方法等标准；
⑤工程建设重要的行业专用的信息技术标准；
⑥行业需要控制的其他工程建设标准。

强制性标准以外的标准是推荐性标准。

行业标准不得与国家标准相抵触。行业标准的某些规定与国家标准不一致时，必须有充分的科学依据和理由，并经国家标准的审批部门批准。行业标准在相应的国家标准实施后，应当及时修订或废止。

（2）工程建设行业标准的制定、修订程序与复审

工程建设行业标准的制定、修订程序，也可以按准备、征求意见、送审和报批四个阶段进行。

工程建设行业标准实施后，根据科学技术的发展和工程建设的实际需要，该标准的批准部门应当适时进行复审，确认其继续有效或予以修订、废止。一般也是 5 年复审一次。

6.1.1.3　工程建设地方标准

《标准化法》规定，为满足地方自然条件、风俗习惯等特殊技术要求，可以制定地方

标准。

6.1.1.4 工程建设团体标准

《标准化法》规定,国家鼓励学会、协会、商会、联合会、产业技术联盟等社会团体协调相关市场主体共同制定满足市场和创新需要的团体标准,由本团体成员约定采用或者按照本团体的规定供社会自愿采用。

《国家标准化发展纲要》规定,健全团体标准化良好行为评价机制。强化行业自律和社会监督,发挥市场对团体标准的优胜劣汰作用。

(1) 团体标准的定性和基本要求

国家标准化管理委员会、民政部发布的《团体标准管理规定》(国标委联〔2019〕1号)规定,团体标准是依法成立的社会团体为满足市场和创新需要,协调相关市场主体共同制定的标准。

《标准化法》规定,制定团体标准,应当遵循开放、透明、公平的原则,保证各参与主体获取相关信息,反映各参与主体的共同需求,并应当组织对标准相关事项进行调查分析、实验、论证。国家支持在重要行业、战略性新兴产业、关键共性技术等领域利用自主创新技术制定团体标准、企业标准。

《团体标准管理规定》进一步规定,禁止利用团体标准实施妨碍商品、服务自由流通等排除、限制市场竞争的行为。团体标准应当符合相关法律法规的要求,不得与国家有关产业政策相抵触。团体标准的技术要求不得低于强制性标准的相关技术要求。

国家鼓励社会团体制定高于推荐性标准相关技术要求的团体标准;鼓励制定具有国际领先水平的团体标准。

(2) 团体标准制定的程序

制定团体标准的一般程序分为提案、立项、起草、征求意见、技术审查、批准、编号、发布、复审。

6.1.1.5 工程建设企业标准

《标准化法》规定,企业可以根据需要自行制定企业标准,或者与其他企业联合制定企业标准。

推荐性国家标准、行业标准、地方标准、团体标准、企业标准的技术要求不得低于强制性国家标准的相关技术要求。国家鼓励社会团体、企业制定高于推荐性标准相关技术要求的团体标准、企业标准。

国家实行团体标准、企业标准自我声明公开和监督制度。企业应当公开其执行的强制性标准、推荐性标准、团体标准或者企业标准的编号和名称;企业执行自行制定的企业标准的,还应当公开产品、服务的功能指标和产品的性能指标。国家鼓励团体标准、企业标准通过标准信息公共服务平台向社会公开。

企业应当按照标准组织生产经营活动,其生产的产品、提供的服务应当符合企业公开标准的技术要求。

《国家标准化发展纲要》规定,有效实施企业标准自我声明公开和监督制度,将企业产品和服务符合标准情况纳入社会信用体系建设。建立标准实施举报、投诉机制,鼓励社会公众对标准实施情况进行监督。

例题 6-1 分析

（1）本例中的协会标准、地方标准均为推荐性标准，且建设方、施工方未在合同中约定采用哪个标准。《标准化法》中规定，"国家鼓励企业采用推荐性标准。"在没有国家强制性标准的情况下，施工方有权自主选择采用地方标准。

（2）依据《标准化法》的规定，"强制性标准必须执行"。因此，如果有国家强制性标准，即使双方当事人在合同中约定了采用某项推荐性标准，也必须执行国家强制性标准。

据此，受诉法院经过庭审作出如下判决：①驳回原告即建设方的诉讼请求；②案件受理费和检测费由原告建设方承担。

法院判决的主要理由是：目前尚无此方面的国家强制性标准，只有协会标准、地方标准，双方应当通过合同来约定施工过程中所要适用的技术规范。本例中的双方并没有在施工合同中具体确定适用哪个规范，因此施工方有权选择适用地方标准《结构混凝土实体检测技术规范》DB/T 29-148—2005。

6.1.2 工程建设强制性标准实施的规定

《标准化法》规定，强制性标准必须执行。《建筑法》规定，建筑活动应当确保建筑工程质量和安全，符合国家的建设工程安全标准。

6.1.2.1 工程建设各方主体实施强制性标准的法律规定

《建筑法》规定，建设单位不得以任何理由，要求建筑设计单位或者建筑施工企业在工程设计或施工企业作业中，违反法律、行政法规和建筑工程质量、安全标准，降低工程质量。建筑工程设计应当符合按照国家规定制定的建筑安全规程和技术规范，保证工程的安全性能。勘察、设计文件应当符合有关法律、行政法规的规定和建筑工程质量、安全标准、建筑工程勘察、设计技术规范以及合同的约定。设计文件选用的建筑材料、建筑构配件和设备，应当注明其规格、型号、性能等技术指标，其质量要求必须符合国家规定的标准。

建筑工程监理应当依照法律、行政法规及有关的技术标准、设计文件和建筑工程承包合同，对承包单位在施工质量、建设工期和建设资金使用等方面，代表建设单位实施监督。工程监理人员认为工程施工不符合工程设计要求、施工技术标准和合同约定的，有权要求建筑施工企业改正。工程监理人员发现工程设计不符合建筑工程质量标准或者合同约定的质量要求的，应当报告建设单位要求设计单位改正。

2019年4月经国务院修订后颁布的《建设工程质量管理条例》进一步规定，建设单位不得明示或者暗示设计单位或者施工单位违反工程建设强制性标准，降低建设工程质量。建筑设计单位和建筑施工企业对建设单位违反规定提出的降低工程质量的要求，应当予以拒绝。勘察、设计单位必须按照工程建设强制性标准进行勘察、设计，并对其勘察、设计的质量负责。

施工单位必须按照工程设计图纸和施工技术标准施工，不得擅自修改工程设计，不得偷工减料。施工单位必须按照工程设计要求、施工技术标准和合同约定，对建筑材料、建筑构配件、设备和商品混凝土进行检验，检验应当有书面记录和专人签字；未经检验或者检验不合格的，不得使用。

6.1.2.2 对工程建设强制性标准的监督检查

《强制性国家标准管理办法》规定，强制性国家标准发布后实施前，企业可以选择执行原强制性国家标准或者新强制性国家标准。新强制性国家标准实施后，原强制性国家标准同时废止。

2021年3月经住房和城乡建设部修订后颁布的《实施工程建设强制性标准监督明文规定》规定，在中华人民共和国境内从事新建、扩建、改建等工程建设活动，必须执行工程建设强制性标准。

建设工程勘察、设计文件中规定采用的新技术、新材料，可能影响建设工程质量和安全，又没有国家技术标准的，应当由国家认可的检测机构进行试验、论证，出具检测报告，并经国务院有关主管部门或者省、自治区、直辖市人民政府有关主管部门组织的建设工程技术专家委员会审定后，方可使用。

（1）监督管理机构及分工

国务院住房城乡建设主管部门负责全国实施工程建设强制性标准的监督管理工作。国务院有关主管部门按照国务院的职能分工负责实施工程建设强制性标准的监督管理工作。县级以上地方人民政府住房城乡建设主管部门负责本行政区域内实施工程建设强制性标准的监督管理工作。

建设项目规划审查机构应当对工程建设规划阶段执行强制性标准的情况实施监督；施工图设计文件审查单位应当对工程建设勘察、设计阶段执行强制性标准的情况实施监督；建筑安全监督管理机构应当对工程建设施工阶段执行施工安全强制性标准的情况实施监督；工程质量监督机构应当对工程建设施工、监理、验收等阶段执行强制性标准的情况实施监督。

建设项目规划审查机关、施工图设计文件审查单位、建筑安全监督管理机构、工程质量监督机构的技术人员必须熟悉、掌握工程建设强制性标准。

（2）监督检查的方式和内容

强制性标准检查的内容包括如下一些：

①工程技术人员是否熟悉、掌握强制性标准；

②工程项目的规划、勘察、设计、施工、验收等是否符合强制性标准的规定；

③工程项目采用的材料、设备是否符合强制性标准的规定；

④工程项目的安全、质量是否符合强制性标准的规定；

⑤工程项目采用的导则、指南、手册、计算机软件的内容是否符合强制性标准的规定。

工程建设标准批准部门应当定期对建设项目规划审查机关、施工图设计文件审查单位、建筑安全监督管理机构、工程质量监督机构实施强制性标准的监督进行检查，对监督不力的单位和个人，给予通报批评，建议有关部门处理。

工程建设标准批准部门应当对工程项目执行强制性标准情况进行监督检查。监督检查可以采取重点检查、抽查和专项检查的方式。

建设行政主管部门或者有关行政主管部门在处理重大事故时，应当有工程建设标准方面的专家参加；工程事故报告应当包含是否符合工程建设强制性标准的意见。工程建设标准批准部门应当将强制性标准监督检查结果在一定范围内公告。

6.2 施工单位的质量责任和义务

《国务院办公厅关于促进建筑业持续健康发展的意见》（国办发〔2017〕19号）规定，全面落实各方主体的工程质量责任，特别要强化建设单位的首要责任和勘察、设计、施工单位的主体责任。严格执行工程质量终身责任制，在建筑物明显部位设置永久性标牌，公示质量责任主体和主要责任人。对违反有关规定、造成工程质量事故的，依法给予责任单位停业整顿、降低资质等级、吊销资质证书等行政处罚并通过国家企业信用信息公示系统予以公示，给予注册执业人员暂停执业、吊销资格证书、一定时间直至终身不得进入行业等处罚。对发生工程质量事故造成损失的，要依法追究经济赔偿责任，情节严重的要追究有关单位和人员的法律责任。参与房地产开发的建筑业企业应依法合规经营，提高住宅品质。

住房和城乡建设部发布的《建筑工程五方责任主体项目负责人质量终身责任追究暂行办法》（建质〔2014〕124号）规定，建筑工程开工建设前，建设、勘察、设计、施工、监理单位法定代表人应当签署授权书，明确本单位项目负责人。建筑工程五方责任主体项目负责人质量终身责任，是指参与新建、扩建、改建的建筑工程项目负责人按照国家法律法规和有关规定，在工程设计使用年限内对工程质量承担相应责任。工程质量终身责任实行书面承诺和竣工后永久性标牌等制度。

例题 6-2

某市建设开发集团在该市南三环建设拆迁居民安置区。甲建筑公司通过招投标获得了该工程项目，经建设单位同意，甲建筑公司将该工程中的A、B、C、D栋多层住宅楼分包给乙公司，并签订了分包合同。在工程交付使用后，城市建设开发集团发现A栋因偷工减料存在严重质量问题，便要求甲建筑公司承担责任。甲建筑公司认为A栋是由分包商乙公司完成的，应由乙公司承担相关责任，并以乙公司早已结账撤出失去联系为由，不予配合。

问题：
甲建筑公司是否应该对A栋的质量问题承担责任？为什么？

6.2.1 对施工质量负责和总分包单位的质量责任

（1）施工单位对施工质量负责

《建筑法》规定，建筑施工企业对工程的施工质量负责。《建设工程质量管理条例》进一步规定，施工单位对建设工程的施工质量负责。施工单位应当建立质量责任制，确定工程项目的项目经理、技术负责人和施工管理负责人。

2021年7月公布的《建设工程抗震管理条例》规定，工程总承包单位、施工单位及工程监理单位应当建立建设工程质量责任制度，加强对建设工程抗震设防措施施工质量的管理。国家鼓励工程总承包单位、施工单位采用信息化手段采集、留存隐蔽工程施工质量信息。施工单位应当按照抗震设防强制性标准进行施工。

对施工质量负责是施工单位法定的质量责任。施工单位的质量责任制，是其质量保证体系的一个重要组成部分，也是施工质量目标得以实现的重要保证。建立质量责任制，主要包括制订质量目标计划，建立考核标准，并层层分解落实到具体的责任单位和责任人，特别是工程项目的项目经理、技术负责人和施工管理负责人。

《建筑工程五方责任主体项目负责人质量终身责任追究暂行办法》规定，施工单位项目经理应当按照经审查合格的施工图设计文件和施工技术标准进行施工，对因施工导致的工程质量事故或质量问题承担责任。

例题 6-2 分析

应承担责任。《建筑法》五十五条规定："建筑工程实行总承包的，工程质量由工程总承包单位负责，总承包单位将建筑工程分包给其他单位的，应当对分包工程的质量与分包单位承担连带责任。分包单位应当接受总承包单位的质量管理。"本例中存在着总包和分包两个合同。在总包合同中，甲建筑公司应该向建设单位即城市建设开发集团负责；在分包合同中，分包商乙公司应该向总承包单位即甲建筑公司负责。同时，甲建筑公司与乙公司还要对分包工程的质量承担连带责任。因此，建设单位有权要求甲建筑公司或乙公司对 A 栋的质量问题承担责任，任何一方都无权拒绝。在乙公司早已失去联系的情况下，建设单位要求甲建筑公司承担质量责任是符合法律规定的。至于甲建筑公司如何再去追偿乙公司的质量责任，则完全由甲建筑公司自行责任。

（2）总分包单位的质量责任

《建筑法》规定，建筑工程实行总承包的，工程质量由工程总承包单位负责，总承包单位将建筑工程分包给其他单位的，应当对分包工程的质量与分包单位承担连带责任。分包单位应当接受总承包单位的质量管理。

例题 6-3

2020 年 10 月，甲承包商通过招投标获得了某单位家属楼工程，后经发包单位同意，甲承包商将该家属楼的附属工程分包给杨某负责的工程队，并签订了分包合同。一年后，工程按期完成。但是，工程质量监督机构发现该家属楼附属工程存在严重的质量问题。发包单位便要求甲承包商承担责任。甲承包商却称该附属工程系经发包单位同意后分包给杨某负责的工程队，所以与己无关。发包单位又找到分包人杨某，杨某亦以种种理由拒绝承担工程的质量责任。

问题：
（1）甲承包商是否应该对该家属楼附属工程的质量负责？
（2）该质量问题应该如何解决？

《建设工程质量管理条例》进一步规定，建设工程实行总承包的，总承包单位应当对全部建设工程质量负责；建设工程勘察、设计、施工、设备采购的一项或者多项实行总承包的，总承包单位应当对其承包的建设工程或者采购的设备的质量负责。总承包单位依法将建设工程分包给其他单位的，分包单位应当按照分包合同的约定对其分包工程的质量向总承包单位负责，总承包单位与分包单位对分包工程的质量承担连带责任。

《建设工程抗震管理条例》规定，实行施工总承包的，隔震减震装置属于建设工程主体结构的施工，应当由总承包单位自行完成。

例题 6-3 分析

（1）根据《建筑法》《建设工程质量管理条例》的规定，总承包单位应当对承包工程的质量负责，分包单位应当就分包工程的质量向总承包单位负责，总承包单位与分包单位对分包工程的质量承担连带责任。据此，甲承包商作为总承包单位，应当对该家属楼附属工程的质量负责，即使是分包人的质量问题，也要依法与其承担连带责任。

（2）分包人杨某分包的该家属楼附属工程完工后，经检验发现存在严重的质量问题，根据《民法典》《建设工程质量管理条例》等的规定，应当负责返修。本例中的发包人有权要求杨某的工程队或甲承包商对该家属附属工程履行返修义务。如果是甲承包商进行返修，在返修后甲承包商有权向杨某的工程队进行追偿。此外，如果因为返修而造成逾期交付的，依据《民法典》的规定，甲承包商与杨某的工程队还应当向发包人承担违约的连带责任。

对本例中杨某的工程队还应当核查有无相应的资质证书；如无，应依据《建筑法》等认定为违法分包，由政府主管部门依法进行处罚。

6.2.2 按照工程设计图纸和施工技术标准施工的规定

《建筑法》规定，建筑施工企业必须按照工程设计图纸和施工技术标准施工，不得偷工减料。工程设计的修改由原设计单位负责，建筑施工企业不得擅自修改工程设计。

《建设工程质量管理条例》进一步规定，施工单位必须按照工程设计图纸和施工技术标准施工，不得擅自修改工程设计，不得偷工减料。施工单位在施工过程中发现设计文件和图纸有差错的，应当及时提出意见和建议。

《建设工程消防设计审查验收管理暂行规定》也要求，施工单位应当按照建设工程法律法规、国家工程建设消防设计技术标准，以及经消防设计审查合格或者满足工程需要的消防设计文件组织施工，不得擅自改变消防设计进行施工，降低消防施工质量。

例题 6-4

甲市的乙建设工程股份公司（以下称乙公司）首次进入丙直辖市施工，为了落实乙公司抢占丙直辖市市场份额的理念，乙公司董事会明确了在丙直辖市施工工程的主导思想，即"干一个工程，树一块丰碑，建立公司良好的社会信誉"。公司年轻的项目经理赵某根据自己的意愿，为了确保工程质量高于验收标准，并确保本工程获得丙直辖市的优质样板工程，决定暗自修改基础、主体工程混凝土的配合比，使得修改后的混凝土强度比施工图纸设计混凝土强度整体高一个等级，项目经理部自己承担所增加的费用。

问题：
项目经理的决定是否妥当？

(1) 按图施工，遵守标准

按工程设计图纸施工，是保证工程实现设计意图的前提，也是明确划分设计、施工单位质量责任的前提。如果施工单位不按图施工或不经原设计单位同意就擅自修改工程设计，其直接后果往往是违反了原设计的意图，严重的将给工程结构安全留下隐患；间接后果是在原设计有缺陷或出现工程质量事故的情况下，由于施工单位擅自修改了设计，混淆设计、施工单位各自的质量责任。所以，按图施工、不擅自修改设计，是施工单位保证工程质量的最基本要求。

施工技术标准是工程建设过程中规范施工行为的技术依据。如前所述，工程建设国家标准、行业标准均分为强制性标准和推荐性标准。施工单位只有按照施工技术标准，特别是强制性标准的要求施工，才能保证工程的施工质量。偷工减料属于一种非法牟利的行为。如果在工程的一般部分，施工工序不严格按照标准要求，减少工料投入，简化操作程序，将会产生一般性的质量通病，影响工程外观质量或一般使用功能；但在关键部位，如结构中使用劣质钢筋、水泥等，将给工程留下严重的结构隐患。

从法律的角度来看，工程设计图纸和施工技术标准都是合同文件的组成部分，如果施工单位不按照工程设计图纸和施工技术标准施工，则属于违约行为，应该对建设单位承担违约责任。

例题6-4分析

项目经理的决定非常不可取。施工单位有按图施工的责任。项目经理的决定将改变设计图纸，应该得到设计人的同意。《建设工程质量管理条例》第二十八条规定，施工单位必须按照工程设计图纸和施工技术标准施工，不得擅自修改工程设计，不得偷工减料。

项目经理的决定是单方面的好意，表面上看是提高了建筑工程的混凝土强度，对建筑工程施工有积极意义，殊不知建筑工程是一个整体，单方面提高混凝土强度不一定会提高建筑工程整体强度，反而会造成社会资源的巨大浪费。

(2) 防止设计文件和图纸出现差错

工程项目的设计涉及多个专业，设计文件和图纸也有可能会出现差错。这些差错通常会在图纸会审或施工过程中被逐渐发现。施工人员特别是施工管理负责人、技术负责人以及项目经理等，均为有丰富实践经验的专业人员，对设计文件和图纸中存在的差错是有能力发现的。如果施工单位在施工过程中发现设计文件和图纸中确实存在差错，有义务及时向设计单位提出，以免造成不必要的损失和质量问题。这是施工单位应具备的职业道德，也是应尽的基本义务。

6.2.3 对建筑材料、设备等进行检验检测的规定

《建筑法》规定，建筑施工企业必须按照工程设计要求、施工技术标准和合同的约定，对建筑材料、建筑构配件和设备进行检验，不合格的不得使用。

《建设工程质量管理条例》进一步规定，施工单位必须按照工程设计要求、施工技术标准和合同约定，对建筑材料、建筑构配件、设备和商品混凝土进行检验，检验应当有书面记录和专人签字；未经检验或者检验不合格的，不得使用。

6 建设工程质量法律制度

由于建设工程属于特殊产品，其质量隐蔽性强、终检局限性大，在施工全过程质量控制中，必须严格执行法定的检验、检测制度。否则，将给建设工程造成难以逆转的先天性质量隐患，甚至导致质量安全事故。依法对建筑材料、设备等进行检验检测，是施工单位的一项重要法定义务。

例题 6-5

某综合楼为现浇框架结构，地下1层，地上8层。主体结构施工到第6层时，发现2层竖向结构混凝土试块强度达不到设计要求，委托省级有资质的检测单位，对2层竖向实体结构进行检测鉴定，认定2层竖向实体结构强度能够达到设计要求。

问题：
2层竖向结构的质量应如何验收？

6.2.3.1 建筑材料、建筑构配件、设备和商品混凝土的检验制度

施工单位对进入施工现场的建筑材料、建筑构配件、设备和商品混凝土实行检验制度，是施工单位质量保证体系的重要组成部分，也是保证施工质量的重要前提。施工单位应当严把两道关：一是谨慎选择生产供应厂商；二是实行进场二次检验。

施工单位的检验要依据工程设计要求、施工技术要求、施工技术标准和合同约定。检验对象是将在工程施工中使用的建筑材料、建筑构配件、设备和商品混凝土。合同若有其他约定的，检验工作还应满足合同相应条款的要求。检验结果要按规定的格式形式形成书面记录，并由相关的专业人员签字。这是为了促使检验工作严谨认真，以及未来必要时有据可查，方便管理，明确责任。

对于未经检验或检验不合格的，不得在施工中用于工程上。否则，将是一种违法行为，要追究擅自使用或批准使用人的责任。

例题 6-5 分析

2层竖向结构的质量可以正常验收。混凝土试块强度不足是检验中发现的质量问题，经过有资质的检测机构后，混凝土实体强度符合设计要求，可以认定混凝土强度符合设计要求。质量验收时，应附实体检测报告。

6.2.3.2 施工检测的见证取样和送检制度

《建设工程质量管理条例》规定，施工人员对涉及结构安全的试块、试件以及有关材料，应当在建设单位或者工程监理单位监督下现场取样，并送具有相应资质等级的质量检测单位进行检测。

例题 6-6

某施工承包单位承接了某市重点工程，该工程为现浇框架结构，地下2层，地上11层，在该工程地下室顶板施工过程中，钢筋已经送检。施工单位为了在雨季来之前完成混凝土施工，在没有得到钢筋送检的检测结果时，未经监理工程师许可，擅自进行混凝土施工。待地下室顶板混凝土浇筑完毕后，钢筋检测结构出来后，发现此批钢筋有一个重要指标不符合规范要求，造成地下室顶板工程返工。

问题：
本例中的责任是否应该由施工单位承担？

在施工过程中，为了控制工程总体或相应部位的施工质量，通常要依据有关的技术标准，用规定方法对用于工程的材料或构件抽取一定数量的样品进行检测检验，并根据结果来判断所代表部位的质量。这是控制和判断施工质量水平所采取的重要技术措施。试件、试块及有关材料的真实性和代表性，是保证这一措施有效的前提条件。因此，施工检测应当实行见证取样和送检制度，并由具有相应资质等级的质量检测单位进行检测。

(1) 见证取样和送检

见证取样和送检，是指在建设单位或工程监理单位人员的见证下，由施工单位的现场试验人员对工程涉及结构安全的试块、试件和材料在现场取样，并送至具有法定资格的质量检测单位进行检测的活动。

《房屋建筑工程和市政基础设施工程实行见证取样和送检的规定》规定，涉及结构安全的试块、试件和材料见证取样和送检的比例不得低于有关技术标准中规定应取样数量的30%。

下列试块、试件和材料必须实施见证取样和送检：①用于承重结构的混凝土试块；②用于承重墙体的砌筑砂浆试块；③用于承重结构的钢筋及连接接头试块；④用于承重墙的砖和混凝土小型砌块；⑤用于拌制混凝土和砌筑砂浆的水泥；⑥用于承重结构的混凝土中使用的掺合剂；⑦地下、屋面、厕浴间使用的防水材料；⑧国家规定必须实行见证取样和送检的其他试块、试件和材料。

见证人员应由建设单位或该工程的监理单位中具备施工试验知识的专业技术人员担任，并应由建设单位或该工程的监理单位书面通知施工单位、检测单位和负责该项工程的质量监督机构。

在施工过程中，见证人员应按照见证取样和送检计划，对施工现场的取样和送检进行见证。取样人员应在试样或其包装上作出标识、封志。标识和封志应标明工程名称、取样部位、取样日期、取样名称和样品数量，并由见证人员和取样人员签字。见证人员和取样人员应对试样的代表性和真实性负责。

例题 6-6 分析

责任当然由施工单位承担。首先，地下室顶板未进行隐蔽验收，不能进行下一道工序；其次，材料进场后，施工单位应向监理机构提交"工程材料报审表"，附钢筋出厂合格证、技术说明书及按规定要求进行送检的检验报告，经监理工程师审查并确认合格后，方可使用。

(2) 建设工程质量检测管理办法

2022年12月经住房和城乡建设部修订后发布的《建设工程质量检测管理办法》规定，所称建设工程质量检测，是指在新建、扩建、改建房屋建筑和市政基础设施工程活动中，建设工程质量检测机构（以下简称检测机构）接受委托，依据国家有关法律、法规和标准，对建设工程涉及结构安全、主要使用功能的检测项目，进入施工现场的建筑材料、建筑构配件、设备，以及工程实体质量等进行的检测。

检测机构应当按照《建设工程质量检测管理办法》取得建设工程质量检测机构资质（以下简称检测机构资质），并在资质许可的范围内从事建设工程质量检测活动。未取得相应资质证书的，不得承担《建设工程质量检测管理办法》规定的建设工程质量检测业务。检测机构资质分为综合类资质、专项类资质。检测机构资质标准和业务范围，由国务院住房和城乡建设主管部门制定。

委托方应当委托具有相应资质的检测机构开展建设工程质量检测业务。检测机构应当按照法律、法规和标准进行建设工程质量检测，并出具检测报告。

建设单位委托检测机构开展建设工程质量检测活动的，建设单位或者监理单位应当对建设工程质量检测活动实施见证。见证人员应当制作见证记录，记录取样、制样、标识、封志、送检以及现场检测等情况，并签字确认。

提供检测试样的单位和个人，应当对检测试样的符合性、真实性及代表性负责。检测试样应当具有清晰的、不易脱落的唯一性标识、封志。建设单位委托检测机构开展建设工程质量检测活动的，施工人员应当在建设单位或者监理单位的见证人员监督下现场取样。

现场检测或者检测试样送检时，应当由检测内容提供单位、送检单位等填写委托单。委托单应当由送检人员、见证人员等签字确认。检测机构接收检测试样时，应当对试样状况、标识、封志等符合性进行检查，确认无误后方可进行检测。

检测报告经检测人员、审核人员、检测机构法定代表人或者其授权的签字人等签署，并加盖检测专用章后方可生效。检测报告中应当包括检测项目代表数量（批次）、检测依据、检测场所地址、检测数据、检测结果、见证人员单位及姓名等相关信息。非建设单位委托的检测机构出具的检测报告不得作为工程质量验收资料。

检测机构应当建立建设工程过程数据和结果数据、检测影像资料及检测报告记录与留存制度，对检测数据和检测报告的真实性、准确性负责。任何单位和个人不得明示或者暗示检测机构出具虚假检测报告，不得篡改或者伪造检测报告。

检测机构在检测过程中发现建设、施工、监理单位存在违反有关法律法规规定和工程建设强制性标准等行为，以及检测项目涉及结构安全、主要使用功能检测结果不合格的，应当及时报告建设工程所在地县级以上地方人民政府住房和城乡建设主管部门。

检测结果利害关系人对检测结果存在争议的，可以委托共同认可的检测机构复检。检测机构应当建立档案管理制度。检测合同、委托单、检测数据原始记录、检测报告按照年度统一编号，编号应当连续，不得随意抽撤、涂改。检测机构应当单独建立检测结果不合格项目台账。检测机构应当建立信息化管理系统，对检测业务受理、检测数据采集、检测信息上传、检测报告出具、检测档案管理等活动进行信息化管理，保证建设工程质量检测活动全过程可追溯。

例题 6-7

某施工单位承接了一栋办公楼的施工任务。在进行二层楼面板施工时，施工单位在楼面钢筋、楼板分项工程完工并自检后，准备报请监理方进行钢筋隐蔽工程验收。由于其楼面板钢筋中有一种用量较少（100 kg）的钢筋复检结果尚未出来，监理方的隐蔽验收未通过。因为建设单位要求赶工期，在建设单位和监理方同意的情况下，施工单位浇筑了混凝土，进行了钢筋隐蔽。事后，建设工程质量监督机构要求施工单位破除楼面，进行钢筋隐蔽验收。监理单位也提出同样的要求。与此同时，待检的少量钢筋复检结果显示钢筋质量不合格。后经设计验算，提出用碳纤维进行楼面加固，造成直接经济损失约 80 万元。各方对损失的费用由谁承担发生了争议。

问题：
(1) 施工单位有何过错？
(2) 用碳纤维进行楼面加固的费用应由谁承担？

6.2.4 施工质量检验和返修的规定

(1) 施工质量检验制度

《建设工程质量管理条例》规定，施工单位必须建立、健全施工质量和检验制度严格工序管理，作好隐蔽工程的质量检查和记录。隐蔽工程在隐蔽前，施工单位应当通知建设单位和建设工程质量监督机构。

施工质量检验，通常是指工程施工过程中工序质量检验（或称为过程检验），包括预检、自检、交接检、分部工程中间检验以及隐蔽工程检验等。

①严格工序质量检验和管理。

施工工序也可以称为过程。各个工序或过程之间横向和纵向的联系形成了工序网络或过程网络。任何一项工程的施工，都是通过一个由许多工序或过程组成的工序（或过程）网络来实现的。网络上的关键工序或过程都有可能对工程最终的施工质量产生决定性的影响。如焊接节点的破坏，就可能引起桁架破坏，从而导致屋面坍塌。所以，施工单位要加强对施工工序或过程的质量控制，特别是要加强影响结构安全的地基和结构等关键施工过程的质量控制。

完善的检验制度和严格的工序管理是保证工序或过程质量的前提。只有工序网络或过程网络上的所有工序或过程的质量都受到严格控制，整个工程的质量才能得到保证。

②强化隐蔽工程质量检查。

隐蔽工程，是指在施工过程中某一道工序所完成的工程实物，被后一工序形成的工程实物所隐蔽，而且不可以逆向作业的那部分工程。例如，钢筋混凝土工程施工中，钢筋为混凝土所覆盖，前者即为隐蔽工程。

由于隐蔽工程被后续工序隐蔽后，其施工质量就很难检验及认定。如果不认真做好隐蔽工程的质量检查工作，便容易给工程留下隐患。所以，隐蔽工程在隐蔽前，施工单位除了做好检查、检验并做好记录外，还应当及时通知建设单位（实施监理的工程为监理单位）和建设工程质量监督机构，接受政府监督和向建设单位提供质量保证。

《建设工程施工合同文本》的要求，承包人应当对工程隐蔽部位进行自检，并经自检确认是否具备覆盖条件。除专用合同条款另有约定外，工程隐蔽部位经承包人自检确认具备覆盖条件的，承包人应在共同检查前 48 小时书面通知监理人检查，通知中应载明隐蔽检查的内容、时间和地点，并应附有自检记录和必要的检查资料。监理人应按时到场并对隐蔽工程及其施工工艺、材料和工程设备进行检查。经监理人检查确认质量符合隐蔽要求，并在验收记录上签字后，承包人才能进行覆盖。经监理人检查质量不合格的，承包人应当在监理人指定的时间内完成修复，并由监理人重新检查，由此增加的费用和（或）延误的工期由承包人承担。

除专用合同条款另有约定外,监理人不能按时进行检查的,应在检查前24小时向承包人提交书面延期要求,但延期不能超过48小时,由此导致工期延误的,工期应予以顺延。监理人未按时进行检查,也未提出延期要求的,视为隐蔽工程检查合格,承包人可自行完成覆盖工作,并作相应记录报送监理人,监理人应签字确认。监理人事后对检查记录有疑问的,可按重新检查的约定重新检查。

例题6-7分析

(1)《建设工程质量管理条例》第三十条规定:"施工单位必须建立、健全施工质量的检验制度,严格工序质量,作好隐蔽工程的质量检查和记录。隐蔽工程在隐蔽前,施工单位应当通知建设单位和建设工程质量监督机构。"显然,对于隐蔽工程,施工单位必须作好检查、检验和记录,并应当及时作出隐蔽通知。本例中,有一种钢筋复检结果尚未出来,不具备隐蔽通知的条件。施工单位准备报请监理方进行钢筋隐蔽工程验收,但是钢筋复检结果未出来,监理方的隐蔽验收也就未通过。因为建设单位提出赶工要求,施工单位在建设单位和监理方同意的情况下,浇筑了混凝土,进行了钢筋隐蔽。这就违反了《建设工程质量管理条例》的规定,绕开了建设工程质量监督机构的监督,所以施工单位是有严重过错的。

(2)用碳纤维进行楼面加固是对钢筋隐蔽工程有质量问题的补救措施,应该由责任者承担加固的费用。具体而言,施工单位没有按照规定,仅在建设单位和监理单位同意的情况下就进行了钢筋隐蔽,应当承担主要责任。建设单位敦促赶工并和监理单位同意施工单位违规操作,也有一定的过错,应当承担一定的责任。具体费用应当按照责任的大小分别承担。

(2)建设工程的返修

例题6-8

某房地产开发公司与某建筑公司签订了一份建筑工程承包合同。合同规定,建筑公司为房地产开发公司建造一栋写字楼,开工时间为20×7年5月10日,竣工时间为20×8年11月10日。在施工过程中,建筑公司以工期紧为由,在一些隐蔽工程没有通知房地产开发公司、监理工程师和建设工程质量监督机构的情况下,就进行了下一道程序的施工。在竣工验收时,发现该工程存在多处质量缺陷。房地产开发公司要求该建筑公司返修,但建筑公司以下一个工程项目马上要开工为由,拒绝返修。

问题:
(1)该建筑公司有何过错?
(2)该写字楼工程的质量问题应该如何解决?

《建筑法》规定,对已发现的质量缺陷,建筑施工企业应当修复。《建设工程质量管理条例》进一步规定,施工单位对施工中出现质量问题的建设工程或者竣工验收不合格的建设工程,应当负责返修。

《民法典》也作了相应规定,因施工人的原因致使建设工程质量不符合约定的,发包人有权请求施工人在合理期限内无偿修理或者返工、改建。返修作为施工单位的法定义务，包括施工过程中出现质量问题的建设工程和竣工验收不合格的建设工程两种情形。

所谓返工，是指工程质量不符合规定的质量标准，而又无法修理的情况下重新进行施工；修理则是指在工程质量不符合标准，而又有可能修复的情况下，对工程进行修补，使其达到质量标准的要求。不论是施工过程中出现质量问题的建设工程，还是竣工验收时发现有质量问题的工程，施工单位都要负责返修。

对于非施工单位原因造成的质量问题，施工单位也应当负责返修，但是因此而造成的损失及返修费用由责任方负责。

例题6-8 分析

（1）《建设工程质量管理条例》第三十条规定："施工单位必须建立、健全施工质量的检验制度，严格工序管理，作好隐蔽工程的质量检查和记录。隐蔽工程在隐蔽前，施工单位应当通知建设单位和建设工程质量监督机构。"在本例中，建筑公司没有通知有关单位验收就将隐蔽工程进行隐蔽并继续施工，严重违反了《建设工程质量管理条例》的上述规定，应该承担相应的法律责任。

（2）《建筑法》第六十一条第二款规定："建筑工程竣工验收合格后，方可交付使用；未经验收或者验收不合格的，不得交付使用。"《建设工程质量管理条例》第三十二条规定，"施工单位对施工中出现质量问题的建设工程或者竣工验收不合格的建设工程，应当负责返修。"第六十四条规定："违反本条例规定，施工单位……造成建设工程质量不符合规定的质量标准的，负责返工、修理，并赔偿因此造成的损失；情节严重的，责令停业整顿，降低资质等级或者吊销资质证书。"本例中，建筑公司应该对存在的工程质量缺陷进行修复，并赔偿因此造成的损失；情节严重的，政府主管部门应责令停业整顿，降低资质等级或者吊销资质证书。

6.2.5 建立健全职工教育培训制度的规定

例题6-9

某施工单位承接一项桥梁施工项目，桥梁施工需要严格按照设计要求和施工规范进行操作，特别是对于桥梁的支撑结构和钢筋布置等方面，需要精确到毫米级别。然而，由于该施工单位未能建立完善的职工教育培训制度，导致员工对施工规范和操作规程掌握不足，对质量标准理解不透彻，出现了钢筋布置不规范、支撑结构强度不足等问题。这些问题在施工过程中未能得到及时发现和纠正，最终导致了桥梁垮塌的质量事故。

事故发生后，该施工单位被相关部门调查并受到了严厉处罚。同时，该公司的信誉和业务也受到了严重影响。

问题：导致桥梁垮塌的质量事故的直接原因是什么？

《建设工程质量管理条例》规定，施工单位应当建立、健全教育培训制度，加强对职工的教育培训；未经教育培训或者考核不合格的人员，不得上岗作业。

施工单位的教育培训通常包括各类质量教育和岗位技能培训等。先培训、后上岗，是对施工单位的职工教育的基本要求。特别是与质量工作有关的人员，如总工程师、项目经理、质量体系内审员、质量检查员、施工人员、材料试验及检测人员；关键技术工种，如焊工、钢筋工、混凝土工等，未经培训或者培训考核不合格的人员，不得上岗工作或作业。

例题 6-9 分析

《建设工程质量管理条例》规定，施工单位应当建立健全教育培训制度，加强对职工的教育培训；未经教育培训或者考核不合格的人员，不得上岗作业。从这个例题可以看出，施工单位职工教育培训制度对于保障施工质量的重要性。如果施工单位未能建立完善的职工教育培训制度，员工的技能水平和综合素质就无法得到保障，对于施工规范、操作规程和质量标准的理解就会存在偏差，进而导致质量事故的发生。

6.3 建设单位及相关单位的质量责任和义务

《建筑工程五方责任主体项目负责人质量终身责任追究暂行办法》明确规定，建筑工程五方责任主体项目负责人是指承担建筑工程项目建设的建设单位项目负责人、勘察单位项目负责人、设计单位项目负责人、施工单位项目经理、监理单位总监理工程师。

《住房和城乡建设部关于落实建设单位工程质量首要责任的通知》（建质规〔2020〕9号）规定，建设单位是工程质量第一责任人，依法对工程质量承担全面责任。对因工程质量给工程所有权人、使用人或第三方造成的损失，建设单位依法承担赔偿责任，有其他责任人的，可以向其他责任人追偿。

建设单位要严格履行基本建设程序，不得直接发包预拌混凝土等专业分包工程，不得指定按照合同约定应由施工单位购入用于工程的装配式建筑构配件、建筑材料和设备或者指定生产厂、供应商。

建设单位要科学合理确定工程建设工期和造价，严禁盲目赶工期、抢进度，不得迫使工程其他参建单位简化工序、降低质量标准。调整合同约定的勘察、设计周期和施工工期的，应相应调整相关费用。因极端恶劣天气等不可抗力以及重污染天气、重大活动保障等原因停工的，应给予合理的工期补偿。因材料、工程设备价格变化等原因，需要调整合同价款的，应按照合同约定给予调整。

建设合同应约定施工过程结算周期、工程进度款结算办法等内容。分部工程验收通过时原则上应同步完成工程款结算，不得以设计变更、工程洽商等理由变相拖延结算。

建设单位要健全工程项目质量管理体系，配备专职人员并明确其质量管理职责，不具备条件的可聘用专业机构或人员。加强对按照合同约定自行采购的建筑材料、构配件和设备等的质量管理，并承担相应的质量责任。

建设单位要在收到工程竣工报告后及时组织竣工验收，重大工程或技术复杂工程可邀请有关专家参加，未经验收合格不得交付使用。

6.3.1 建设单位相关的质量责任和义务

建设单位作为建设工程的投资人,是建设工程的主要责任主体。建设单位有权选择承办单位,有权对建设过程进行检查、控制,对建设工程进行验收,并要按时支付工程款和费用等,在整个建设活动中居于主要地位。因此,要确保建设工程的质量,首先就要对建设单位的行为进行规范,对其质量责任予以明确。

(1) 依法发包工程

《建设工程质量管理条例》规定,建设单位应当将工程发包给具有相应资质等级的单位。建设单位不得将建设工程肢解发包。建设单位应当依法对工程建设项目的勘察、设计、施工、监理以及与工程建设有关的重要设备、材料等的采购进行招标。

《建筑工程五方责任主体项目负责人质量终身责任追究暂行办法》进一步规定,建设单位项目负责人对工程质量承担全面责任,不得违法发包、肢解发包,不得以任何理由要求勘察、设计、施工、监理单位违反法律法规和工程建设标准,降低工程质量,其违法违规或不当行为造成工程质量事故或质量问题应当承担责任。

《建设工程勘察设计资质管理规定》《建筑业企业资质管理规定》《工程监理企业资质管理规定》等,均对工程勘察单位、工程设计单位、施工企业和工程监理单位的资质等级、资质标准、业务范围等作了明确规定。

(2) 依法向有关单位提供原始资料

《建设工程质量管理条例》规定,建设单位必须向有关的勘察、设计、施工、工程监理等单位提供与建设工程有关的原始资料。原始资料必须真实、准备、齐全。

原始资料是工程勘察、设计、施工、监理等赖以进行相关工程建设的基础性材料。建设单位作为建设活动的总负责人方,向有关单位提供原始资料,并保证这些资料的真实、准确、齐全,是最基本的责任和义务。

在工程实践中,建设单位根据委托任务向勘察单位提供如勘察任务书、项目规划总平面图、地下管线、地形地貌等在内的基础资料;向设计单位提供政府有关部门批准的项目建议书、可行性研究报告等立项文件,设计任务书,有关城市规划、专业规划设计条件,勘察成果及其他基础资料;向施工单位提供概算批准文件,建设项目正式列入国家、部门或地方的年度固定资产投资计划,建设用地的征用资料,施工图纸及技术资料,建设资金和主要建筑材料、设备的来源落实资料,建设项目所在地规划部门批准文件,施工现场完成"三通一平"的平面图等资料;向工程监理单位提供的原始资料,除包括给施工单位的资料外,还要有建设单位与施工单位签订的承包合同文本。

例题 6-10

某住宅楼工程地下 1 层,地上 18 层,建筑面积 22 800 m²。通过招标投标程序某施工单位(总承包方)与某房地产开发公司(发包方)按照《建设工程施工合同》(示范文本)签订了施工合同。合同总价款 5 244 万元,采用固定总价一次性包死,合同工期 400 天。施工中发生了以下事件。

事件一: 发包方未与总承包方协商便发出书面通知,要求本工程必须提前 60 天竣工。

事件二：发包方指令将住宅楼南面外漏阳台全部封闭，并及时办理了合法变更手续，总承包方施工3个月后工程竣工。总承包方在工程竣工结算时追加阳台封闭的设计变更费用43万元，发包方以固定总价包死为由拒绝签认。

问题：

(1) 事件一中，发包方以通知书形式要求提前工期是否合法？说明理由。

(2) 事件二中，发包方拒绝签认设计变更费是否违约？说明理由。

(3) 限制不合理的干预行为

《建筑法》规定，建设单位不得以任何理由，要求建筑设计单位或者建筑施工企业在工程设计或者施工作业中，违反法律、行政法规和建筑工程质量、安全标准，降低工程质量。

《政府投资条例》规定，政府投资项目应当按照国家有关规定合理确定并严格执行建设工期，任何单位和个人不得非法干预。

《建设工程质量管理条例》规定，建设工程发包单位，不得迫使承包方以低于成本的价格竞标，不得任意压缩合理工期。建设单位不得明示或者暗示设计单位或者施工单位违反工程建设强制性标准，降低建设工程质量。

《建设工程抗震管理条例》规定，建设单位应当对建设工程勘察、设计和施工全过程负责，在勘察、设计和施工合同中明确拟采用的抗震设防强制性标准，按照合同要求对勘察设计成果文件进行核验，组织工程验收，确保建设工程符合抗震设防强制性标准。建设单位不得明示或者暗示勘察、设计、施工等单位和从业人员违反抗震设防强制性标准，降低工程抗震性能。

成本是构成价格的主要部分，是承包方估算投标价格的依据和最低的经济底线。一味强调降低工程成本，势必导致工程质量等问题。

建设单位也不得任意压缩合理工期。如果盲目要求赶工期，势必会简化工序，不按规程操作，从而给工程留下质量隐患。

建设单位更不得以任何理由，诸如建设资金不足、工期紧等，违反强制性标准的规定，要求设计单位降低设计标准，或者要求施工单位采用建设单位采购的不合格材料、设备等。

例题 6-10 分析

(1) 事件一中，发包方以通知书形式要求提前工期不合法。

理由：施工单位（总承包方）与房地产开发公司（发包方）已签订合同，合同当事人欲变更合同须征得当事人的同意，发包方不得任意压缩合同约定的合理工期。

(2) 事件二中，发包方拒绝签认设计变更费是违法的。

理由：总价合同也称总价包干合同，即根据施工招标时的要求和条件，当施工内容和有关条件不发生变化时，业主付给承包商的价款总额就不发生变化。当施工内容和有关条件发生变化时，合同价款总价也会发生变化。

(4) 依法报审施工图设计文件

《建设工程质量管理条例》规定，施工图设计文件未经审查批准的，不得使用。

施工图设计文件是设计文件的重要内容，是编制施工图预算、安排材料、设备订货和非标准设备制作，进行施工、安装和工程验收等工作的依据。施工图设计文件一经完成，建设工程最终所要达到的质量，尤其是地基基础和结构的安全性就有了保障。因此，施工图设计文件的质量直接影响建设工程的质量。

建立和实施施工图设计文件审查制度，是许多发达国家确保建设工程质量的成功做法。我国于1998年开始进行建筑工程项目施工图设计文件审查试点工作，在节约投资、发现设计质量隐患和避免违法违规行为等方面都有明显的成效。开展对施工图设计文件的审查，既可以对设计单位进行质量控制，也能纠正参与建设活动各方特别是建设单位的不规范行为。

（5）依法实行工程监理

《建设工程质量管理条例》规定，实行监理的建设工程，建设单位应当委托具有相应资质等级的工程监理单位进行监理，也可以委托具有工程监理相应资质等级并与被监理工程的施工承包单位没有隶属关系或者其他利害关系的该工程的设计单位进行监理。

监理工作要求监理人员具有较高的技术水平和较丰富的工程经验，因此国家对开展工程监理工作的单位实行资质许可。工程监理单位的资质反映了该单位从事某项监理工作的资格和能力。为了保证监理工作的质量，建设单位必须将需要监理的工程委托给具有相应资质等级的工程监理单位进行监理。

《建设工程质量管理条例》进一步规定，下列建设工程必须实行监理：

①国家重点建设工程；

②大中型公用事业工程；

③成片开发建设的住宅小区工程；

④利用外国政府或者国际组织贷款、援助资金的工程；

⑤国家规定必须实行监理的其他工程。

（6）依法办理工程质量监督手续

《建设工程质量管理条例》规定，建设单位在开工前，应当按照国家有关规定办理工程质量监督手续，工程质量监督手续可以与施工许可证或者开工报告合并办理。

据此，建设单位在开工之前，应当依法到建设行政主管部门或铁路、交通、水利等有关管理部门，或其委托的工程质量监督机构办理工程质量监督手续，接受政府主管部门的工程质量监督。

建设单位办理工程质量监督手续，应提供以下文件和手续：

①工程规划许可证；

②设计单位资质等级证书；

③监理单位资质等级证书，监理合同及工程项目监理登记表；

④施工单位资质等级证书及营业执照副本；

⑤工程勘察设计文件；

⑥中标通知书及施工承包合同等。

（7）依法保证建筑材料等符合要求

例题 6-11

某工程于 20×8 年 5 月开工，施工过程中业主方采购的 SBS 改性沥青防水卷材经施工单位检验后使用，20×9 年 8 月 15 日工程竣工验收。20×9 年 10 月业主发现屋面有渗漏，经鉴定屋面防水渗漏系防水卷材本身质量问题造成的。业主认为防水卷材经过施工单位检验，因此对屋面防水渗漏的质量问题不承担责任，业主要求施工单位进行维修。

问题：
业主的说法是否妥当？为什么？

《建筑工程质量管理条例》规定，按照合同约定，由建设单位采购建筑材料、建筑构配件和设备的，建设单位应当保证建筑材料、建筑构配件和设备符合设计文件和合同要求。建设单位不得明示或者暗示施工单位使用不合格的建筑材料、建筑构配件和设备。

在工程实践中，应该根据工程项目设计文件和合同要求的质量标准，在合同中明确约定哪些材料和设备由建设单位采购，哪些材料由施工单位采购，并写清是由谁采购、由谁负责。所以，由建设单位采购建筑材料、建筑构配件和设备的，建设单位必须保证建筑材料、建筑构配件和设备符合设计文件和合同要求。对于建设单位负责供应的材料设备，在使用前施工单位应当按照规定对其进行检验和试验，如果不合格，不得在工程上使用，并应通知建设单位予以退换。

有些建设单位为了赶进度或降低采购成本，常常以各种明示或暗示的方式，要求施工单位降低标准在工程上使用不合格的建筑材料、建筑构配件和设备。此类行为不仅严重违法，而且危害极大。

例题 6-11 分析

虽然防水卷材经过施工单位的检测，屋面防水也在保修期内，但是，屋面渗漏的直接原因是卷材本身，而防水卷材是业主采购的，根据《建设工程施工合同（示范文本）》8.3.1 条的规定，发包人应按发包人供应材料设备一览表约定的内容提供材料和工程设备，并向承包人提供产品合格证明及出厂证明，对其质量负责。发包人应提前 24 小时以书面形式通知承包人、监理人材料和工程设备到货时间，承包人负责材料和工程设备的清点、检验和接收。因此，最终的责任在业主，业主要为防水卷材的质量问题负责。

（8）依法进行装修工程

随意拆改建筑主体结构和承重结构等，会危及建设工程安全和人民生命财产安全。因此，《建设工程质量管理条例》规定，涉及建筑主体和承重结构变动的装修工程，建设单位应当在施工前委托原设计单位或具有相应资质等级的设计单位提出设计方案；没有设计方案的，不得施工。房屋建筑使用者在装修过程中，不得擅自变动房屋建筑主体和承重结构。

建筑设计方案根据建筑物的功能要求，具体确定建筑标准、结构形式、建筑物的空间和平面布置以及建筑群体的安排。对于涉及建筑主体和承重结构变动的装修工程，设计单位会根据结构形式和特点，对结构受力进行分析，对构件的尺寸、位置、配筋等重新进行计算和设计。因此，建设单位应当委托该建筑工程的原设计单位或者具有相应资质条件的设计单位提出装修工程的设计方案。如果没有方案就擅自施工，将留下质量隐患甚至造成质量事故，后果严重。

房屋使用者在装修过程中，不得擅自变动房屋建筑主体和承重结构。例如，拆除隔墙、窗洞改门洞等，都是不允许的。

6.3.2　勘察、设计单位相关的质量责任和义务

《建筑法》规定，建筑工程勘察、设计单位必须对其勘察、设计的质量负责。勘察、设计文件应当符合有关法律、行政法规的规定和建筑工程质量、安全标准、建筑工程勘察、设计技术规范及合同的约定。

《建设工程质量管理条例》进一步规定，勘察、设计单位必须按照工程建设强制性标准进行勘察、设计，并对其勘察、设计的质量负责。注册建筑师、注册结构工程师等注册执业人员应当在设计文件上签字，对设计文件负责。

"谁勘察设计谁负责，谁施工谁负责"，这是国际上通行的做法。勘察、设计单位和执业注册人员是勘察设计质量的责任主体，也是整个工程质量的责任主体之一。勘察、设计质量实行单位与执业人员双重责任，即勘察、设计单位对其勘察、设计的质量负责，注册建筑师、注册结构工程师等专业人士对其签字的设计文件负责。

> **例题 6-12**
>
> 某企业建设一所附属小学，委托某设计院设计 5 层砖混结构的教学楼、运动场等。该设计院把这项设计转包给某设计所。该所的最终设计：教学楼的楼梯踢井净宽为 0.3 m，踢井采用工程玻璃隔离防护，楼梯采用垂直杆件做栏杆，其杆件净距为 0.15 m；运动场与街道之间采用透景墙，墙体采用垂直杆件做栏杆，其杆件净距为 0.15 m。在施工过程中，曾有人对该设计提出异议。经查，该设计所具有相应资质。
>
> **问题：**
> 设计院、设计所分别有何违法行为？

（1）依法承揽工程的勘察、设计业务

《建设工程质量管理条例》规定，从事建设工程勘察、设计的单位应当依法取得相应等级的资质证书，并在其资质等级许可的范围内承揽工程。禁止勘察、设计单位超越其资质等级许可的范围或者以其勘察、设计单位的名义承揽工程。禁止勘察、设计单位允许其他单位或者个人以本单位的名义承揽工程。勘察、设计单位不得转包或者转包分包所承揽的工程。

（2）勘察、设计必须执行强制性标准

《建设工程质量管理条例》规定，勘察、设计单位必须按照工程建设强制性标准进行勘察、设计，并对其勘察、设计的质量负责。

《建筑工程五方责任主体项目负责人质量终身责任追究暂行办法》进一步规定，勘察、设计单位项目负责人应当保证勘察设计文件符合法律法规和工程建设强制性标准的要求，对因勘察、设计导致的工程质量事故或质量问题承担责任。

强制性标准是工程建设技术和经验的积累，是勘察、设计工作的技术依据。只有满足

工程建设强制性标准才能保证质量，因而勘察、设计单位必须严格执行。

例题 6-12 分析

(1)《建设工程质量管理条例》第十八条规定："勘察、设计单位不得转包或者违法分包所承揽的工程。"本例中，设计院将该小学的设计任务转包给设计所是违法的。

(2)《建设工程质量管理条例》第十九条规定："勘察、设计单位必须按照工程建设强制性标准进行勘察、设计，并对勘察、设计的质量负责。"《民用建筑设计统一标准》(GB 50352—2019) 6.7.4 条规定，住宅、托儿所、幼儿园、中小学及其他少年儿童专用活动场所的栏杆必须采取防止攀爬的构造，当采用垂直杆件做栏杆时，其杆件净间距不应大于 0.11 米；6.8.9 条规定，托儿所、幼儿园、中小学校及其他少年儿童专用活动场所，当楼梯井净宽大于 0.20 米时，必须采取防止少年儿童坠落的措施。本例中的楼梯梯井净宽和楼梯杆件净距、运动场透景墙的栏杆净距都违反了国家强制性标准的规定。设计所应当尽快予以纠正，否则一旦发生事故，则将依法追究其相应的质量责任。

(3) 勘察单位提供的勘察成果必须真实、准确

《建设工程质量管理条例》规定，勘察单位提供的地址、测量、水文等勘察成果必须真实、准确。

工程勘察工作是建设工程的基础工作，工程勘察成果文件是设计和施工的基础资料和重要依据。其真实性、准确性直接影响到设计、施工质量，因而工程勘察成果必须真实准确、安全可靠。

例题 6-13

某写字楼项目的整体机构属"筒中筒"，中间"筒"高 18 层，四周裙楼 3 层，地基设计是"满堂红"布桩，属混凝土排土灌桩。施工到 12 层，地下筏板剪切破坏，地下水上冲。经鉴定发现，此地基土属于饱和土，地基混凝土排土桩被破坏。

经调查得知：一是该工程的地质勘察报告已经载明，此地基属于饱和土；二是在打桩过程中曾出现跳土现场。

问题：
本例中设计方有何过错，违反了什么规定？

(4) 设计依据和设计深度

《建设工程质量管理条例》规定，设计单位应当根据勘察成果文件进行建设工程设计。设计文件应当符合国家规定的设计深度要求，注明工程合理使用年限。

勘察成果文件是设计的基础资料，是设计的依据。因此，先勘察、后设计是工程建设的基本做法，也是基本建设程序的要求。我国对各类设计文件的编制深度都有规定，在实践中应当贯彻执行。工程合理使用年限是指从工程竣工验收合格之日起，工程的地基基础、主体结构能保证在正常情况下安全使用的年限。它与《建筑法》中的"建筑物合理寿命年限"、《民法典》中的"建设工程在合理使用期限内"等概念，在内涵上是一致的。

> **例题6-13分析**
>
> 　　本例中涉及多方面的结构技术问题，较为复杂，地下筏板剪切破坏的可能原因并不唯一，需要经过进一步的计算分析才能够下结论。但是，有一点是很明确的，即设计单位对桩型选择失误。因为，该工程的地质勘查报告已经载明此地基属于饱和土，那么饱和土的湿软性决定了设计单位就不应该选择采用排土灌桩。正是由于此失误，所以在打桩过程中出现跳土现象。
>
> 　　因此，设计单位没有根据勘察文件提供的信息进行设计，违反了《建设工程质量管理条例》第二十一条规定："设计单位应当根据勘察成果文件进行建设工程设计。"设计单位应该对该工程设计承担质量责任。

（5）依法规范设计对建筑材料等的选用

《建筑法》《建设工程质量管理条例》都规定，设计单位在设计文件中选用的建筑材料、建筑构配件和设备，应当注明规格、型号、性能等技术指标，其质量要求必须符合国家规定的标准。除有特殊要求的建筑材料、专用设备、工艺生产线等外，设计单位不得指定生产厂、供应商。

为了使建设工程的施工能够满足设计意图，设计文件中必须注明所选用的建筑材料、建筑构配件和设备的型号、规格、性能等技术指标。这也是设计文件编制深度的要求。但是，在通用产品能保证工程质量的前提下，设计单位不可故意选用特殊要求的产品，也不能滥用权力限制建设单位或施工单位在材料等采购上的自主权。

（6）依法对设计文件进行技术交底

《建设工程质量管理条例》规定，设计单位应当就审查合格的施工图设计文件向施工单位作出详细说明。

设计单位应就审查合格的施工图向施工单位作出详细说明，做好设计文件的技术交底工作，对大中型建设工程、超高层建筑以及采用新技术、新结构的工程，设计单位还应向施工现场派驻设计代表。

设计文件的技术交底，通常的做法是设计文件完成后，通过建设单位发给施工单位，再由设计单位将设计的意图、特殊的工艺要求，以及建筑、结构、设备等各专业在施工中的难点、疑点和容易发生的问题等向施工单位作出详细说明，并负责解释施工单位对设计图纸的疑问。

对设计文件进行技术交底是设计单位的重要义务，对确保工程质量有着重要的意义。

（7）依法参与建设工程质量事故分析

《建设工程质量管理条例》规定，设计单位应当参与建设工程质量事故分析，并对因设计造成的质量事故，提出相应的技术处理方案。

工程质量的好坏，在一定的程度上就代表工程建设是否准确贯彻了设计意图。因此，一旦发生了质量事故，该工程的设计单位最有可能在短时间内发现存在的问题，对事故的分析具有权威性。这对及时进行事故处理十分重要。对因设计造成的质量事故，原设计单位必须提出相应的技术处理方案，这是设计单位的法定义务。

6.3.3 工程监理单位相关的质量责任和义务

工程监理单位接受建设单位的委托，代表建设单位，对建设工程进行管理。因此，工程监理单位也是建设工程质量的责任主体之一。

《国家发展改革委关于加强基础设施建设项目管理 确保工程安全质量的通知》（发改投资规〔2021〕910号）规定，落实工程监理制，监理单位要认真履行监理职责，特别要加强对关键工序、重要部位和隐蔽工程的监督检查。

(1) 依法承担工程监理业务

《建筑法》规定，工程监理单位应在其资质等级许可的监理范围内，承担工程监理业务。工程监理单位不得转让工程监理业务。

《建设工程质量管理条例》进一步规定，工程监理单位应当依法取得相应等级的资质证书，并在其资质等级许可的范围内承担工程监理业务。禁止工程监理单位超越本单位资质等级许可的范围或者以其他工程监理单位的名义承担工程监理业务。禁止工程监理单位允许其他单位或者个人以本单位的名义承担工程监理业务。工程监理单位不得转让工程监理业务。

工程监理单位按照资质等级承担工程监理业务，是保证监理工作质量的前提。超越资质等级、允许其他单位或者个人以本单位的名义承担监理业务等，将使工程监理变得有名无实，最终会对工程质量造成危害。监理单位转让工程监理业务，与施工单位转包工程有着同样大的危害性。

例题 6-14

李某是某监理公司派出的监理工程师。自20×9年入驻施工现场之后，李某勤勤恳恳地工作，积极为施工单位出谋划策，为施工单位解决了不少技术难题。出于感激，施工单位决定每个月为李某提供补助费1 000元。李某认为自己确实为施工单位作出了贡献，就收下了这些补助费。

问题：

李某可以收下这些补助费吗？

(2) 对有隶属关系或其他利害关系的回避

《建筑法》《建设工程质量管理条例》均规定，工程监理单位与被监理工程的施工承包单位以及建筑材料、建筑构配件和设备供应单位有隶属关系或者其他利害关系的，不得承担该项建设工程的监理业务。

如果有这种关系，工程监理单位在接受监理委托前，应当自行回避；对于没有回避而被发现的，建设单位可以依法解除委托关系。

例题 6-14 分析

不可以。如果李某收下了这些补助费，李某就与施工单位存在了实质上的利害关系，这与《建筑法》的规定是不符的。

(3) 监理工作的依据和监理责任

《建设工程质量管理条例》规定，工程监理单位应当依照法律、法规以及有关技术标准、设计文件和建设工程承包合同，代表建设单位对施工质量实施监理，并对施工质量承担监理责任。

《建筑工程五方责任主体项目负责人质量终身责任追究暂行办法》进一步规定，监理单位总监理工程师应当按照法律法规、有关技术标准、设计文件和工程承包合同进行监理，对施工质量承担监理责任。

工程监理的依据有以下几条：

①有关法律法规，如《民法典》《建筑法》《建设工程质量管理条例》等；

②有关技术标准，如工程建设强制性标准以及建设工程承包合同中确认采用的推荐性标准等；

③设计文件，施工图设计等设计文件既是施工的依据，也是监理单位对施工活动进行监督管理的依据；

④建设工程承包合同，监理单位据此监督施工单位是否全面履行合同约定的义务。

监理单位对施工质量承担监理责任，包括违约责任和违法责任两个方面。

①违约责任。监理单位不按照监理合同约定履行监理义务，给建设单位或其他单位造成损失的，应当承担相应的赔偿责任。

②违法责任。监理单位违法监理，或者降低工程质量标准，造成质量事故的，要承担相应的法律责任。

（4）工程监理的职责和权限

《建设工程质量管理条例》规定，工程监理单位应当选派具备相应资格的总监理工程师和监理工程师进驻施工现场。未经监理工程师签字，建筑材料、建筑构配件和设备不得在工程上使用或者安装，施工单位不得进行下一道工序的施工。未经总监理工程师签字，建设单位不拨付工程款，不进行竣工验收。

监理单位应根据所承担的监理任务，组建驻工地监理机构。监理机构一般由总监理工程师、监理工程师和其他监理人员组成。工程监理实行总监理工程师负责制。总监理工程师依法和在授权范围内可以发布有关指令，全面负责受委托的监理工程。监理工程师拥有对建筑材料、建筑构配件和设备以及每道施工工序的检查权，对检查不合格的，有权决定是否允许在工程上使用或进行下一道工序的施工。

（5）工程监理的形式

《建设工程质量管理条例》规定，监理工程师应当按照工程监理规范的要求，采取旁站、巡视和平行检查等形式，对建设工程实施监理。

所谓旁站，是指对工程中有关地基和结构安全的关键工序和关键施工过程，进行连续不断的监督检查或检验的监理活动，有时甚至要连续跟班监理。所谓巡视，主要是强调除了关键点的质量控制外，监理工程还应对施工现场进行面上的巡查监理。所谓平行检验，主要是强调监理单位对施工单位已经检验的工程应及时进行检验。对于关键性、较大体量的工程实物，采取分段后平行检验的方式，有利于及时发现质量问题，及时采取措施予以纠正。

工程监理单位没有尽到上述责任影响工程质量的，将根据其违法行为的严重程度，给予责令改正、没收违法所得、罚款、责令停业整顿、降低资质等级、吊销资质证书等处罚。造成重大安全事故、构成犯罪的，要依法追究直接责任人的刑事责任。

6.3.4 政府主管部门工程质量监督管理的相关规定

为了确保建设工程质量，保障公共安全和人民生命财产安全，政府必须加强对建设工程质量的监督管理。因此，《建设工程质量管理条例》规定，国家实行建设工程质量监督管理制度。

2021年10月经修订后颁布的《中华人民共和国审计法》规定，审计机关对政府投资和以政府投资为主的建设项目的预算执行情况和决算，对其他关系国家利益和公共利益的重大公共工程项目的资金管理使用和建设运营情况，进行审计监督。

> **例题 6-15**
>
> 某质量监督站派出的监督人员到施工现场进行检查，发现工程进度相对于合约中约定的进度严重滞后。于是，质量监督站的监督人员对施工单位和监理单位提出了批评，并拟对其进行行政处罚。
>
> **问题：**
> 质量监督站的决定正确吗？

（1）我国的建设工程质量监督管理体制

《建设工程质量管理条例》规定，国务院建设行政主管部门对全国的建设工程质量实施统一监督管理。国务院铁路、交通、水利等有关部门按照国务院规定的职责分工，负责对全国的有关专业建设工程质量的监督管理。

国务院发展计划部门按照国务院规定的职责，组织稽查特派员，对国家出资的重大建设项目实施监督检查。国务院经济贸易主管部门按照国务院规定的职责，对国家重大技术改造项目实施监督检查。

县级以上地方人民政府建设行政主管部门对本行政区域内的建设工程质量实施监督管理。县级以上地方人民政府交通、水利等有关部门在各自的职责范围内，负责对本行政区域内的专业建设工程质量的监督管理。建设工程质量监督管理，可以由建设行政主管部门或者其他有关部门委托的建设工程质量监督机构具体实施。

建设工程质量监督管理，可以由建设行政主管部门或者其他有关部门委托的建设工程质量监督机构具体实施。从事房屋建筑工程和市政基础设施工程质量监督的机构，必须按照国家有关规定经国务院建设行政主管部门或者省、自治区、直辖市人民政府建设行政主管部门考核；从事专业建设工程质量监督的机构，必须按照国家有关规定经国务院有关部门或者省、自治区、直辖市人民政府有关部门考核。经考核合格后，方可实施质量监督。

在政府加强监督的同时，还要发挥社会监督的巨大作用，即任何单位和个人对建设工程的质量事故、质量缺陷都有权检举、控告、投诉。

《国家发展改革委关于加强基础设施建设项目管理 确保工程安全质量的通知》（发改投资规〔2021〕910号）规定，按照有关规定做好基础设施建设项目信息公开和施工现场公示，积极接受社会监督。对有关单位、个人和新闻媒体反映的工程安全质量问题，要按规定认真核查处理。

（2）政府监督检查的内容和有权采取的措施

《建设工程质量管理条例》规定，国务院建设行政主管部门和国务院铁路、交通、水利等有关部门以及县级以上地方人民政府建设行政主管部门和其他有关部门,应当加强对有关建设工程质量的法律、法规和强制性标准执行情况的监督检查。

县级以上人民政府建设行政主管部门和其他有关部门履行监督检查职责时,有权采取下列措施:

①要求被检查的单位提供有关工程质量的文件和资料;

②进入被检查单位的施工现场进行检查;

③发现有影响工程质量的问题时,责令改正。

有关单位和个人对县级以上人民政府建设行政主管部门和其他有关部门进行的监督检查应当支持与配合,不得拒绝或者阻碍建设工程质量监督检查人员依法执行职务。

(3) 禁止滥用权力的行为

《建设工程质量管理条例》规定,供水、供电、供气、公安消防等部门或者单位不得明示或者暗示建设单位、施工单位购买其指定的生产供应单位的建筑材料、建筑构配件和设备。

在实践中,个别部门或单位利用其管理职能或垄断地位指定生产厂家或产品,如果建设单位或施工单位不采用,就在竣工验收时故意刁难或不予验收,使工程不能投入使用。这种滥用职权的行为,是法律所不允许的。

(4) 建设工程质量事故报告制度

《建设工程质量管理条例》规定,建设工程发生质量事故,有关单位应当在24小时内向当地建设行政主管部门和其他有关部门报告。对重大质量事故,事故发生地的建设行政主管部门和其他有关部门应当按照事故类别和等级向当地人民政府和上级建设行政主管部门和其他有关部门报告。特别重大质量事故的调查程序按照国务院有关规定办理。

2007年4月公布的《生产安全事故报告和调查处理条例》规定,特别重大事故,是指造成30人以上死亡,或者100人以上重伤(包括急性工业中毒),或者1亿元以上直接经济损失的事故。特别重大事故、重大事故逐级上报至国务院安全生产监督管理部门和负有安全生产监督管理职责的有关部门。每级上报的时间不得超过2小时。必要时,安全生产监督管理部门和负有安全生产监督管理职责的有关部门可以越级上报事故情况。

例题 6-15 分析

不正确。政府监督的依据是法律、法规和强制性标准,不包括合同。所以,进度不符合合同要求不属于监督范围之内。

其次,即使应该予以行政处罚,也不是由监督人员直接处罚,而是由其报告委托部门并经批准后实施。

6.4 建设工程竣工验收制度

工程项目的竣工验收是施工全过程的最后一道工序,也是工程项目管理的最后一项工作。它是建设投资成果转入生产或使用的标志,也是全面考核投资效益、检验设计和施工质量的重要环节。

6.4.1 竣工验收的主体和法定条件

例题 6-16

某学院综合教学楼工程,框架剪力墙结构,地下2层,地上12层,由某国有大型施工企业总承包,20×7年10月20日基础结构标高达到±0.000,总包计划1个月后组织建设单位、监理单位、设计单位、施工单位四方进行地基与基础验收。

问题:
由总包组织建设单位、监理单位、设计单位、施工单位四方验收是否正确?

(1) 建设工程竣工验收的主体

《建设工程质量管理条例》规定,建设单位收到建设工程竣工报告后,应当组织设计、施工、工程监理等有关单位进行竣工验收。

对工程进行竣工检查和验收,是建设单位法定的权利和义务。在建设工程完工后,承包单位应当向建设单位提供完整的竣工资料和竣工验收报告,提请建设单位组织竣工验收。建设单位收到竣工验收报告后,应及时组织有设计、施工、工程监理等有关单位参加的竣工验收,检查整个工程项目是否已按照设计要求和合同约定全部建设完成,并符合竣工验收条件。

例题 6-16 分析

由总承包单位组织建设单位、监理单位、设计单位、施工单位四方验收的做法不正确。

地基与基础验收属于分部分项工程验收,分部(子分部)工程验收由总监理工程师或建设单位项目负责人组织,验收人员包括建设单位、勘察单位、设计单位、监理单位工程项目负责人和施工单位技术质量部门负责人。

(2) 竣工验收应当具备的法定条件

例题 6-17

某市花园小区6号楼为5层砖混结构住宅楼,设计采用混凝土小型砌体砌筑,墙体交汇处和转角处加混凝土构造柱,施工过程中发现部分墙体出现裂缝,经处理后继续施工,竣工验收合格后,交付使用。业主入住后,装修时发现墙体空心,经核实,原来设计混凝土构造柱的地方只设置了少量钢筋,没有浇筑混凝土。最后经法定检测机构采用超声波检测法检测后,统计发现大约有75%墙体未按设计要求设置构造柱,只有1层部分墙体中设置了构造柱,造成了重大的质量隐患。

问题:
(1) 该砖混结构住宅楼工程质量验收的基本要求是什么?
(2) 该工程由裂缝的墙体应如何验收?
(3) 该工程已交付使用,施工单位是否需要对此承担责任?为什么?

《建筑法》规定，交付竣工验收的建筑工程，必须符合规定的建筑工程质量标准，有完整的工程技术经济资料和经签署的工程保修书，并具备国家规定的其他竣工条件。建筑竣工验收合格后，方可交付使用；未经验收或者验收不合格的，不得交付使用。

《建设工程质量管理条例》进一步规定，建设工程竣工验收应当具备下列条件。

①完成建设工程设计和合同约定的各项内容。

建设工程设计和合同约定的内容，主要是指设计文件所确定的以及承包合同"承包人承揽工程项目一览表"中载明的工作范围，也包括监理工程师签发的变更通知单中所确定的工作内容。承包单位必须按合同的约定，按质、按量、按时完成上述工作内容，使工程具有正常的使用功能。

②有完整的技术档案和施工管理资料。

工程项目竣工验收的资料有：工程项目竣工报告；分项、分部工程和单位工程技术人员名单；图纸会审和设计交底记录；设计变更通知单，技术变更核实单；工程质量事故发生后调查和处理资料；材料、设备、构配件的质量合格说明资料；试验、检验报告；隐蔽验收记录及施工日志；竣工图；质量检验评定资料。

施工企业提供的以上竣工验收资料应当经总监理工程师审查后，认为符合工程施工合同及国家有关规定，并且准确、完整、真实，才能签署同意竣工验收意见。

③有工程使用的主要建筑材料、建筑构配件和设备的进场试验报告。

对建设工程使用的主要建筑材料、建筑构配件和设备，除须具有质量合格证明资料外，还应当有进场试验、检验报告，其质量要求必须符合国家规定的标准。

④有勘察、设计、施工、工程监理等单位分别签署的质量合格文件。

勘察、设计、施工、工程监理等有关单位要依据工程设计文件及承包合同所要求的质量标准，对竣工工程进行检查评定；符合规定的，应当签署合格文件。

⑤有施工单位签署的工程保修书。

施工单位同建设单位签署工程质量保修书也是交付竣工验收的条件之一，未签署工程质量保修书的工程不得竣工验收。

凡是没有经过竣工验收或者经过竣工验收确定为不合格的建设工程，不得交付使用。如果建设单位未提前获得投资效益，在工程未经验收就提前投产或使用，由此而发生的质量等问题，建设单位要承担责任。

例题 6-17 分析

（1）该砖混结构住宅楼工程质量验收的基本条件应符合《建筑工程施工质量验收统一标准》中的要求和其他专业验收规范的要求。

（2）有裂缝的墙体应按下列情况进行验收：

对不影响结构安全的裂缝墙体，应予验收；对影响使用功能和观感质量的裂缝，应进行处理。

对可能影响结构安全的裂缝墙体，应由有资质的检测机构检测鉴定；需要返修或加固处理的墙体，待返修或加固处理满足设计要求后进行重新验收。

（3）施工单位对此必须承担责任，理由是该工程质量问题是由施工过程中未按设计要求施工造成的。

6.4.2 施工单位应提交的档案资料

例题 6-18

某写字楼是一座现代化的智能型建筑,框架-剪力墙结构,地下3层,地上28层,建筑面积 5.8 km²,施工总承包单位是该市第三建筑公司。由于该工程设备先进,要求高,因此该公司将机电设备安装工程分包给某公司。

问题:
(1) 该工程技术竣工档案应由谁上缴到城建档案馆?
(2) 某公司的竣工资料直接交给建设单位是否正确?为什么?
(3) 该工程施工总承包单位和分包单位在工程档案管理方面的职责是什么?
(4) 建设单位在工程档案管理方面的职责是什么?

《建设工程质量管理条例》规定,建设单位应该严格按照国家有关档案管理的规定,及时收集、整理建设项目各环节的文件资料,建立、健全建设项目档案,并在建设工程竣工验收后,及时向建设行政主管部门或者其他有关部门移交建设项目档案。

2019年3月住房和城乡建设部修订后发布的《城市建设档案管理规定》进一步规定,建设单位应当在工程竣工验收后3个月内,向城建档案馆报送一套符合规定的建设工程档案。凡建设工程档案不齐全的,应当限期补充。对改建、扩建和重要部位维修的工程,建设单位应当组织设计、施工单位据实修改、补充和完善原建设工程档案。

《建设工程文件归档规范》规定,勘察、设计、施工、监理等单位应将本单位形成的工程文件立卷后向建设单位移交。

建设工程项目实行总承包管理的,总包单位应负责收集、汇总各分包单位形成的工程档案,并应及时向建设单位移交;各分包单位应将本单位形成的工程文件整理、立卷后及时移交总包单位。建设工程项目由几个单位承包的,各承包单位应负责收集、整理立卷其承包项目的工程文件,并应及时向建设单位移交。

每项建设工程应编制一套电子档案,随纸质档案一并移交城建档案管理机构。电子档案签署了具有法律效力的电子印章或电子签名的,可不移交相应纸质档案。

例题 6-18 分析

(1) 应由建设单位上缴到城建档案馆。
(2) 不正确。因为按规定某公司的竣工资料应先交给施工总承包单位,由施工总承包单位统一汇总后交给建设单位,再由建设单位上交到城建档案馆。
(3) 总包单位负责收集、汇总各分包单位形成的工程档案,并应及时向建设单位移交;分包单位应将本单位形成的工程文件整理、立卷后及时移交总包单位。
(4) 建设单位应履行以下职责:
①在工程招标及勘察、设计、施工、监理等单位签订协议、合同时,应对工程文件的套数、费用、质量、移交时间等提出明确的要求。
②收集和整理工程准备阶段、竣工验收阶段形成的文件,并应进行立卷归档。

③负责组织、监督和检查勘察、设计、施工、监理等单位的工程文件的形成、积累和立卷的归档工作。

④收集和汇总勘察、设计、施工、监理等单位立卷归档的工程档案。

⑤在组织工程竣工验收前，应提请当地的城建档案管理机构对工程档案进行预验收。

⑥未取得工程档案验收认可文件，不得组织工程竣工验收。

6.4.3 规划、消防、节能、环保等验收的规定

《建设工程质量管理条例》规定，建设单位应当自建设工程竣工验收合格之日起 15 日内，将建设工程竣工验收报告和规划、公安消防、环保等部门出具的认可文件或者准许使用文件报建设行政主管部门或者其他有关部门备案。

例题 6-19

北京地区某高层涉外公寓，剪力墙结构，精装修工程。全部工程内容于 20×8 年 8 月 10 日完工，建设单位在 20×8 年 8 月 15 日委托有资质的检验单位进行室内环境污染检测。其中室内环污染物浓度检测了 5 项污染物含量，分别是氡、甲醛、苯、甲苯、TVOC 含量。

问题：
(1) 建设单位委托检测时间是否正确？
(2) 建筑工程室内环境质量验收应检查哪些资料？

6.4.3.1 建设工程竣工规划验收

《城乡规划法》规定，县级以上地方人民政府城乡规划主管部门按照国务院规定对建设工程是否符合规划条件予以核实。未经核实或者经核实不符合规划条件的，建设单位不得组织竣工验收。建设单位应当在竣工验收后 6 个月内向城乡规划主管部门报送有关竣工验收资料。

建设工程竣工后，建设单位应当依法向城乡规划行政主管部门提出竣工规划验收申请，由城乡规划行政主管部门按照选址意见书、建设用地规划许可证、建设工程规划许可证、乡村建设规划许可证及其有关规划的要求，对建设工程进行规划验收，包括对建设用地范围内的各项工程建设情况、建筑物的使用性质、位置、间距、层数、标高、平面、立面、外墙装饰材料和色彩、各类配套服务设施、临时施工用房、施工场地等进行全面核查，并作出验收记录。对于验收合格的，由城乡规划行政主管部门出具规划认可文件或核发建设工程竣工规划验收合格证。

《城乡规划法》还规定，建设单位未在建设工程竣工验收后 6 个月内向城乡规划部门报送有关竣工验收资料的，由所在地城市、县人民政府规划主管部门责令限期补报；逾期不补报的，处 1 万元以上 5 万元以下的罚款。

6.4.3.2 建设工程竣工消防验收

《消防法》规定，国务院住房和城乡建设主管部门规定应当申请消防验收的建设工程

竣工，建设单位应当向住房和城乡建设主管部门申请消防验收。

上述规定以外的其他建设工程，建设单位在验收后应当报住房和城乡建设主管部门备案，住房和城乡建设主管部门应当进行抽查。依法应当进行消防验收的建设工程，未经消防验收或者消防验收不合格的，禁止投入使用；其他建设工程经依法抽查不合格的，应当停止使用。

依法应当进行消防验收的建设工程，未经消防验收或者消防验收不合格，擅自投入使用的，《消防法》规定，由住房和城乡建设主管部门、消防救援机构按照各自职权责令停止施工、停止使用或者停产停业，并处3万元以上30万元以下罚款。

6.4.3.3 建设工程竣工环保验收

2017年7月国务院经修订公布的《建设项目环境保护管理条例》规定，编制环境影响报告书、环境影响报告表的建设项目竣工后，建设单位应当按照国务院环境保护行政主管部门规定的标准和程序，对配套建设的环境保护设施进行验收，编制验收报告。建设单位在环境保护设施验收过程中，应当如实查验、监测、记载建设项目环境保护设施的建设和调试情况，不得弄虚作假。除按照国家规定需要保密的情形外，建设单位应当依法向社会公开验收报告。分期建设、分期投入生产或者使用的建设项目，其相应的环境保护设施应当分期验收。

编制环境影响报告书、环境影响报告表的建设项目，其配套建设的环境保护设施经验收合格，方可投入生产或者使用；未经验收或者验收不合格的，不得投入生产或者使用。

6.4.3.4 建筑工程节能验收

2018年10月经修订公布的《中华人民共和国节约能源法》规定，国家实行固定资产投资项目节能评估和审查制度。不符合强制性节能标准的项目，建设单位不得开工建设；已经建成的，不得投入生产、使用。政府投资项目不符合强制性节能标准的，依法负责项目审批的机关不得批准建设。

《民用建筑节能条例》进一步规定，建设单位组织竣工验收，应当对民用建筑是否符合民用建筑节能强制性标准进行查验；对不符合民用建筑节能强制性标准的，不得出具竣工验收合格报告。

建筑节能工程施工质量的验收，主要应按照国家标准《建筑节能工程施工质量验收标准》（GB 50411—2019）、《建筑工程施工质量验收统一标准》（GB 50300—2013）以及各专业工程施工质量验收规范等执行。单位工程竣工验收应在建筑节能分部工程验收合格后进行。

建筑节能工程为单位建筑工程的一个分部工程，并按规定划分为分项工程和检验批。建筑节能工程应按照分项工程进行验收，如墙体节能、幕墙节能工程、门窗节能工程、屋面节能工程、地面节能工程、采暖节能工程、通风与空气调节节能工程、配电与照明节能工程等。当建筑节能分项工程的工程量较大时，可以将分项工程划分为若干个检验批进行验收。当建筑节能工程验收无法按照要求划分分项工程或检验批时，可由建设、施工、监理等各方协商划分检验批，但验收项目、验收内容、验收标准和验收记录均应遵守标准的规定。

（1）建筑节能分部工程进行质量验收的条件

建筑节能分部工程的质量验收，应在检验批、分项工程全部合格的基础上，进行建筑围护结构的外墙节能构造实体检验，严寒、寒冷和夏热冬冷地区的外窗气密性现场检测，以及系统节能性能检测和系统联合试运转与调试，确认建筑节能工程质量达到验收的条件后方可进行。

（2）建筑节能分部工程验收的组织

建筑节能工程验收的程序和组织应遵守《建筑工程施工质量验收统一标准》（GB 50300—2013）的要求，并符合下列规定：

①节能工程的检验批验收和隐蔽工程验收应由监理工程师主持，施工单位相关专业的质量检查员与施工员参与；

②节能分项工程验收应由监理工程师主持，施工单位项目技术负责人和相关专业的质量检查员、施工员参加，必要时可邀请设计单位相关专业的人员参加；

③节能分部工程验收应由总监理工程师（建设单位项目负责人）主持，施工单位项目经理、项目技术负责人和相关专业的质量检查员、施工员参与，施工单位的质量或技术负责人应参加，设计单位节能设计人员应参加。

（3）建筑节能工程验收的程序

①施工单位自检评定。

建筑节能分部工程施工完成后，施工单位对节能工程质量进行检查，确认符合节能设计文件要求后，填写建筑节能分部工程质量验收表，并由项目经理和施工单位负责人签字。

②监理单位进行节能工程质量评估。

监理单位收到建筑节能分部工程质量验收表后，应全面审查施工单位的节能工程验收资料且整理监理资料，对节能中各分项工程进行质量评估，监理工程师及项目总监在建筑节能分部工程质量验收表中签字确认验收结论。

③建筑节能分部工程验收。

由监理单位总监理工程师（建设单位项目负责人）主持验收会议，组织施工单位的相关人员、设计单位节能设计人员对节能工程质量进行检查验收。验收各方对工程质量进行检查，提出整改意见。

建筑节能质量监督管理部门的验收监督人员到施工现场对节能工程验收的组织形式、验收程序、执行验收标准等情况进行现场监督，发现有违反规定程序、执行标准或评定结果不准确的，应要求有关单位改正或停止验收。对未达到国家验收标准合格要求的质量问题，签发监督文书。

④施工单位按验收意见进行整改。

施工单位按照验收各方提出的整改意见进行整改；整改完毕后，建设、监理、设计、施工单位对节能工程的整改结果进行确认。对建筑节能工程存在重要的整改内容的项目，质量监督人员参加复查。

⑤节能工程验收结论。

符合建筑节能工程质量验收规范的工程为验收合格，即通过节能分部分项工程质量验收。对节能工程验收不合格工程，按《建筑节能工程施工质量验收标准》和其他验收规范的要求整改完后，重新验收。

⑥验收资料归档。

建筑节能工程施工质量验收合格后，相应的建筑节能分部工程验收资料应作为建设工程竣工验收资料中的重要组成部门归档。

（4）建筑节能工程专项验收应注意事项

①建筑节能工程验收重点是检查建筑节能工程效果是否满足设计及规范要求，监理和施工单位应加强和重视节能验收工作，对验收中发现的工程实物质量问题及时解决。

②工程项目中存在以下问题之一的，监理单位不得组织节能工程验收：未完成建筑节能工程设计内容的；隐蔽验收记录等技术档案和施工管理资料不完整的；工程使用的主要建筑材料、建筑构配件和设备未提供进场检验报告的；未提供相关的节能型检测报告的；工程存在违反强制性条文的质量问题而未整改完毕的；对监督机构发出的责令整改内容未整改完毕的；存在其他违反法律、法规行为而未处理完毕的。

（5）重新组织验收

单位工程在办理竣工备案时应提交建筑节能相关资料，不符合要求的不予备案。

工程项目验收存在以下问题之一的，应重新组织建筑节能工程验收。

①验收组织机构不符合法规及规范要求的；
②参加验收人员不具备相应资格的；
③参加验收各方主体验收意见不一致的；
④验收程序和执行标准不符合要求的；
⑤各方提出的问题未整改完毕的。

例题 6-19 分析

（1）检测时间不正确。民用建筑工程及室内装修工程的室内环境质量验收，应在工程完工至少7天以后且在工程交付使用前进行。

（2）室内环境质量验收应检查下述资料：

①工程地质勘察报告、工程地点土壤中氡浓度检测报告、工地地点土壤天然放射性核素镭-226、钾-40含量检测报告。
②涉及室内环境污染控制的施工图设计文件及工程设计变更文件。
③建筑材料和装修材料的污染物含量检测报告、材料进场检验记录、复验报告。
④与室内环境污染控制有关的隐蔽工程验收记录、施工记录。
⑤样板间室内污染物浓度检测记录（设有样板间的除外）。

6.4.4 竣工结算、质量争议的规定

竣工验收是工程建设活动的最后阶段。在此阶段，建设单位与施工单位容易就合同价款结算、质量缺陷等产生纠纷，导致建设工程不能及时办理竣工验收或完成竣工验收。

例题 6-20

A企业为解决单位职工用房紧张的问题，与B建筑公司签订了一份住宅楼建筑工程承包合同，B建筑公司负责组织施工建设，由C设计单位提供建筑设计图纸，合同中对工期、质量、价款、结算等作了详细规定。

待工程施工接近尾声时，多年住房紧张的职工，见内装修逐渐完毕，不顾施工队伍的阻拦，强行搬了进去，到10月1日完工时，此楼已经全部投入使用。这时A企业对住

宅楼进行验收，发现楼梯间、门厅和部分房间的墙皮脱落、木地板起鼓等质量问题，要求 B 建筑公司进行返工。B 建筑公司则拒绝对 A 企业提出的质量问题进行返工，A 企业遂拒绝将工程尾款结算给 B 建筑公司。

迫于职工压力，A 企业出资对质量缺陷部位进行了修复，花费了 10 万元。11 月 2 日，A 企业将 B 建筑公司诉讼至法院，要求赔偿因不履行返工和质量修缮义务而造成的 10 万元的经济损失。

B 建筑公司则认为，工程只有经过竣工验收合格后才能交付使用，但是在工程未经验收的情况下，A 企业职工就擅自进入施工现场提前使用，对于其提前使用行为所造成的损失，应当自负经济损失。另外，A 企业按照法律规定应当及时给付工程款。

问题：
本例中 A 企业是否应支付 B 建筑公司工程结算款？

6.4.4.1 工程竣工结算

《民法典》规定，建设工程竣工后，发包人应当根据施工图纸及说明书、国家颁发的施工验收规范和质量检验标准及时进行验收。验收合格的，发包人应当按照约定支付价款，并接收该建设工程。《建筑法》也规定，发包单位应当按照合同的约定，及时拨付工程款项。

2021 年 2 月公布的《行政事业性国有资产管理条例》规定，各部门及其所属单位采用建设方式配置资产的，应当在建设项目竣工验收合格后及时办理资产交付手续，并在规定期限内办理竣工财务决算，期限最长不得超过 1 年。各部门及其所属单位对已交付但未办理竣工财务决算的建设项目，应当按照国家统一的会计制度确认资产价值。

（1）工程竣工结算方式

2004 年发布的《建设工程价款结算暂行办法》规定，工程完工后，双方应按照约定的合同价款及合同价款调整内容以及索赔事项，进行工程竣工结算。工程竣工结算分为单位工程竣工结算、单项工程竣工结算和建设项目竣工总结算。

（2）工程竣工结算的编制、提交与审查

①竣工结算文件的提交。

2013 年 12 月住房和城乡建设部发布的《建筑工程施工发包与承包计价管理办法》规定，工程完工后，承包方应当在约定期限内提交竣工结算文件。

《建设工程价款结算暂行办法》规定，承包人应在合同约定期限内完成项目竣工结算编制工作，未在规定期限内完成并且提不出正当理由延期的，责任自负。

②竣工结算文件的编审。

单位工程竣工结算由承包人编制，发包人审查；实行总承包的工程，由具体承包人编制，在总包人审查的基础上，发包人审查。

单项工程竣工结算或建设项目竣工总结算由总（承）包人编制，发包人可直接进行审查，也可以委托具有相应资质的工程造价咨询机构进行审查。政府投资项目，由同级财政部门审查。单项工程竣工结算或建设项目竣工总结算经发、承包人签字盖章后有效。

《建筑工程施工发包与承包计价管理办法》规定，国有资金投资建筑工程的发包方，应当委托具有相应资质的工程造价咨询企业对竣工结算文件进行审核，并在收到竣工结算文件后的约定期限内向承包方提出由工程造价咨询企业出具的竣工结算文件审核意见；逾期未答复的，按照合同约定处理，合同没有约定的，竣工结算文件视为已被认可。

非国有资金投资的建筑工程发包方，应当在收到竣工结算文件后的约定期限内予以答复，逾期未答复的，按照合同约定处理，合同没有约定的，竣工结算文件视为已被认可；发包方对竣工结算文件有异议的，应当在答复期内向承包方提出，并可以在提出异议之日起的约定期限内与承包方协商；发包方在协商期内未与承包方协商或者经协商未能与承包方达成协议的，应当委托工程造价咨询企业进行竣工结算审核，并在协商期满后的约定期限内向承包方提出由工程造价咨询企业出具的竣工结算文件审核意见。

③承包方异议的处理。

承包方对发包方提出的工程造价咨询企业竣工结算审核意见有异议的，在接到该审核意见后1个月内，可以向有关工程造价管理机构或者有关行业组织申请调解，调解不成的，可以依法申请仲裁或者向人民法院提起诉讼。

④竣工结算文件的确认与备案。

工程竣工结算文件经发承包双方签字确认的，应当作为工程决算的依据，未经对方同意，另一方不得就已生效的竣工结算文件委托工程造价咨询企业重复审核。发包方应当按照竣工结算文件及时支付竣工结算款。

竣工结算文件应当由发包方报工程所在地县级以上地方人民政府住房城乡建设主管部门备案。

（3）工程竣工结算审查期限

单项工程竣工后，承包人应在提交竣工验收报告的同时，向发包人递交竣工结算报告及完整的结算资料，发包人应按以下规定时限进行核对（审查）并提出审查意见。

①500万元以下，从接到竣工结算报告和完整的竣工结算资料之日起20天；

②500万元~2 000万元，从接到竣工结算报告和完整的竣工结算资料之日起30天；

③2 000万元~5 000万元，从接到竣工结算报告和完整的竣工结算资料之日起45天；

④5 000万元以上，从接到竣工结算报告和完整的竣工结算资料之日起60天。

建设项目竣工总结算在最后一个单项工程结算审查确认后15天内汇总，送发包人后30天内审查完成。

《建筑工程施工发包与承包计价管理办法》规定，发承包双方在合同中对竣工结算文件提交、审核的期限没有明确约定的，应当按照国家有关规定执行；国家没有规定的，可认为其约定期限均为28日。

（4）工程竣工价款结算

发包人收到承包人递交的竣工结算报告及完整的结算资料后，应按以上规定的期限（合同约定有期限的，从其约定）进行核实，给予确认或者提出修改意见。

发包人根据确认的竣工结算报告向承包人支付工程竣工结算价款，保留5%左右的保证（保修）金，待工程交付使用1年质保期到期后清算（合同另有约定的，从其约定），质保期内如有返修，发生费用应在质量保证（保修）金内扣除。

工程竣工结算以合同工期为准，实际施工工期比合同赶工期提前或延后，发、承包双方应按合同约定的奖罚办法执行。

(5) 索赔及合同以外零星项目工程价款结算

发承包人未能按合同约定履行自己的各项义务或者发生错误，给另一方造成经济损失的，由受损方按合同约定提出索赔，索赔金额按合同约定支付。

发包人要求承包人完成合同以外零星项目，承包人应在接受发包人要求的7天内就用工程量和单价、机械台班数量和单价、使用材料和金额等向发包人提出施工签证，发包人签证后施工，如发包人未签证，承包人施工后发生争议的，责任由承包人自负。

发包人与承包人要加强施工现场的造价控制，及时对工程合同外的事项如实记录并履行书面手续。凡由发、承包双方授权的现场代表签字的现场签证以及发、承包双方协商确定的索赔等费用，应在工程竣工结算中如实办理，不得因发、承包双方现场代表的中途变更改变其有效性。

例题 6-21

20×1年，甲建筑公司与乙开发公司签订了施工合同，约定由该建筑公司承建其贸易大厦工程。合同签订后，建筑公司积极组织人员、材料进行施工。但是，由于开发公司资金不足及分包项目进度缓慢迟迟不能完工，主体工程完工后工程停滞。20×3年，甲乙双方约定共同委托审价部门对已完工的主体工程进行了审价，确认工程价款为1 800万元。20×4年2月，乙公司以销售需要为由，占据使用了大厦大部分房屋。20×4年11月，因乙公司拒绝支付工程欠款，甲公司起诉至法院，要求乙公司支付工程欠款900万元及违约金。乙公司随后反诉，称因工程质量缺陷未修复，请求减少支付工程款300万元。

问题：

(1) 该大厦未经竣工验收乙公司便提前使用，该工程的质量责任应如何承担？

(2) 甲公司要求乙公司支付工程欠款及违约金时，是否还可以主张停工损失？停工损失包括哪些？

(6) 未按规定时限办理事项的处理

发包人收到竣工结算报告及完整的结算资料后，在《建设工程价款结算暂行办法》规定或合同约定期限内，对结算报告及资料没有提出意见，则视同认可。

承包人如未在规定时间内提供完整的工程竣工结算资料，经发包人催促后14天内仍未提供或没有明确答复，发包人有权根据已有资料进行审查，责任由承包人自负。

根据确认的竣工结算报告，承包人向发包人申请支付工程竣工结算款。发包人应在收到申请后15天内支付结算款，到期没有支付的应承担违约责任。承包人可以催告发包人支付结算价款，如达成延期支付协议，承包人可以与发包人协商将该工程造价折价，或申请人民法院将该工程依法拍卖，承包人就该工程折价或者拍卖的价款优先受偿。

(7) 工程价款结算争议处理

工程造价咨询机构接受发包人或承包人委托，编审工程竣工结算，应按合同约定和实际履行事项认真办理，出具的竣工结算报告经发、承包双方签字后生效。当事人一方对报告有异议的，可对工程结算中有异议部分，向有关部门申请咨询后协商处理，若不能达成一致的，双方可按合同约定的争议或纠纷解决程序办理。

发包人对工程质量有争议，已竣工验收或已竣工未验收但实际投入使用的工程，其质量争议按该工程保修合同执行；已竣工未验收且未实际投入使用的工程以及停工、停建工程的质量争议，应当就有争议部分的竣工结算暂缓办理，双方可就有争议部分的工程委托有资质的检测鉴定机构进行检测，根据检测结果确定解决方案，或按工程质量监督机构的处理决定执行，其余部分的竣工结算依照约定办理。

当事人对工程造价发生合同纠纷时，可通过下列办法解决：

①双方协商确定；

②按合同条款约定的办法提请调解；

③向有关仲裁机构申请仲裁或向人民法院起诉。

《最高人民法院关于审理建设工程施工合同纠纷案件适用法律问题的解释（一）》（法释〔2020〕25号）规定，当事人对建设工程的计价标准或者计价方法有约定的，按照约定结算工程价款。因设计变更导致建设工程的工程量或者质量标准发生变化，当事人对该部分工程价款不能协商一致的，可以参照签订建设工程施工合同时当地建设行政主管部门发布的计价方法或者计价标准结算工程价款。

（8）工程价款结算管理

《建设工程价款结算暂行办法》规定，工程竣工后，发、承包双方应及时办清工程竣工结算。否则，工程不得交付使用，有关部门不予办理权属登记。

6.4.4.2 竣工工程质量争议的处理

《建筑法》规定，建筑工程竣工时，屋顶、墙面不得留有渗漏、开裂等质量缺陷；对已发现的质量缺陷，建筑施工企业应当修复。《建设工程质量管理条例》规定，施工单位对施工中出现质量问题的建设工程或者竣工验收不合格的建设工程，应当负责返修。

据此，建设工程竣工时发现的质量问题或者质量缺陷，无论是建设单位的责任还是施工单位的责任，施工单位都有义务进行修复或返修。但是，对于非施工单位原因出现的质量问题或质量缺陷，其返修的费用和造成的损失应由责任方承担。

例题 6-22

某钢铁厂将一幢职工宿舍楼的修建工程承包给A建筑公司，签订了一份建筑工程施工承包合同，对工期、质量、价款、结算等作了详细规定。合同签订后，施工顺利。在宿舍楼工程的二层内装修完毕后，该厂的员工就强行搬了进去，以后每装修完一层，就住进去一层。到工程完工时，此楼已全部被该厂员工占用。这时，钢铁厂对宿舍楼进行验收，发现一、二层墙皮脱落，门窗开关使用不便等问题，要求施工单位返工。A建筑公司遂对门窗进行了检修，但拒绝重新粉刷墙壁，于是钢铁厂拒付剩余的工程款。A建筑公司便向法院起诉，要求钢铁厂付清剩余的工程款。

问题：

本例中的宿舍楼工程未经验收，钢铁厂员工便提前使用，其质量责任该如何承担？

(1) 承包方责任的处理

《民法典》第 801 条规定，因施工人的原因致使建设工程质量不符合约定的，发包人有权要求施工人在合理期限内无偿修理或者返工、改建。

《最高人民法院关于审理建设工程施工合同纠纷案件适用法律问题的解释（一）》规定，因承包人的原因造成建设工程质量不符合约定，承包人拒绝修理、返工或者改建，发包人请求减少支付工程价款的，人民法院应予支持。

(2) 发包方责任的处理

《建筑法》规定，建设单位不得以任何理由，要求建筑设计单位或者建筑施工企业在工程设计或者施工作业中，违反法律、行政法规和建筑质量、安全标准，降低工程质量。

《最高人民法院关于审理建设工程施工合同纠纷案件适用法律问题的解释（一）》规定，发包人具有下列情形之一，造成建设工程质量缺陷，应当承担过错责任：

①提供的设计有缺陷；

②提供或者指定购买的建筑材料、建筑构配件、设备不符合强制性标准；

③直接指定分包人分包专业工程。

(3) 未经竣工验收擅自使用的处理

《民法典》《建筑法》和《建设工程质量管理条例》均规定，建设工程竣工经验收合格后，方可交付使用；未经验收或验收不合格的，不得交付使用。

在实践中，一些建设单位处于各种原因，往往未经验收就擅自提前占用使用建设工程。为此，《最高人民法院关于审理建设工程合同纠纷案件适用法律问题的解释（一）》规定，建设工程未经竣工验收，发包人擅自使用后，又以使用部分质量不符合约定为由主张权利的，人民法院不予支持；但是承包人应当在建设工程的合理使用寿命内对地基基础工程和主体结构质量承担民事责任。

例题 6-20 分析

本例涉及建设单位提前使用建设工程的质量问题和工程款的给付问题。

《民法典》《建筑法》《建设工程质量管理条例》均规定，建设工程竣工经验收合格后，方可交付使用；未经验收或验收不合格的，不得交付使用。

在实践中，一些建设单位出于各种原因，往往未经验收就擅自提前占有使用建设工程。为此，最高人民法院《关于审理建设工程施工合同纠纷案件适用法律问题的解释（一）》规定，建设工程未经竣工验收，发包人擅自使用后，又以使用部分质量不符合约定为由主张权利的，人民法院不予支持；但是承包人应当在建设工程的合理使用寿命内对地基基础工程和主体结构质量承担民事责任。

根据上述规定，A 企业在住宅楼工程还没有进行竣工验收的情况下对本单位职工擅自进入施工现场场地没有采取可行、有效的措施加以避免。因此，对于质量缺陷的修复责任应当由建设单位承担。同时，根据《民法典》《建筑法》《建设工程质量管理条例》的规定，建设单位应当支付工程款。

例题 6-21 分析

(1) 乙公司在大厦未经验收的情况下擅自使用该工程，出现质量缺陷的应自行承担责任。因为，乙公司违反了《建筑法》《民法典》《建设工程质量管理条例》的禁止性规定，可视为其对建筑工程质量的认可。随着乙公司的提前使用，工程质量责任的风险也由施工单位甲公司转移了发包人乙公司，而且工程交付的时间，也可依据《最高人民法院关于审理建设工程施工合同纠纷案件适用法律问题的解释（一）》第九条的规定"建设工程未经竣工验收，发包人擅自使用的，以转移占有建设工程之日为竣工日期"，认定为乙公司提前使用的时间。但根据《最高人民法院关于审理建设工程施工合同纠纷案件适用法律问题的解释（一）》第十四条的规定，建设工程未经验收，发包人擅自使用后，又以使用部分质量不符合约定为由主张权利的，人民法院不予支持；但是承包人应当在建设工程的合理使用寿命内对地基基础工程和主体结构质量承担民事责任。所以，该大厦如果出现地基基础和主体结构的质量问题，甲公司仍需承担民事责任。

(2) 甲公司可以主张停工损失。《民法典》第八百零三条规定："发包人未按照约定的时间和要求提供原材料、设备、场地、资金、技术资料的，承包人可以顺延工程日期，并有权请求赔偿停工、窝工等损失。"

例题 6-22 分析

《建筑法》《民法典》《建设工程质量管理条例》均规定，建设工程竣工验收合格后，方可交付使用；未经验收或验收不合格的，不得交付使用。同时，《最高人民法院关于审理建设工程施工合同纠纷案件适用法律问题的解释（一）》第十四条规定："建设工程未经竣工验收，发包人擅自使用后，又以使用部分质量不符合约定为由主张权利的，人民法院不予支持；但是承包人应当在建设工程的合理使用寿命内对地基基础工程和主体结构质量承担民事责任。"

本例中的宿舍楼工程未经竣工验收，发包方即钢铁厂员工就擅自使用，且该工程没有地基基础工程和主体结构的质量问题，根据上述法律和司法解释的规定，钢铁厂应当对工程质量承担相应责任，并应当尽快支付剩余的工程款。

6.4.5 竣工验收报告备案的规定

《建设工程质量管理条例》规定，建设单位应当自建设工程竣工验收合格之日 15 日内，将建设工程竣工验收报告和规划、公安消防、环保等部门出具的认可文件或者准许使用文件报建设行政主管部门或者其他有关部门备案。建设行政主管部门或者其他有关部门发现建设单位在竣工验收过程中有违反国家有关建设工程质量管理规定行为的，责令停止使用，重新组织竣工验收。

例题 6-23

某工程的建设单位与甲施工单位签订了施工合同，与丙监理单位签订了监理合同。经建设单位同意，甲施工单位确定乙施工单位为分包单位，并签订了分包合同。

施工过程中，甲施工单位的资金出现困难，无法按分包合同约定支付乙施工单位的工程进度款，乙施工单位向建设单位提出支付申请，建设单位同意申请，并向乙施工单位支付进度款。

专业监理工程师在巡视中发现，乙施工单位施工的分包工程部分存在质量隐患，专业监理工程师随即向甲施工单位签发了整改通知。甲施工单位回函称，建设单位已直接向乙施工单位支付了工程款，因而本单位对乙施工单位施工的工程质量不承担责任。

工程完工，甲施工单位向建设单位提交了竣工验收报告后，建设单位于20×6年9月20日组织勘察、设计、施工、监理等单位竣工验收，工程竣工验收通过，各单位分别签署了竣工验收鉴定证书，建设单位于20×7年3月办理了工程竣工备案。因使用需要，建设单位于20×6年10月中旬，要求乙施工单位按其示意图在已竣工验收的地下车库承重墙上开车库大门，该工程于20×6年11月底正式投入使用。20×8年2月，该工程排水管道严重漏水，经丙监理单位实地检查，确认系新开车库门施工时破坏了承重结构所致。建设单位以工程还在保修期内为由，要求甲施工单位无偿修理。建设行政主管部门对责任单位进行了处罚。

问题：
(1) 甲施工单位回函的说法是否正确？
(2) 工程竣工验收程序是否合适？
(3) 造成严重漏水，应该由哪个单位承担责任？
(4) 建设行政主管部门应该对哪个单位进行处罚？

(1) 竣工验收备案的时间及须提交的文件

《房屋建筑和市政基础设施工程竣工验收备案管理办法》规定，建设单位应当自工程竣工验收合格之日起15日内，依照本办法规定，向工程所在地的县级以上地方人民政府建设主管部门（以下称备案机关）备案。

建设单位办理工程竣工验收备案应当提交下列文件。

①工程竣工验收备案表。

②工程竣工验收报告。竣工验收报告应当包括工程报建日期，施工许可证号，施工图设计文件审查意见，勘察、设计、施工、工程监理等单位分别签署的质量合格文件及验收人员签署的竣工验收原始文件，市政基础设施的有关质量检测和功能性试验资料以及备案机关认为需要提供的有关资料。

③法律、行政法规应当由规划、环保等部门出具的认可文件后者准许使用文件。

④法律规定应当由公安消防部门出具的对大型的人员密集场所和其他特殊建设工程验收合格的证明文件。

⑤施工单位签署的工程质量保修书。

⑥法规、规章规定必须提供的其他文件。

住宅工程还应当提交住宅质量保证书和住宅使用说明书。

2019年3月住房和城乡建设部经修改后发布的《城市地下管线工程档案管理办法》还规定，建设单位在地下管线工程竣工验收备案前，应当向城建档案管理机构移交下列档案资料。

① 地下管线工程项目准备阶段文件、监理文件、施工文件、竣工验收文件和竣工图；
② 地下管线竣工测量成果；
③ 其他应当归档的文件资料（电子文件、工程照片、录像等）。建设单位向城建档案管理机构移交的档案资料应当符合《建设工程文件归档规范》（GB/T 50328—2019）的要求。

（2）竣工验收备案文件的签收和处理

《房屋建筑和市政基础设施工程竣工验收备案管理办法》规定，备案机关收到建设单位报送的竣工验收备案文件，1份由建设单位保存，1份留备案机关存档。

工程质量监督机构应当在工程竣工验收之日起 5 日内，向备案机关提交工程质量监督报告。

备案机关发现建设单位在竣工验收过程中有违反国家有关建设工程质量管理规定行为的，应当在收讫竣工验收备案文件15日内，责令停止使用，重新组织竣工验收。

例题 6-23 分析

（1）甲施工单位回函的说法不正确。

理由：《建设工程质量管理条例》第二十七条规定，总承包单位依法将建设工程分包给其他单位的，分包单位应当按照分包合同的约定对其分包工程的质量向总承包单位负责，总承包单位与分包单位对分包工程的质量承担连带责任。

因此，无论建设单位是否已向乙施工单位付款，分包单位按分包合同约定对其分包的工程质量向总承包单位负责。总承包单位对分包工程质量承担连带责任。甲施工单位回函的说法不正确。

（2）工程竣工验收程序不合适。

正确的程序应该为：施工单位准备→监理单位总监组织初验→建设单位组织竣工验收。

（3）造成严重漏水，应该由建设单位和乙施工单位承担责任。

理由：在承重结构上开门属于改变原设计，应经原设计单位同意并出具设计变更图纸或变更原图纸后，才可以施工。建设单位擅自做主，改变承重结构的原设计有过错；乙施工单位无设计方案，改变承重结构有过错。依据《建设工程质量管理条例》第十五条的规定，涉及建筑主体和承重结构变动的装修工程，建设单位应当在施工前委托原设计单位或者具有相应资质等级的设计单位提出设计方案；没有设计方案的，不得施工。

（4）建设行政主管部门应该处罚建设单位和乙施工单位。

理由：建设单位未按时竣工验收备案，擅自改变承重结构；乙施工单位无设计方案施工。

6.5 建设工程质量保修制度

《建筑法》《建设工程质量管理条例》均规定，建设工程实行质量保修制度。

建设工程质量保修制度，是指建设工程竣工经验收后，在规定的保修期限内，其因勘察、设计、施工、材料等原因造成的质量缺陷，应当由施工承包单位负责维修、返工或更换，由责任单位负责赔偿损失的法律制度。

6.5.1 质量保修书和最低保修期限的规定

6.5.1.1 建设工程质量保修书

《建设工程质量管理条例》规定，建设工程承包单位在向建设单位提交工程竣工验收报告时，应当向建设单位出具质量保修书。质量保修书中应当明确建设工程的保修范围、保修期限和保修责任等。

（1）质量保修范围

《建筑法》规定，建筑工程的保修范围应当包括地基基础工程、主体结构工程、屋面防水工程和其他土建工程，以及电气管线、上下水管线的安装工程，供热、供冷系统工程等项目。

当然，不同类型的建设工程，其保修范围是有所不同的。

（2）质量保修期限

《建筑法》规定，保修的期限应当按照保证建筑物合理寿命年限内正常使用，维护使用者合法权益的原则确定。

具体的保修范围和最低保修期限，国务院在《建设工程质量管理条例》中作了明确规定。

（3）质量保修责任

施工单位在质量保修书中，应当向建设单位承诺保修范围、保修期限和有关具体实施保修的措施，如保修的方法、人员及联络办法，保修答复和处理时限，不履行保修责任的罚则等。

需要注意的是，施工单位在建设工程质量保修书中，应当对建设单位合理使用建设工程有所提示。因建设单位或者用户使用不当或擅自改动结构、设备位置以及不当装修等造成质量问题的，施工单位不承担保修责任；由此而造成的质量受损或者其他用户损失，应当由责任人承担相应的责任。

> **例题 6-24**
>
> 20×0 年 4 月，某大学为建设学生公寓，与某建筑公司签订了一份施工合同。合同约定：工程采用固定总价合同形式，主体工程和内外墙承重砖使用标准砌块，每层加圈梁，某大学按比例预付工程款，剩余费用在验收合格后一次付清，交付使用后，如果在 6 个月内发生质量问题，由承包人负责修复等。1 年后，学生公寓如期完工，在某大学和公司共同进行竣工验收时，发现 3~5 层的内承重墙体裂缝，遂要求建筑公司修复后再验收，建筑公司认为不影响使用而拒绝修复。因为新生亟须入住，大学接受了宿舍楼，在使用了 8 个月之后，公寓楼 5 层的内承重墙倒塌，致使 1 人死亡，3 人受伤，其中 1 人致残。受害者与某大学要求建筑公司赔偿损失，并修复倒塌工程。建筑公司以使用不当且已过保修期为由拒绝赔偿。无奈之下，受害者与某大学将建筑公司诉至法院，请法院主持公道。
>
> **问题：**
> 本例中存在哪些违法行为？谁应该对本事件承担主要责任？

6.5.1.2 建设工程质量的最低保修期限

《建设工程质量管理条例》第四十条规定，在正常使用条件下，建设工程的最低保修期限为：

①基础设施工程、房屋建筑的地基基础工程和主体结构工程，为设计文件规定的该工程的合理使用年限；

②屋面防水工程、有防水要求的卫生间、房间和外墙面的防渗漏，为5年；

③供热与供冷系统，为2个采暖期、供冷期；

④电气管线、给排水管道、设备安装和装修工程，为2年。

其他项目的保修期限由发包方与承包方约定。

(1) 地基基础工程和主体结构的保修期

基础设施工程、房屋建筑的地基基础工程和主体结构工程的质量，直接关系基础设施工程和房屋建筑的整体安全可靠，必须在该工程的合理使用显现内予以保修，即实行终身负责制。因此，工程合理使用年限就是该工程勘察、设计、施工等单位的质量责任年限。

例题 6-25

某装饰公司承揽了某办公楼的装饰工程。合同中约定保修期为1年。竣工后第2年，该装饰工程出现了质量问题，装饰公司以已过保修期限为由拒绝承担保修责任。

问题：

装饰公司的理由成立吗？

(2) 屋面防水工程、供热与供冷系统等的最低保修期

在《建设工程管理条例》中，对屋面防水工程、供热与供冷系统、电气管线、给排水管道、设备安装和装修工程等的最低保修期限分别作出了规定。如果建设单位与施工单位经平等协商另行签订保修合同的，其保修期限可以高于法定的最低保修期限，但不能低于最低保修期限，否则视作无效。

建设工程保修期的起始日是竣工验收合格之日。《建设工程质量管理条例》规定，建设行政主管部门或者其他有关部门发现建设单位在竣工验收过程中有违反国家有关建设工程质量管理规定行为的，责任停止使用，重新组织竣工验收。

对于重新组织竣工验收的工程，其保修期为各方都认可的重新组织竣工验收的日期。

例题 6-24 分析

《建设工程质量管理条例》第四十条规定："在正常使用条件下，建设工程最低保修期限为：(一) 基础设施工程、房屋建筑的地基基础工程和主体结构工程，为设计文件规定的该工程的合理使用年限；(二) 屋面防水工程、有防水要求的卫生间、房间和外墙面的防渗漏，为5年；(三) 供热与供冷系统，为2个采暖期、供冷期；(四) 电气管线、给排水管道、设备安装和装修工程，为2年。其他项目的保修期限由发包方与承包方约定。建设工程的保修期，自竣工验收合格之日起计算。"根据上述法律规定，建设工程的保修期不能低于国家规定的最低保修期限，其中，对地基基础工程、主体结构工程实际规定为终身保修。本例中某大学与某建筑公司虽然在合同中双方约定保修期

限为6个月,但这一期限远远低于国家规定的最低期限,尤其是承重墙属于主体结构,其保修期限依法应终身保修,双方的质量期限条款违反了国家强制性规定,因此是无效的。建筑公司应当向受害者承担损害赔偿责任。承包人损害赔偿责任的内容应当包括医疗费、因误工减少的收入、残废者生活补助费等。造成受害人死亡的,还应支付丧葬费、抚恤费、死者生前扶养的人必要的生活费用等。此外,建筑公司在施工中偷工减料,造成质量事故,有关主管部门应当按照《建筑法》第七十四条的规定对其进行法律制裁。

例题6-25分析

不成立。1年的保修期违反了国家强制性规定,该条款属于违法条款,是无效的条款。装饰公司必须继续承担保修责任。

(3) 建设工程超过合理使用年限后需要继续使用的规定

《建设工程质量管理条例》规定,建设工程在超过合理使用年限后需要继续使用的,产权所有人应当委托具有相应资质等级的勘察、设计单位鉴定,并根据鉴定结果采取加固、维修等措施,重新界定使用期。

各类工程根据其重要程度、结构类型、质量要求和使用性能所确定的使用年限是不同的。确定建设工程的合理使用年限,并不意味着超过合理使用年限后,建设工程就一定要报废、拆除。经过具有相应资质等级的勘察、设计单位鉴定,制定技术加固措施,在设计文件中重新界定试用期,并经过相应资质等级的施工单位进行加固、维修和补强,该建设工程能达到继续使用条件的就可以继续使用。但是,如果不经鉴定、加固等而违法继续使用,所产生的后果由产权所有人自负。

6.5.2 质量责任的损失责任

《建设工程质量管理条例》规定,建设工程在保修范围和保修期限内发生质量问题的,施工单位应当履行保修义务,并对造成的损失承担赔偿责任。

例题6-26

事件1:某公路工程施工企业在缺陷责任期满向建设单位申请退还质保金时,建设单位以在保修期间曾自行针对合同路段进行维修为由,扣除了40%的质保金,仅将剩余部分的保修金退还。

事件2:某建筑施工企业与建设单位在某项建筑工程竣工结算后达成协议,承包单位放弃部分结算款项,由建设单位一次性将工程尾款支付给承包单位,承包单位在依约向建设单位索要工程尾款时,建设单位提出应扣除10%的款项作为质保金,一年后再退还。

问题:

试对上述事件进行分析。

（1）保修义务的责任落实与损失赔偿责任的承担

《最高人民法院关于审理建设工程施工合同纠纷案件适用法律问题的解释（一）》规定，因保修人未及时履行保修义务，导致建筑物毁损或者造成人身损害、财产损失的，保修人应当承担赔偿责任。保修人与建筑物所有人或者发包人对建筑物毁损均有过错的，各自承担相应的责任。

（2）建设工程质量保证金

《国务院办公厅关于清理规范工程建设领域保证金的通知》（国办发〔2016〕49号）规定，对建筑业企业在工程建设中需缴纳的保证金，除依法依规设立的投标保证金、履约保证金、工程质量保证金、农民工工资保证金外，其他保证金一律取消；严禁新设保证金项目；转变保证金缴纳方式，推行银行保函制度；未按规定或合同约定返还保证金的，保证金收取方应向建筑业企业支付逾期返还违约金；在工程项目竣工前，已经缴纳履约保证金的，建设单位不得同时预留工程质量保证金。

住房城乡建设部、财政部印发的《建设工程质量保证金管理办法》（建质〔2017〕138号）规定，建设工程质量保证金（以下简称保证金）是指发包人与承包人在建设工程承包合同中约定，从应付的工程款中预留，用以保证承包人在缺陷责任期内对建设工程出现的缺陷进行维修的资金。

①缺陷责任期的确定。

所谓缺陷，是指建设工程质量不符合工程建设强制性标准、设计文件，以及承包合同的约定。缺陷责任期一般为1年，最长不超过2年，由发、承包双方在合同中约定。

缺陷责任期从工程通过竣工验收之日起计。由于承包人原因导致工程无法按规定期限进行竣工验收的，缺陷责任期从实际通过竣工验收之日起计。由于发包人原因导致工程无法按规定期限进行竣工验收的，在承包人提交竣工验收报告90天后，工程自动进入缺陷责任期。

②质量保证金的预留与使用管理。

缺陷责任期内，实行国库集中支付的政府投资项目，保证金的管理应按国库集中支付的有关规定执行。其他政府投资项目，保证金可以预留在财政部门或发包方。缺陷责任期内，如发包方被撤销，保证金随交付使用资产一并移交使用单位管理，由使用单位代行发包人职责。社会投资项目采用预留保证金方式的，发、承包双方可以约定将保证金交由第三方金融机构托管。

发包人应按照合同约定方式预留保证金，保证金总预留比例不得高于工程价款结算总额的3%。合同约定由承包人以银行保函替代预留保证金的，保函金额不得高于工程价款结算总额的3%。

推行银行保函制度，承包人可以银行保函替代预留保证金。在工程项目竣工前，已经缴纳履约保证金的，发包人不得同时预留工程质量保证金。采用工程质量保证担保、工程质量保险等其他保证方式的，发包人不得再预留保证金。

缺陷责任期内，由承包人原因造成的缺陷，承包人应负责维修，并承担鉴定及维修费用。如承包人不维修也不承担费用，发包人可按合同约定从保证金或银行保函中扣除。费用超出保证金额的，发包人可按合同约定向承包人进行索赔。承包人维修并承担相应费用后，不免除对工程的损失赔偿责任。由他人原因造成的缺陷，发包人负责组织维修，承包人不承担费用，且发包人不得从保证金中扣除费用。

③质量保证金的返还。

缺陷责任期内,承包人认真履行合同约定的责任,到期后,承包人向发包人申请返还保证金。

发包人在接到承包人返还保证金申请后,应于14天内会同承包人按照合同约定的内容进行核实。如无异议,发包人应当按照约定将保证金返还给承包人。对返还期限没有约定或者约定不明确的,发包人应当在核实后14天内将保证金返还给承包人,逾期未返还的,依约承担违约责任。发包人在接到承包人返还保证金申请后14天内不予答复,经催告后14天内仍不予答复,视同认可承包人的返还保证金申请。

发包人和承包人对保证金预留、返还以及工程维修质量、费用有争议的,按承包合同约定的争议和纠纷解决程序处理。建设工程实行工程总承包的,总承包单位与分包单位有关保证金的权利与义务的约定,参照《建设工程质量保证金管理办法》关于发包人与承包人相应权利与义务的约定执行。

《最高人民法院关于审理建设工程施工合同纠纷案件适用法律问题的解释(一)》规定,有下列情形之一,承包人请求发包人返还工程质量保证金的,人民法院应予支持:

①当事人约定的工程质量保证金返还期限届满;②当事人未约定工程质量保证金返还期限的,自建设工程通过竣工验收之日起满2年;③因发包人原因建设工程未按约定期限进行竣工验收的,自承包人提交工程竣工验收报告90日后当事人约定的工程质量保证金返还期限届满;当事人未约定工程质量保证金返还期限的,自承包人提交工程竣工验收报告90日后起满2年。

发包人返还工程质量保证金后,不影响承包人根据合同约定或者法律规定履行工程保修义务。

例题6-26分析

《关于清理规范工程建设领域保证金的通知》(国办发〔2016〕49号)规定,对建筑业企业在工程建设中需缴纳的保证金,除依法依规设立的投标保证金、履约保证金、工程质量保证金、农民工工资保证金外,其他保证金一律取消;严禁新设保证金项目;转变保证金缴纳方式,推行银行保函制度;未按规定或合同约定返还保证金的,保证金收取方应向建筑业企业支付逾期返还违约金;在工程项目竣工前,已经缴纳履约保证金的,建设单位不得同时预留工程质量保证金。

《建设工程质量保证金管理办法》(建质〔2017〕138号)规定,建设工程质量保证金(以下简称保证金)是指发包人与承包人在建设工程承包合同中约定,从应付的工程款中预留,用以保证承包人在缺陷责任期内对建设工程出现的缺陷进行维修的资金。

发包人应按照合同约定方式预留保证金,保证金总预留比例不得高于工程价款结算总额的3%;合同约定由承包人以银行保函替代预留保证金的,保函金额不得高于工程价款结算总额的3%。

缺陷责任期内,由承包人原因造成的缺陷,承包人应负责维修,并承担鉴定及维修费用。如承包人不维修也不承担费用,发包人可按合同约定从保证金或银行保函中扣除。费用超出保证金额的,发包人可按合同约定向承包人进行索赔。承包人维修并承担相应费用后,不免除对工程的损失赔偿责任。由他人原因造成的缺陷,发包人负责组织维修,承包人不承担费用,且发包人不得从保证金中扣除费用。

在事件1中，在没有证据证明建设单位已通知施工单位履行缺陷责任期内的保修责任，并且造成工程出现质量问题的原因系"由于承包人所用的材料、设备或者操作工艺不符合合同要求，或者承包人的疏忽或未遵守合同中对承包人规定的义务而造成的"的情况下，建设单位不能直接扣减施工单位的保修金。

在事件2中，建设单位理应依约全额支付工程尾款，其提出的扣减10%的保修金一年后退还，违背了双方补充合同的本意。因为如果建筑工程在保修期内出现质量问题，承包单位理应自费承担保修责任，如果承包单位在建设单位通知后拒不履行保修责任，建设单位可以在自行修复后要求承包单位承担保修费用或者通过诉讼或者仲裁要求承包单位履行保修责任，如果由于质量缺陷或者保修不及时给建设单位或者工程使用人造成损害，建设单位还有权要求承担质量赔偿责任。

课后习题

一、单项选择题

1. 监理工程师李某在对某工程施工的监理过程中，发现该工程设计存在瑕疵，则李某（　　）。
   A. 可以要求施工单位修改设计
   B. 应当报告建设单位要求施工单位修改设计
   C. 应当报告建设单位要求设计单位修改设计
   D. 应当要求设计单位修改设计

2. 对涉及结构安全的试块、试件及有关材料，应当在监理人员监督下现场取样并送（　　）的质量检测单位进行检测。
   A. 具有相应资质等级　　　　　B. 建设单位许可
   C. 建设行政协会许可　　　　　D. 监理协会许可

3. 下列关于建设单位的质量责任和义务的表述中，错误的是（　　）。
   A. 建设单位不得暗示施工单位违反工程建设强制性标准，降低建设工程质量
   B. 建设单位不得任意压缩合同合理工期
   C. 建设单位进行装修时不得变动建筑主体和承重结构
   D. 建设工程发包单位不得迫使承包方以低于成本价格竞标

4. 关于建设单位质量责任和义务的说法，错误的是（　　）。
   A. 建设单位不得暗示施工单位违反工程建设强制性标准，降低建设工程质量
   B. 应当依法报审施工图设计文件
   C. 不得将建设工程支解发包
   D. 在领取施工许可证后或开工报告后，按照国家有关规定办理工程质量监督手续

5. 根据《建设工程质量管理条例》，建设单位最迟应当在（　　）之前办理工程质量监督手续。
   A. 竣工验收　　　　　　　　　B. 签订施工合同
   C. 进场开工　　　　　　　　　D. 领取施工许可证

6. 下列不属于发包人义务的情形是（　　）。
   A. 提供必要施工条件
   B. 及时组织工程竣工验收
   C. 向有关部门移交建设项目档案
   D. 就审查合格的施工图设计文件向施工企业进行详细说明

7. 根据《建设工程质量管理条例》，组织有关单位参加建设工程竣工验收的义务主体是（　　）。
   A. 施工企业　　　　　　　　　　　B. 建设单位
   C. 建设行政主管部门　　　　　　　D. 建设工程质量监督机构

8. 根据《建设工程质量管理条例》，建设工程竣工验收应当具备的条件不包括（　　）。
   A. 完成建设工程设计和合同约定的各项内容
   B. 有完整的技术档案和施工管理资料
   C. 建设单位和施工企业已签署工程结算文件
   D. 勘察、设计、施工、工程监理等单位已分别签署质量合格文件

9. 某工程已具备竣工条件，20×5年3月2日施工单位向建设单位提交竣工验收报告，3月7日经验收不合格，施工单位返修后于3月20日再次验收合格，3月31日，建设单位将有关资料报送建设行政主管部门备案，则该工程质量保修期自（　　）开始。
   A. 20×5年3月2日　　　　　　　　B. 20×5年3月7日
   C. 20×5年3月20日　　　　　　　 D. 20×5年3月31日

10. 因设计原因导致质量缺陷的，在工程保修期内的正确说法是（　　）。
    A. 施工企业不仅要负责保修，还要承担保修费用
    B. 施工企业仅负责保修，由此发生的费用可向建设单位索赔
    C. 施工企业仅负责保修，由此发生的费用可向设计单位索赔
    D. 施工企业不负责保修，应由建设单位自行组织维修

11. 某工程竣工验收合格后第11年，部门梁板发生不同程度断裂。经有相应资质的质量鉴定机构鉴定，确认断裂原因是混凝土施工养护不当致其强度不符合设计要求，则该质量缺陷应由（　　）。
    A. 建设单位维修并承担维修费用
    B. 施工单位维修并承担维修费用
    C. 施工单位维修，设计单位承担维修费用
    D. 施工单位维修，混凝土供应单位承担维修

12. 建设工程在超过合理使用年限后需要继续使用的，产权所有人应当委托（　　）鉴定，并根据鉴定结果采取加固、维修等措施，重新界定使用期。
    A. 勘察、设计单位　　　　　　　　B. 监理单位
    C. 建设安全监督管理机构　　　　　D. 工程质量监督机构

13. 下列建设单位向施工单位作出的意思表示，为法律、行政法规所禁止的是（　　）。
    A. 明示报名参加投标的各施工单位以低价竞标
    B. 明示施工单位在施工中应优化工期
    C. 暗示施工单位采用《建设工程施工（合同文本）》签订合同
    D. 暗示施工单位在非承重墙结构部位使用不合格的水泥

14. 工程监理的依据不包括（　　）。
A. 建设工程承包合同　　　　　　　B. 有关技术标准
C. 竣工图　　　　　　　　　　　　D. 设计文件

15. 根据《建设工程质量管理条例》，关于工程监理职责和权限的说法，错误的是（　　）。
A. 未经监理工程师签字，建筑材料不得在工程上使用
B. 未经监理工程师签字，建设单位不得拨付工程款
C. 隐蔽工程验收未经监理工程师签字，不得进入下一道工序
D. 未经总监理工程师签字，建设单位不进行竣工验收

16. 关于不符合建筑节能标准的建筑，错误的是（　　）。
A. 不得批准开工建设
B. 已开工建设的，应当责令停止施工
C. 已开工建设的，应当责令限期改正
D. 已经建成的，可以正常使用

17. 根据相关法律规定，建设工程总承包单位完工后向建设单位出具质量保修书的时间为（　　）。
A. 竣工验收合格后　　　　　　　　B. 提交竣工验收报告时
C. 竣工验收时　　　　　　　　　　D. 交付使用时

18. 某建设项目总投资 5 000 万元，使用政府投资 2 000 万元。施工合同价 3 600 万元，最终与施工单位结算价款总额为 4 000 万元。则结算时，应按照（　　）万元预留保证金。
A. 100　　　　B. 180　　　　C. 150　　　　D. 200

19. 根据《建设工程质量管理条例》，对于涉及（　　）的装修工程，建设单位应委托原设计单位或具有相应资质的设计单位提出设计方案。
A. 增加工程内部装饰　　　　　　　B. 建筑主体和承重结构变动
C. 增加工程造价总额　　　　　　　D. 改变建筑工程局部使用功能

20. 涉及结构安全的试块、试件和材料见证取样和送检的比例不得低于有关技术标准中规定应取样数量的（　　）。
A. 20%　　　　B. 30%　　　　C. 40%　　　　D. 50%

二、多项选择题

1. 下列选项中，对施工单位的质量责任和义务表述正确的有（　　）。
A. 总承包单位不得将主体对外分包
B. 分包单位应当按照分包合同的约定对总承包单位负责
C. 总承包单位与每一分包单位就各自分包部分的质量承担连带责任
D. 施工单位在施工中发现设计图纸有差错时，应当按照国家标准施工
E. 在建设工程竣工验收合格之前，施工单位应当对质量问题履行保修义务

2. 在施工过程中，施工人员发现设计图纸不符合技术标准，施工单位技术负责人应采取的做法包括（　　）。
A. 继续按照工程设计图纸施工　　　B. 按照技术标准修改工程设计
C. 及时向设计单位索赔　　　　　　D. 及时提出意见和建议

E. 通过建设单位要求设计单位予以变更

3. 施工企业对建筑材料、建筑构配件和设备进行检验，通常应当按照（　　）进行，不合格的不得使用。

　　A. 工程设计要求　　B. 企业标准　　C. 施工技术标准　　D. 通行惯例

　　E. 合同约定

4. 某住宅楼工程设计合理使用年限为50年。该工程施工单位和建设单位签订了工程质量保修书，其中关于保修期的表述，符合《建设工程质量管理条例》规定的有（　　）。

　　A. 地基基础和主体结构工程为50年

　　B. 屋面防水工程、卫生间防水为8年

　　C. 电气管线、给排水管道为2年

　　D. 供热与供冷系统为1年

　　E. 装饰装修工程为1年

5. 建设单位因急于投产，擅自使用了未经竣工验收的工程。使用过程中，建设单位发现了一些质量缺陷，遂以质量不符合约定为由将施工单位诉至人民法院，则下列情形中，能够获得人民法院支持的有（　　）。

　　A. 因建设单位使用不当造成防水层损坏

　　B. 因工人操作失误造成制冷系统损坏

　　C. 因百年一遇的台风造成屋面损毁

　　D. 使用中地基基础出现非正常沉陷

　　E. 使用中主体某处大梁出现裂缝

6. 关于见证取样的规定，（　　）必须实施见证取样送检，才可用于工程。

　　A. 用于承重结构的混凝土试块

　　B. 用于承重墙的砖

　　C. 防水卷材

　　D. 钢筋垫块

　　E. 用于承重结构的钢筋连接接头试件

7. 王某取得监理工程师执业资格后，受总监理工程师委派，进驻某建设工程项目履行监理职责，其实施监理的依据包括（　　）。

　　A. 法律、法规及有关技术标准

　　B. 建设工程施工合同

　　C. 劳动用工合同

　　D. 工程设计文件

　　E. 招标公告

8. 某建设项目实行施工总承包，总承包单位将该建设项目依法分包，则关于工程档案的整理、移交，下列说法正确的有（　　）。

　　A. 总承包单位负责汇总各分包单位形成的工程档案，整理无误后向城建档案馆移交

　　B. 分包单位自行整理本单位形成的工程文件，并向总承包单位移交

　　C. 建设单位负责对档案文件的审查，审查合格后向城建档案馆移交

　　D. 勘察、设计等单位立卷归档后，向总承包单位移交

　　E. 分包单位自行整理的工程文件由本单位档案管理部门保存，不向其他单位移交

9. 房屋建筑工程质量保修书中的内容一般包括（　　）。
A. 工程概况、房屋使用管理要求
B. 保修范围和内容
C. 超过合理使用年限继续使用的条件
D. 保修期限和责任
E. 保修单位名称、详细地址

10. 下列标准属于强制性标准的有（　　）。
A. 行业专用的质量标准
B. 工程建设通用的安全标准
C. 工程建设行业专用的制图方法标准
D. 工程建设通用的试验标准
E. 工程建设行业专用的评定方法标准

参 考 文 献

[1] 中国法制出版社. 中华人民共和国民法典［M］. 北京：中国法制出版社，2020.
[2] 中国法制出版社. 中华人民共和国建筑法［M］. 北京：中国法制出版社，2019.
[3] 全国一级建造师执业资格考试用书编写委员会. 建设工程法规及相关知识［M］. 北京：中国建筑工业出版社，2022.
[4] 全国一级建造师执业资格考试用书编写委员会. 建设工程项目管理［M］. 北京：中国建筑工业出版社，2022.
[5] 潘安平，肖铭. 建设法规［M］. 3版. 北京：北京大学出版社，2017.
[6] 全国二级建造师执业资格考试用书编写委员会. 建设工程法规及相关知识［M］. 北京：中国建筑工业出版社，2022.
[7] 杨陈慧，杨甲奇. 建筑工程法规实务［M］. 2版. 北京：北京大学出版社，2017.
[8] 皇甫婧琪. 建设工程法规［M］. 3版. 北京：北京大学出版社，2018.
[9] 张连生. 建设法规［M］. 南京：东南大学出版社，2021.
[10] 顾永才. 建设法规［M］. 5版. 北京：科学出版社，2021.
[11] 马俊文. 工程建设法规［M］. 西安：西安交通大学出版社，2023.
[12] 俞洪良，宋坚达，毛义华. 建设法规与工程合同管理［M］. 2版. 杭州：浙江大学出版社，2022.
[13] 秦纪伟，伏虎. 建设法规［M］. 北京：中国人民大学出版社，2021.
[14] 王晓琴. 建设法规［M］. 3版. 武汉：武汉理工大学出版社，2021.
[15] 何佰洲，宿辉. 工程建设法规与案例［M］. 3版. 北京：中国建筑工业出版社，2019.
[16] 夏芳 齐红军. 建设法规与实务［M］. 北京：人民交通出版社，2008.
[17] 吕成. 建设法规［M］. 北京：中国水利水电出版社，2011.
[18] 吕颖，付英涛. 工程建设法规［M］. 2版. 武汉：武汉理工出版社，2018.
[19] 隋海波. 工程建设法规［M］. 2版. 北京：机械工业出版社，2021.
[20] 项勇，卢立宇，黄锐. 建设法规［M］. 2版. 北京：机械工业出版社，2022.